普通高等教育"十二五"规划教材（高职高专教育）

U0317945

常用工具软件案例实战教程

主　编　宋林林
副主编　于海峰　张芳芳　刘缨霞
编　写　韩光伟　刘乃铭
主　审　王恩东

中国电力出版社
CHINA ELECTRIC POWER PRESS

内 容 简 介

本书为普通高等教育"十二五"规划教材（高职高专教育）。本书主要讲授目前办公及生活中常用的工具软件，内容包括十大类、超过七十多种常用工具软件的下载、安装及使用的方法和技巧。本书采用"知识性与技能性相结合"的模式，体现理论的适度性、实践的指导性、应用的完整性；以任务驱动的形式，边举例边讲解，图文并茂，步骤清晰，一目了然，学习轻松，容易上手；实例内容新颖、典型，实用性、指导性强，能激发读者强烈的学习兴趣。

本书可作为高职高专院校常用工具软件课程的教材使用，也可作为成人高校、高级技术学校或培训机构相关课程的教材，还可供广大计算机爱好者自学使用。

图书在版编目（CIP）数据

常用工具软件案例实战教程/宋林林主编. —北京：中国电力出版社，2012.6
普通高等教育"十二五"规划教材. 高职高专教育
ISBN 978-7-5123-3156-3

Ⅰ. ①常…　Ⅱ. ①宋…　Ⅲ. ①软件工具－高等职业教育－教材　Ⅳ. ①TP311.56

中国版本图书馆 CIP 数据核字（2012）第 123497 号

中国电力出版社出版、发行
（北京市东城区北京站西街 19 号　100005　http://www.cepp.sgcc.com.cn）
北京市铁成印刷厂印刷
各地新华书店经售
*
2012 年 7 月第一版　2012 年 7 月北京第一次印刷
787 毫米×1092 毫米　16 开本　23.25 印张　523 千字
定价 **41.00** 元

前　言

　　随着社会的发展及科学的进步，计算机已经逐步进入了人们的工作、学习、生活中。要熟练使用计算机办公及快速获取网络上的资源，各种相应的软件是必不可少的。本书汇集了常用的十大类、超过七十多种工具软件，并以任务版的形式对每一款软件的使用方法和应用技巧都进行了详尽的介绍。通过对本书的学习，用户可以快速掌握日常必备软件的使用方法，从而能够更轻松自如地应用计算机、享受计算机及网络带来的乐趣。

　　全书精心挑选各类实用软件，对每一款软件的使用方法和技巧都做了详尽的介绍。具体特点如下：

　　（1）采用"知识性与技能性相结合"的模式，体现理论的适度性，实践的指导性，应用的完整性。

　　（2）以任务驱动的形式，边举例边讲解，图文并茂、步骤清晰、一目了然、学习轻松、容易上手。

　　（3）实例内容新颖、典型，实用性、指导性强，激发强烈的学习兴趣。

　　（4）使用虚拟 PC 构建软件实验场，在不影响原有系统性能的情况下，可大胆地练习各种常用工具软件的使用。

　　（5）课后配有上机实战操作，方便读者检测和巩固学习效果，并做到及时应用。

　　本书由辽宁经济职业技术学院宋林林担任主编，于海峰、张芳芳、刘缨霞担任副主编，具体分工如下：宋林林编写第 1、3、7 章，于海峰编写第 2、5、6 章，张芳芳编写第 4、8、9 章，刘缨霞编写第 10、11 章，韩光伟、刘乃铭参与了部分章节的编写工作。沈阳化工大学王恩东对本书内容进行了审核。

　　尽管在教材的编写过程中做了很多努力，但由于作者的水平有限，书中难免有疏漏之处，恳请读者在使用本教材的过程中给予关注，并提出宝贵意见，以便教材修订时加以改进。

编　者

2012 年 3 月

目　录

第 1 章　工 具 软 件 基 础

　　随着计算机的迅速普及，Internet 的飞速发展，应用工具软件层出不穷。这些软件在计算机操作系统的支持下，可以提供操作系统不能具备的许多功能。学会这些常用的工具软件可使计算机的操作更简单、更高效。本章为后面章节的学习奠定基础，主要介绍软件的基础知识，其中包括工具软件的下载及安装、虚拟系统环境的构建（构建虚拟系统，为软件的安装及应用提供方便）等。

1.1　软 件 基 础 知 识

　　计算机系统分为软件系统和硬件系统，计算机软件（Computer Software，也称软件、软体）是指计算机系统中的程序及其文档。

　　计算机软件总体分为系统软件和应用软件两大类，系统软件是指各类操作系统，如 Windows、Linux、UNIX 等，还包括操作系统的补丁程序及硬件驱动程序。应用软件可以细分的种类很多，如工具软件、游戏软件、管理软件等都属于应用软件类。

1.1.1　什么是工具软件

　　一般来说，工具软件是指除操作系统、游戏软件、大型应用软件（如办公软件 Office、图像处理软件 Photoshop 等）之外的一些相对较小的软件。

　　工具软件大都比较实用，能够帮助人们解决一些特定问题。例如，应用暴风影音可以观看电影、电视剧，应用 WinRAR 可以压缩、解压缩文件，应用美图秀秀可以完成图像的简单编辑及制作等。

　　工具软件是计算机技术中不可或缺的组成部分。许多看似复杂的事情，只要选对了相应工具软件都可以轻松解决。另外，对工具软件的应用经验，是衡量计算机应用水平的一个重要标准。大多数工具软件都可以从 Internet 上下载使用。本书从第 2 章开始，将分类介绍各类工具软件的使用方法。

1.1.2　工具软件的版本

　　根据软件的授权方式，在 Internet 上提供下载的工具软件主要有如下几种版本。

1. Alpha 版（内部测试版）

　　Alpha 版本通常会送交到开发软件的组织或社群中的各个软件测试者，用做内部测试。在市场上，越来越多的公司会邀请外部的客户或合作伙伴参与其软件的 Alpha 测试阶段。

2. Beta 版（外部测试版）

　　软件开发公司为对外宣传，将非正式产品免费发送给具有典型性的用户，让用户测试该软件的不足之处及存在的问题，以便在正式发行前进一步改进和完善。一般可通过 Internet 免费下载，也可以向软件公司索取。Beta 版本是第一个对外公开的软件版本，是由公众参与的测试阶段。一般来说，Beta 包含所有功能，但可能有一些已知问题和较轻微的 Bug。Beta 版本的测试者通常是开发软件的组织的客户，他们会以免费或优惠价钱得到软件，但会成为组织的免费测试者。

3. Demo 版（演示版）

主要是演示正式软件的部分功能，用户可以从中得知软件的基本操作，为正式产品的发售扩大影响。该版本也可以从 Internet 上免费下载。

4. Enhanced 版（增强版或加强版）

如果是一般软件，一般称作"增强版"，会加入一些实用的新功能。如果是游戏，一般称作"加强版"，会加入一些新的游戏场景和游戏情节等。这是正式发售的版本。

5. Free 版（自由版）

这一般是个人或自由软件联盟组织的成员制作的软件，希望免费给大家使用，没有版权，一般也是通过 Internet 免费下载。

6. Full Version 版（完全版）

Full Version 版也就是正式版，是最终正式发售的版本。

7. Shareware 版（共享版）

有些公司为了吸引客户，可以让用户通过 Internet 免费下载的方式获取。不过，此版本软件大多带有一些使用时间或次数的限制,但可以通过在线注册或电子注册成为正式版用户。

8. Release 版（发行版）

不是正式版，带有时间限制，也是为扩大影响所做的宣传策略之一。如 Windows Me 的发行版就限制只能使用几个月,可从 Internet 上免费下载或由公司免费奉送。Release Candidate（简称 RC）指可能成为最终产品的版本，如果没有再出现问题则可推出正式版本。在此阶段，产品包含所有功能亦不会出现严重问题。通常此阶段的产品是接近完整的。

9. Upgrade 版（升级版）

当用户有某个软件以前的正式版本时，可以购买升级版，将软件升级为最新版。升级后的软件与正式版在功能上相同，但价格会低些，这主要是为了给原有的正版用户提供优惠。Retail 版零售版，一般是只针对个人的功能不是很全的版本，价格比较低，升级时间也有限制。

以上是按软件的授权方式来划分软件版本，如果按某软件发布的先后顺序来划分，则是在软件名称后面加上数字或其他字符。通常用数字表示版本号（如 EVEREST Ultimate v4.20.1188 Beta），也可用数字或日期标示版本号的一种方式（如 VeryCD eMule v0.48a Build 071112）。

1.1.3　如何选择工具软件

工具软件种类繁多，即使同一用途的工具软件也有多种类型，在确定用途后，应该如何选择应用哪种工具软件呢？建议从以下三个方面着手。

（1）选择用户评价好的软件；

（2）选择用户占有率高的软件；

（3）选择占用内存及磁盘空间小的软件。

例如，常见的视频播放工具包括 Windows Media Player、暴风影音、RealPlayer、超级解霸等。用户选择时，建议选择一款万能播放器，如暴风影音，它集成了目前各种主流的解码器，能播放大部分格式的视频文件。

此外，在选择同一种软件时，不必追求软件的最新版，而要尽量选择稳定的版本。稳定版本相对来说比较成熟，不会出现大的缺陷和漏洞。除了考虑软件的稳定性外，还需要考虑操作系统是否支持该软件。例如，如果使用的是 Windows 7 操作系统，最好选择最新版本的软件，旧版本的软件可能无法在 Windows 7 中稳定运行。

1.2　软件的获取与安装/卸载

工具软件的应用，不仅要求用户掌握软件的获取方法，还要求用户掌握软件的安装方法与卸载方法。

1.2.1　工具软件的获取

工具软件一般可以通过购买光盘、网上下载的方式获得，现在网络已经非常普及，本节主要讲述通过互联网途径来获取软件的方法。

1. 应用专业的软件下载站点

工具软件的获取可以通过专业的软件网站下载，比较知名的网站包括华军软件园、天空软件站、非凡软件站、太平洋下载等。

（1）华军软件园。华军软件园（http://www.newhua.com.cn/）是国内最早的软件下载站点之一，原华军个人主页名列中国互联网十大个人网站之一，目前已在全国一半以上大中城市设立镜像站点及独立下载服务器。且数量还在不断增加，以保证全国各地区用户浏览、下载的需要。该网站是国内更新速度最快、软件数量最多、软件版本最新的共享免费软件下载中心和软硬件信息发布中心。华军软件园首页如图 1-1 所示。

图 1-1　华军软件园首页

（2）天空软件站。天空软件站（http://www.skycn.com）是目前国内最大的软件下载网站之一，天空软件站成立于 1998 年 10 月，是国内更新最快的软件信息发布中心。天空软件站独家提供内容，分别与搜狐、天津热线、中华宽带网等大型综合网站合作建立了其软件下载频道，还是国内超过 30 家 ISP 的软件频道独家内容提供商。目前在国内大部分省市拥有镜像站点及独立下载服务器。天空软件站首页如图 1-2 所示。

图 1-2   天空软件站首页

（3）非凡软件站。非凡软件站（http://www.crsky.com），原名霏凡软件站。成立于 2002 年，是一家专门为丰富网民的互联生活提供各类软件下载等资源服务的网站，网站致力于快速传播软件资源与资讯，提供最快、最新、最好的软件，现拥有软件下载、资讯、论坛及绿色软件专栏等服务。非凡软件站首页如图 1-3 所示。

图 1-3   非凡软件站首页

（4）其他著名软件下载站点如下：

1）太平洋下载：http://www.pconline.com.cn/download；

2）新浪下载：http://tech.sina.com.cn/down；

3）中关村在线：http://download.zol.com.cn；

4）IT168 软件下载频道：http://down.it168.com；

5）硅谷动力软件下载站：http://download.enet.com.cn；

6）天极下载频道：http://download.yesky.com；

7）IT 世界软件下载：http://download.it.com.cn；

8）电脑之家软件下载：http://download.pchome.net。

（5）下载流程。应用专业网站下载软件的方法比较简单，下面以在华军软件园下载 WinRAR 软件为例介绍软件的下载流程。

1）打开华军软件站首页（http://www.newhua.com.cn），在搜索栏中输入需要搜索软件的关键字，如"WinRAR"，单击"提交"按钮，如图 1-4 所示。

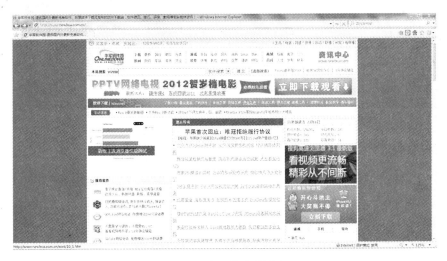

图 1-4　输入搜索关键字

2）获得软件关键字的搜索结果，在结果中筛选出最符合要求的软件，并单击该软件，如图 1-5 所示。

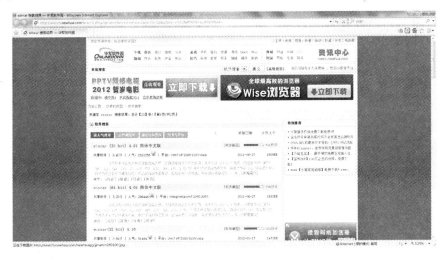

图 1-5　筛选符合要求的软件

3）打开如图 1-6 所示页面，该页面显示了软件的详细介绍等信息，单击"下载地址"链接，获得该软件的下载地址列表。根据当前用户网络的接入情况（电信上网、联通上网、铁通上网等）及地理位置选择合适的服务器进行下载。可以应用下载工具（迅雷、网际快车、QQ 旋风等）或者直接运用 IE 默认下载方式进行下载，如图 1-7 所示。

图 1-6　软件的详细介绍页面

图 1-7　下载软件到合适的位置

2．应用搜索引擎搜索软件

工具软件也可以通过使用搜索引擎进行查找并下载的方式获取。常用的搜索引擎包括百度、谷歌、狗狗搜索等，它们的地址分别为：

1）百度：http://www.baidu.com；

2）谷歌：http://www.google.com；

3）狗狗搜索（迅雷资源搜索）：http://www.gougou.com。

下面以使用百度搜索引擎搜索视频播放工具暴风影音为例，介绍使用搜索引擎查找软件的方法。

（1）启动 IE 浏览器，打开百度的首页，然后输入关键字"暴风影音"，单击"百度一下"按钮，如图 1-8 所示。

（2）弹出如图 1-9 所示的窗口，单击"官方下载"按钮（或打开其他网站链接进行下载），即可打开软件下载页面，选择 IE 默认下载方式或其他下载工具进行下载。

3．应用辅助软件进行下载

工具软件也可以通过应用辅助软件进行下载，如腾讯的 QQ 电脑管家、360 安全卫士的软件管家。下面介绍应用 QQ 电脑管家，下载软件美图秀秀的过程。

图 1-8　在百度搜索引擎中输入关键字

图 1-9　获得搜索结果

（1）打开 QQ 电脑管家，并切换到软件管理页面，如图 1-10 所示。

图 1-10　QQ 电脑管家的软件仓库页面

（2）切换到图片工具大类，并选择"美图秀秀 3.0.8"进行下载，如图 1-11 所示。

图 1-11　选中"美图秀秀 3.0.8"进行下载

1.2.2　软件的安装方法

软件的安装过程很简单，只需按照提示要求进行安装即可。下面以美图秀秀为例介绍软件的安装过程。

（1）双击美图秀秀安装程序，打开如图 1-12 所示界面，并单击"立即安装美图秀秀"按钮。

图 1-12　打开"美图秀秀"安装界面

（2）选择软件安装的目录，可以应用默认目录或者选择其他位置进行安装，如图 1-13 所示。选择完成后单击"安装"按钮。

（3）软件开始安装，并有进度条显示安装的进程，如图 1-14 所示。安装速度根据软件大小、计算机速度等不同。

（4）软件安装完成，可以勾选"运行美图秀秀 3.0.8（R）"，并单击"完成"按钮，完成软件的安装，并运行该软件，如图 1-15 所示。

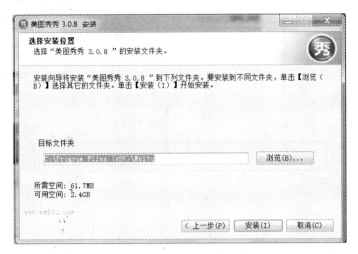

图 1-13　选择安装的位置

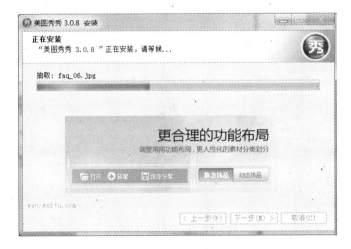

图 1-14　软件的安装进度

图 1-15　软件安装完成

图1-16　在程序组中卸载软件

1-17所示。

1.2.3　软件的卸载方法

软件如果长期不使用，就可以对其进行卸载，以节省空间，提高计算机的运行速度。软件的卸载方法包括三种：在程序组中进行卸载，在控制面板中进行卸载，应用第三方软件进行卸载。这里介绍前两种，也是最常用、最稳定的卸载方法。

1．程序组中卸载

软件安装后，一般都会在Windows菜单中生成程序组，用户可以通过该软件程序组中的卸载按钮进行卸载，如图1-16所示。

2．控制面板中卸载程序

（1）打开控制面板，单击"程序/卸载程序"按钮，如图

图1-17　控制面板界面

（2）选中需要卸载的软件，双击该软件或单击"卸载"按钮，如图1-18所示，弹出如图

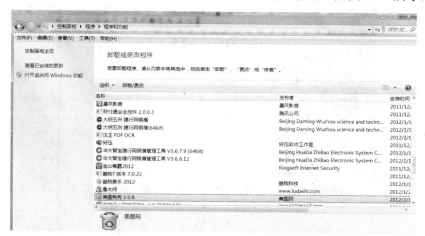

图1-18　选中需要卸载的程序

1-19 所示对话框，确认卸载。

图 1-19 确认卸载对话框

（3）软件开始卸载，并显示卸载进度及当前卸载的文件，如图 1-20 所示。

图 1-20 软件卸载进度

（4）软件卸载完成，单击"确定"按钮，完成软件的卸载，如图 1-21 所示。

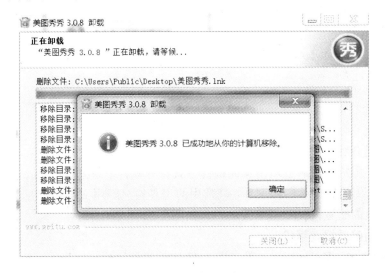

图 1-21 软件卸载完成

1.3 虚拟操作系统环境的构建

在学习工具软件的过程中，难免要安装及卸载较多软件，这无疑会对系统造成一定的影响。用户可以应用虚拟机系统安装常用软件，这样不但不会对系统造成过多的影响，而且还可以随时恢复虚拟系统。下面主要介绍虚拟机构建软件 VMWare Workstation 的使用。

VMWare Workstation 是一个"虚拟 PC"软件。让用户可以在一台机器上同时运行两个或更多的系统（如 Windows、DOS、Linux）。与"多启动"系统相比，VMWare Workstation 采用了完全不同的概念。多启动系统在一个时刻只能运行一个系统，在系统切换时需要重新启动机器。VMWare Workstation 是真正"同时"运行，多个操作系统在主系统的平台上，就好像标准的 Windows 应用程序那样切换。而且每个操作系统都可以进行虚拟的分区、配置而不影响真实硬盘的数据，用户甚至可以通过网卡将几台虚拟机用网卡连接为一个局域网，极其方便。随着 VMware Workstation 的不断升级，该软件功能越来越强大，文件体积也越来越大，用户在应用时可以选择占用空间较小的简化版进行下载。

1.3.1 VMware Workstation 的安装

用户可以在互联网上搜索或登录大型软件站点下载软件，并按照提示完成安装，如图 1-22 所示。

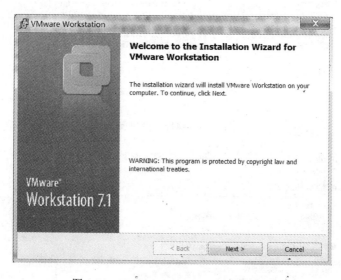

图 1-22　VMware Workstation 安装界面

1.3.2 主界面介绍

安装成功后，用户可以通过双击桌面快捷方式打开软件，进入 VMware Workstation 软件主界面，软件的上部包括菜单栏和工具栏（常用的工具栏已经用文字标出），左侧边栏是收藏夹，右侧是虚拟机的配置情况和可修改状态，如图 1-23 所示。

1.3.3 配置新的虚拟计算机

（1）启动 VMware Workstation，单击图 1-23 中的"新建虚拟机"按钮，进入创建虚拟机向导页面，如图 1-24 所示。选择新建"标准"类型的虚拟机，单击"下一步"按钮。

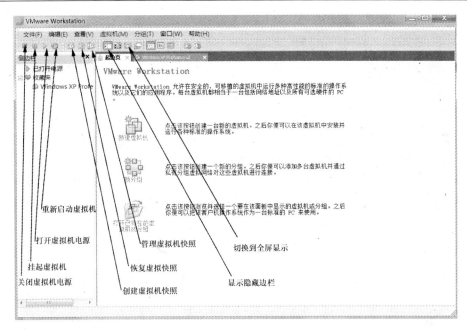

图 1-23　VMware Workstation 主界面

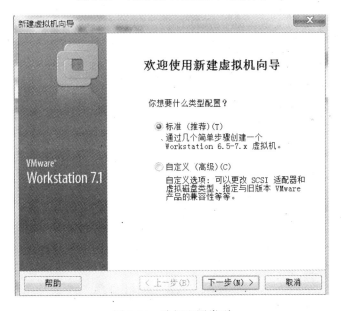

图 1-24　选择配置类型

（2）打开如图 1-25 所示页面，虚拟机与物理计算机一样，都需要安装操作系统。系统的安装需要应用安装盘，用户可以在光驱中放入系统的安装盘，或指定安装盘映像文件（ISO 格式），也可以选择以后再安装操作系统，这里先选定"我以后再安装操作系统"选项，单击"下一步"按钮。

（3）进入如图 1-26 所示页面，在"客户机操作系统"中选择操作系统类型，选择操作系统的版本，这里选择"Microsoft Windows"的"Windows XP Professional"系统，并单击"下一步"按钮。

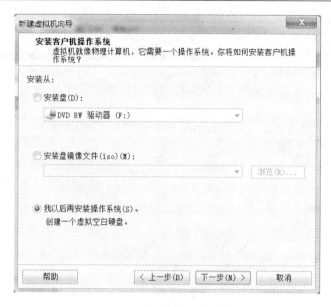

图 1-25　选定系统盘位置

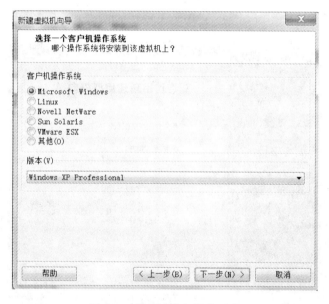

图 1-26　设置客户机操作系统

（4）弹出如图 1-27 所示页面，在"虚拟机名称"文本框中设置所创建的虚拟机的名称，此名称也会出现在 VMware Workstation 主窗口的"标签"中，用来实现多个虚拟机。在"位置"文本框中输入虚拟机的工作路径，或者单击"浏览"按钮进行选择，并单击"下一步"按钮。

（5）弹出如图 1-28 所示页面，在"最大磁盘空间"文本框中设置虚拟机硬盘大小，可以根据用户需要设置，虚拟机生成的文件可以以单个文件存储或拆分为多个文件。分割磁盘存储可以更容易地将虚拟机迁移到另一台计算机上，但是会大幅度降低磁盘的性能，这里选择"单个文件存储虚拟磁盘"，并单击"下一步"按钮。

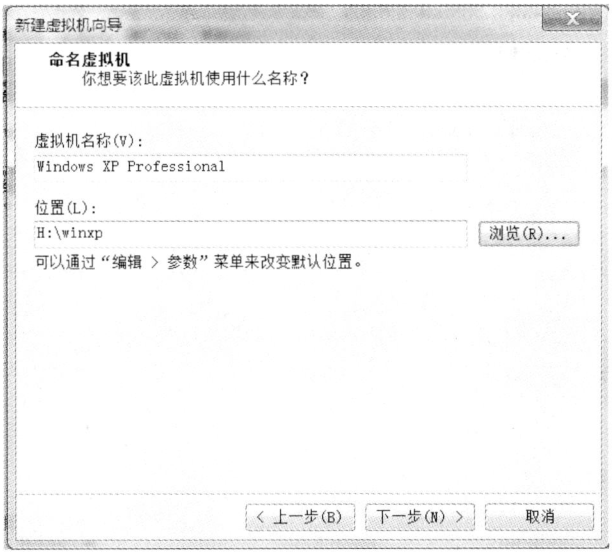

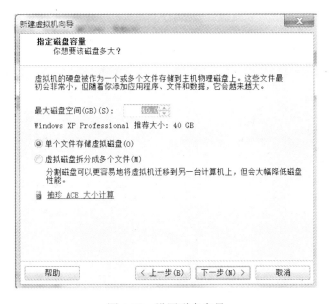

图 1-27　设置虚拟目录

图 1-28　设置磁盘容量

（6）虚拟机定制完成，如图 1-29 所示，可以单击图中的"定制硬件"按钮来设置硬件的相关信息。

（7）弹出虚拟机硬件设置页面，如图 1-30 所示，用户可以设置内存、处理器、磁盘、光驱、网络、声卡、显示等信息，并可以添加新的硬件，单击"内存"将内存的大小设置为"2GB"。

（8）单击"光驱"设置，在光驱内放入 Window XP 的安装盘 ISO 映像，为下一步系统的安装做好准备，如图 1-31 所示。

1.3.4　虚拟系统的安装

（1）返回软件的主界面，如图 1-32 所示，并将系统安装盘放入光驱（虚拟光驱或者是物理光驱，虚拟光驱前边操作已经放入），单击"打开该虚拟机电源"按钮。

图 1-29 虚拟机定制完成

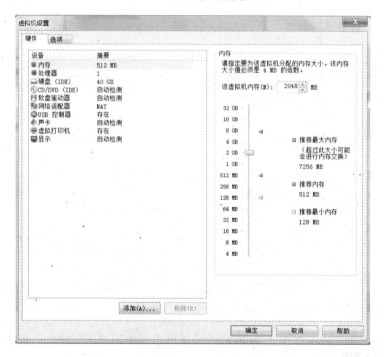

图 1-30 定制硬件面板

（2）虚拟机重新启动，并读取 Windows XP 安装盘，弹出如图 1-33 所示 Windows XP 安装程序页面，用户按照提示设置 Windows XP 的硬盘空间分区等。在虚拟机中安装系统与在物理计算机安装系统是一样的。

（3）Windows XP 在虚拟机中正常安装，安装过程按照提示一步步完成，如图 1-34 所示。

（4）虚拟系统 Windows XP 安装完成，单击"我已完成安装"按钮，结束系统安装，如图 1-35 所示。

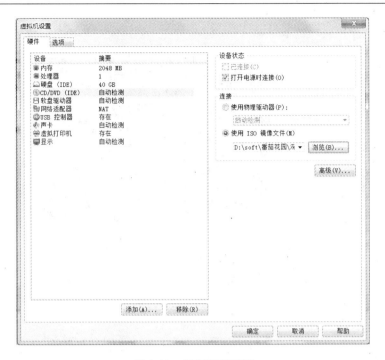

图 1-31 定制光驱面板

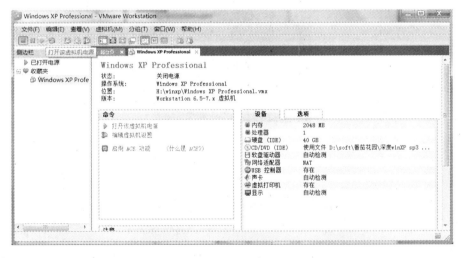

图 1-32 虚拟机完成

1.3.5 VMware Tools 的安装

（1）为增强虚拟机的图形显示功能和改善鼠标的性能，首次安装虚拟机时需要 VMware Tools。虚拟机的操作系统启动完毕后，单击菜单"虚拟机"→"安装 VMware Tools"命令，开始 VMware Tools 的安装，如图 1-36 所示。

（2）VMware Tools 工具开始安装，单击"下一步"按钮，开始安装，如图 1-37 所示。

（3）VMware Tools 工具安装结束后，需要重新启动系统更新程序，单击"确定"按钮，如图 1-38 所示。

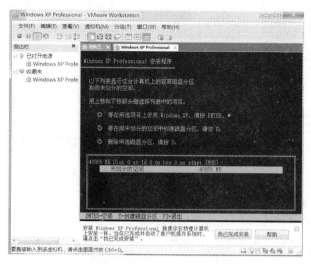

图 1-33　在虚拟机中设置 Windows XP 的硬盘分区

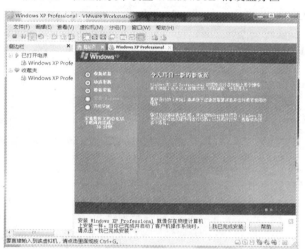

图 1-34　Windows XP 在虚拟机中正常安装

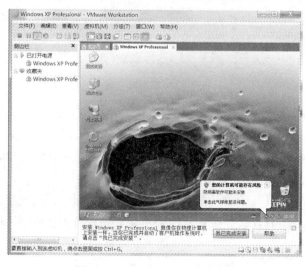

图 1-35　Windows XP 安装完成

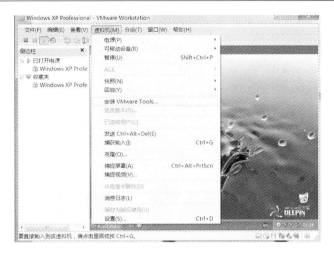

图 1-36　安装 VMware Tools

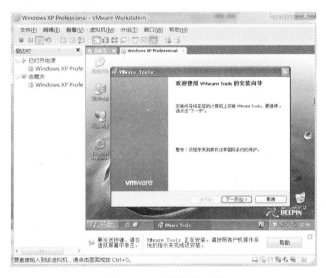

图 1-37　开始安装工具

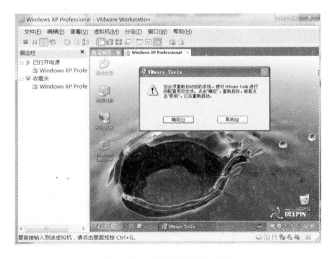

图 1-38　重新启动计算机

（4）系统重新启动后，可以设置虚拟系统的"显示 属性"，设置分辨率等信息，如图 1-39 所示。用户可以通过同时按住组合键 Ctrl+Alt 从虚拟机系统切换到真实系统，可以应用全屏模式在虚拟机中安装及运行程序，应用全屏模式运行时，虚拟机系统操作更接近于真实系统。

图 1-39　设置显示属性

1.3.6　共享文件夹的设置

（1）虚拟机系统是一个独立的系统，默认状态不能调用真实系统中的程序及软件。用户可以在虚拟机设置中设置共享文件夹，完成虚拟系统与真实系统的数据交换。单击菜单"虚拟机"→"设置"命令，如图 1-40 所示。

（2）弹出虚拟机设置对话框，通过标签切换到"选项"设置，用户可以设置共享文件夹主机路径为"D:\soft"，如图 1-41 所示。

图 1-40　设置共享文件夹

图 1-41 设置共享文件夹

1.3.7 虚拟机快照的创建及调用

（1）虚拟机的磁盘"快照"是虚拟机磁盘文件（VMDK）在某个点的复本。系统崩溃或系统异常时，用户可以通过使用恢复到快照来保持磁盘文件系统和系统存储。VMware 快照是 VMware Workstation 里的一个特色功能。用户可以通过按钮或者单击菜单"虚拟机"→"快照"→"从当前状态创建快照"命令完成快照的建立，如图 1-42 所示。

图 1-42 快照的创建

（2）在弹出的页面中输入快照的名称及描述，如图 1-43 所示。

（3）用户可以通过单击按钮（恢复快照或管理快照按钮）或单击菜单"虚拟机"→"快照"命令，将系统恢复到选定的快照，如图 1-44 所示。

1.3.8 在虚拟机中安装软件

（1）用户可以通过虚拟机实现多个系统，或者应用虚拟机安装软件而不影响真实的操作系统，这在学习多个工具软件时是很重要的。用户可以双击"我的电脑"打开如图 1-45 所示页面，双击"Vmware-host Shared Folders"打开设置好的共享文件夹（前边操作已经设置）。

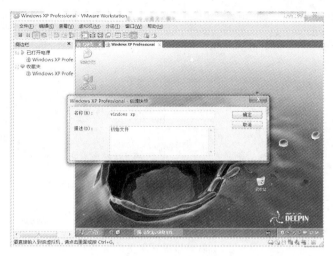

图 1-43　快照的创建

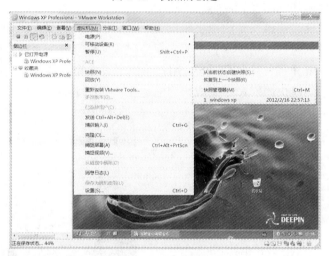

图 1-44　快照的恢复

图 1-45　打开虚拟机共享目录

（2）双击刚刚设置好的"soft"共享文件夹，如图 1-46 所示，并运行文件中的金山词霸安装程序文件。

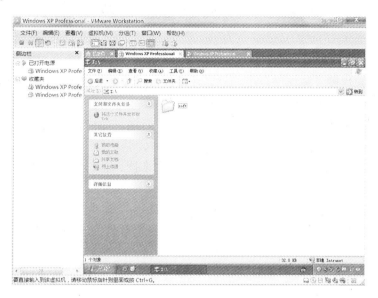

图 1-46　打开虚拟机中的特定文件夹

（3）金山词霸开始安装，按照提示完成金山词霸的安装，如图 1-47 所示。

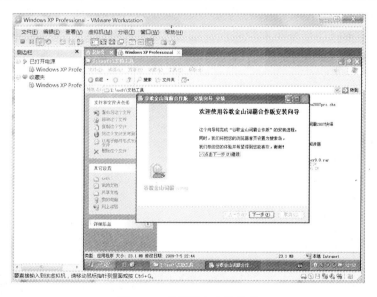

图 1-47　虚拟机中安装软件

1.3.9　课后操作题

（1）根据软件的授权方式，在 Internet 上提供下载的工具软件主要有哪几种版本？

（2）在虚拟机软件 VMware Workstation 中安装 Windows 7 系统。

（3）在虚拟系统 Windows 7 中完成软件"WinRAR"的安装。

第 2 章 磁盘工具与系统维护

操作系统是管理硬件和软件资源、控制程序运行、改善人机界面和为应用软件提供支持的一种系统软件，它集成了 CPU、内存、显卡等硬件驱动，用于管理计算机本身和应用程序。

用户在使用计算机的过程中，经常会遇到一些问题，如错误删除系统文件而导致系统崩溃；系统被病毒感染；计算机出现各种奇怪的故障等。用户可以通过使用工具软件来解决磁盘的分区、安装新系统、定期执行检测、优化维护、备份还原系统、清理垃圾文件等问题。

本章主要介绍一键还原精灵、硬件检测工具 AIDA64、显卡检测工具 3DMark、驱动程序管理驱动精灵、系统优化工具 Windows 优化大师、顽固软件完美卸载卸载工具等。

2.1　任务一：系统备份还原工具——一键还原精灵

2.1.1　任务目的

由计算机病毒的破坏、误删文件或软件兼容性而导致的系统崩溃，是比较常见的故障。虽然重装系统可以解决问题，但众多应用软件的重新安装，总是让人不满意，如何在最短时间内完成系统的重装是用户非常关心的事情。一键还原精灵是一款傻瓜式的系统备份和还原软件，用户无需具备专业知识即可实现系统的备份及还原。通过本任务的操作，掌握一键还原精灵的基础操作方法。

2.1.2　任务内容

（1）软件的安装介绍。

（2）应用还原精灵备份系统。

（3）应用还原精灵还原系统。

2.1.3　任务准备

1. 理论知识准备

一键还原精灵，是一款智能化的系统备份和还原软件。它具有安全、快速、保密性强、压缩率高、兼容性好等特点。

一键还原精灵系列软件有三个版本。

专业版：此版本不重新划分硬盘分区也不更改硬盘 MBR，而是将系统备份到一个深度隐藏的文件夹里，适合新手和一般家庭用户使用。

装机版：此版本将在硬盘上划分出一个隐藏的分区，用来存放备份文件，该备份文件相当安全，不惧怕任何病毒的破坏。适合计算机装机人员及对计算机比较了解的人使用或安装好后给新手使用。

VISTA 版：此版本是专业版的 Vista 系统升级版，适用于 Windows Vista。

2. 设备准备

（1）计算机设备。

（2）硬盘上必须有两个以上分区。

（3）一键还原精灵装机版。

2.1.4　任务操作

1．一键还原精灵装机版的安装

（1）用户可以在 http://www.yjhy.net（见图 2-1）网站下载软件。

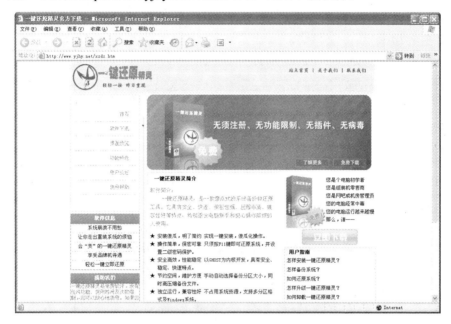

图 2-1　一键还原精灵网站

（2）软件下载后，双击安装文件，出现一键还原精灵的安装界面，如图 2-2 所示。

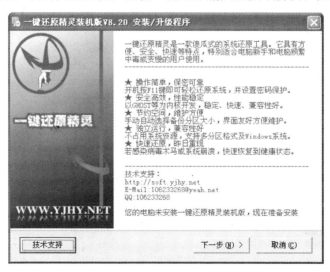

图 2-2　一键还原精灵安装初始界面

（3）弹出许可协议提示框。告知用户的义务及软件的免责，用户如果继续安装，必须勾选"同意协议"，如图 2-3 所示。

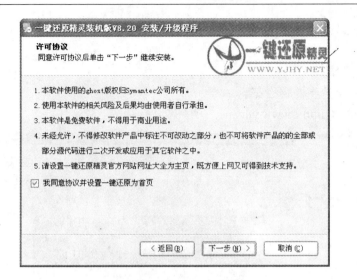

图 2-3 勾选同意许可协议

（4）设置开机引导热键。选择进入一键还原精灵操作界面，选择默认 F11 键即可，如图 2-4 所示。

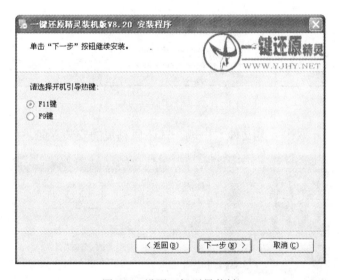

图 2-4 设置开机引导热键

（5）选择一键还原精灵的安装方式。选择"默认安装方式一"，单击"重启继续"按钮，如图 2-5 所示。

（6）计算机重启，一键还原精灵开始自动安装，成功安装后，弹出对话框，提示用户进行首次系统备份，如图 2-6 所示。

2．备份系统

（1）一键还原精灵安装成功后，启动计算机，屏幕显示图 2-7 所示的界面，按 F11 键。

（2）界面显示 10s 后自动备份系统，此时用户按 Esc 键，进入一键还原精灵软件的主界面，如图 2-8 所示。

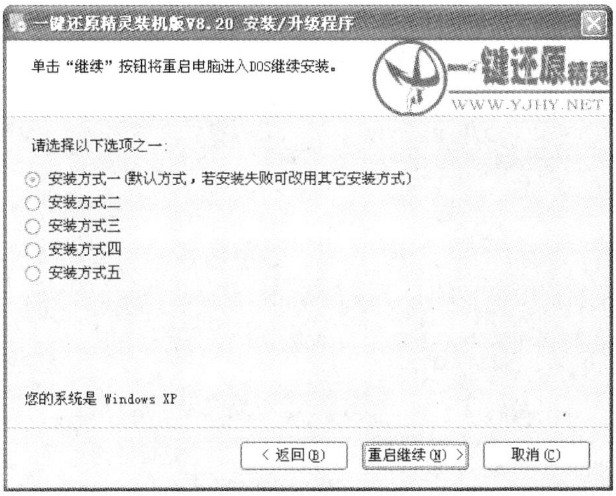

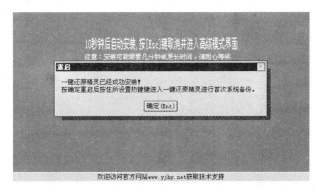

图 2-5　选择安装方式

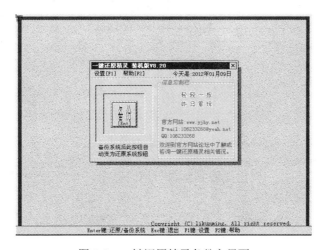

图 2-6　一键还原精灵成功安装

![Press [F11] to Start recovery system]()

******Press [F11] to Start recovery system******

图 2-7　使用热键 [F11]

图 2-8　一键还原精灵备份主界面

（3）首次运行一键还原精灵软件时，软件主界面中的按钮显示"备份"，单击"备份"按钮，自动运行 Ghost 软件，开始备份系统，如图 2-9 所示。备份结束后，计算机将自动重启。

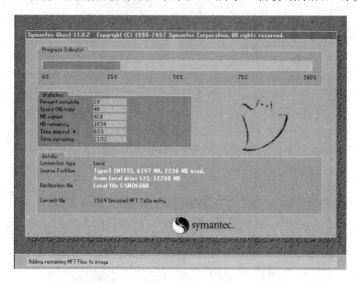

图 2-9　备份系统

3. 还原系统

（1）启动计算机，出现"Press [F11] to Start recovery system"，按 F11 键进入一键还原精灵软件主界面，如果系统已备份，按钮自动变成"还原"，如图 2-10 所示。

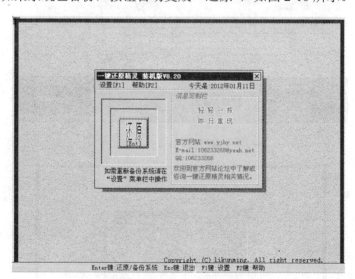

图 2-10　一键还原精灵还原界面

（2）单击"还原"按钮，弹出还原到备份日期的提示，并提示还原系统前需备份系统磁盘中的重要资料，一切确认完毕后，单击"确定"按钮，如图 2-11 所示。

（3）软件自动运行 Ghost 软件，开始还原系统，如图 2-12 所示。系统磁盘恢复结束后，计算机将重启。

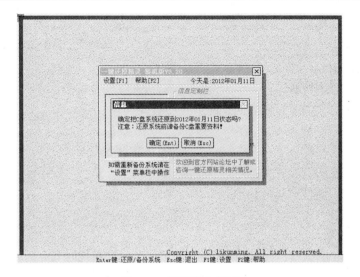

图 2-11　还原警告提示

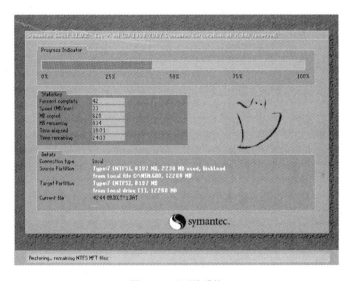

图 2-12　还原系统

2.1.5　课后操作题

（1）登录互联网，下载一键还原精灵专业版。

（2）使用一键还原精灵专业版备份操作系统分区数据到 D 盘，映像文件名为 YJSYS.gho。

（3）使用一键还原精灵专业版，将备份的映像文件 YJSYS.gho 恢复至操作系统分区。

（4）登录互联网，查找出至少两种同类备份还原工具。

2.2　任务二：系统检测工具——AIDA64

2.2.1　任务目的

目前计算机硬件市场鱼龙混杂，不免出现硬件质量问题，辨别硬件真伪是一大难题。通过本任务的操作，掌握应用 AIDA64 检测工具，检测计算机的软、硬件系统信息，全面了解硬件信息，以辨别真伪。

2.2.2 任务内容

（1）主界面介绍。

（2）计算机信息的检测。

（3）中央处理器（CPU）信息的检测。

（4）显卡信息的侦测。

（5）内存信息的检测。

（6）芯片组信息的查看。

（7）计算机软、硬件信息的侦测报告。

2.2.3 任务准备

1. 理论知识准备

AIDA64 是一款测试软、硬件系统信息的软件，16 位系统时其名为 AIDA16，后来随着 32 位技术的来临，它被改名为 AIDA32，随后又被更名为 EVEREST。现在它的开发商 Lavalys 公司已被 FinalWire 收购，它又一次被改名为 AIDA64。该软件采用 64 位技术，具有诸如协助超频、硬件侦错、压力测试和传感器监测等多种功能，能对处理器、系统内存和磁盘驱动器的性能进行全面评估。侦测结果导出为 HTML、XML 文件。软件授权方式为共享软件，可试用 30 天。

2. 设备准备

（1）计算机设备。

（2）AIDA64 软件。

2.2.4 任务操作

1. AIDA64 的主界面

（1）用户可以在 http://www.aida64.com（见图 2-13）网站下载软件。

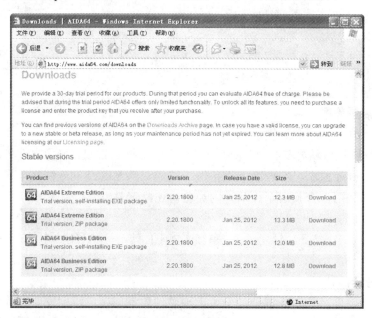

图 2-13　AIDA64 下载页面

（2）软件下载后，为压缩文件包，使用压缩工具解压文件即可使用，如图 2-14 所示。

图 2-14　解压 AIDA64

（3）用户双击快捷图标 64，进入 AIDA64 的主界面，如图 2-15 所示。

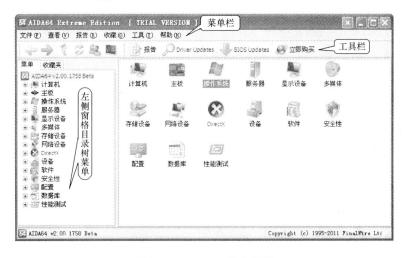

图 2-15　AIDA64 的主界面

2．计算机信息的检测

运行 AIDA64 软件，在左侧窗格菜单目录树下，单击"计算机"→"系统摘要"命令，可以在右侧窗格中显示出计算机的硬件配置情况，如图 2-16 所示。

3．中央处理器（CPU）信息的检测

运行 AIDA64 软件，在左侧窗格菜单目录树下，单击"主板"→"中央处理器（CPU）"命令，可以在右侧窗格中了解处理器的各种情况，包括主频、支持指令集等，如图 2-17 所示。

4．显卡信息的侦测

运行 AIDA64 软件，在左侧窗格菜单目录树下，单击"显示设备"→"图形处理器"命令，可以在右侧窗格中看到计算机显卡的详细信息，如图 2-18 所示。

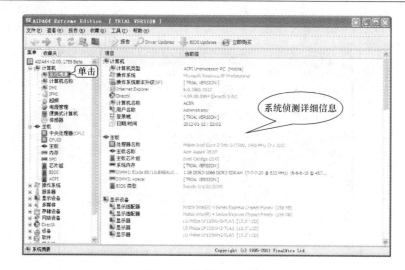

图 2-16　计算机配置信息

图 2-17　中央处理器（CPU）信息

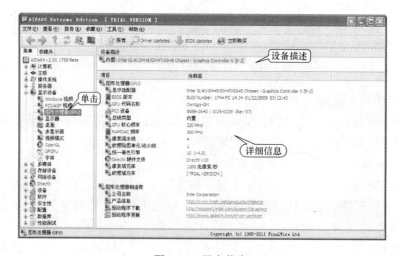

图 2-18　显卡信息

5. 内存信息的检测

运行 AIDA64 软件，在左侧窗格菜单目录树下，单击"主板"→"SPD"命令，SPD（Serial Presence Detect，串行配置侦测）芯片存储着内存的基本信息，比如内存速度、内存序列号、内存模组厂商等，如图 2-19 所示。

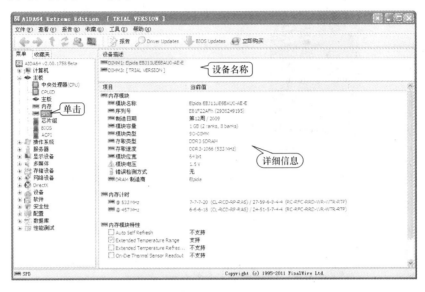

图 2-19　内存信息

6. 芯片组信息的查看

运行 AIDA64 软件，在左侧窗格菜单目录树下，单击"主板"→"芯片组"命令，可以在右侧窗格中了解计算机的芯片组信息，如图 2-20 所示。

图 2-20　芯片组信息

7. 计算机软硬件信息的侦测报告

（1）运行 AIDA64 软件，在主界面工具栏上，单击"报告"按钮，弹出报告向导，单击

"下一步"按钮，如图 2-21 所示。

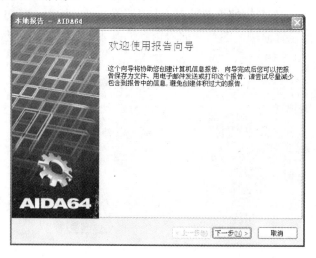

图 2-21 报告向导

（2）选择报告的配置文件。根据需要勾选相关的内容，默认设置为完整报告，单击"下一步"按钮，如图 2-22 所示。

图 2-22 选择报告内容

（3）选择报告的格式，在纯文本、HTML、MHTML 文件格式中选择任意一种，单击"完成"按钮，如图 2-23 所示。

（4）AIDA64 软件进入处理过程，2～4min 完成，然后生成报告，单击工具栏上"保存为文件"按钮，保存报告文件，如图 2-24 所示。

2.2.5 课后操作题

（1）使用 AIDA64 检测计算机系统的各项信息。

（2）使用 AIDA64 检测中央处理器 CPU 的信息。

（3）使用 AIDA64 检测物理硬盘的信息。

（4）使用 AIDA64 检测显卡的信息。

图 2-23　报告格式

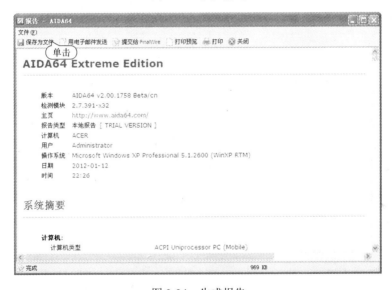

图 2-24　生成报告

2.3　任务三：显卡性能测试工具——3DMark06

2.3.1　任务目的

显卡是计算机不可或缺的组成部分，是计算机的主要输出设备。对于计算机系统而言，图形处理性能的瓶颈就是显卡，要评判显卡的性能，用户需要借助专业的显卡性能检测工具 3DMark，来测试计算机显卡的性能是否跟得上时代，是否需要升级为高性能的显卡。

2.3.2　任务内容

（1）主界面介绍。

（2）显卡性能的测试。

2.3.3　任务准备

1．理论知识准备

在显卡性能测试工具中，使用最广泛、最权威的是 3DMark 系列软件，3DMark 系列软件自 1999 年诞生以来就成了为人们衡量硬件 3D 性能高低的标尺。3DMark 显卡测试软件利用 Canyon Flight 测试，及全新的 Deep Freeze 测试单元，严酷考验系统的 Shader Model 3.0、HDR 渲染能力（NVIDIA/ATI 显卡最重要的两个指标），并可用结果浏览器具体查看显卡的各项 3D 性能差异。此外，3DMark06 还支持双核处理器，并将 CPU 性能得分也纳入 3DMark06 总分之中。

2．设备准备

（1）计算机设备。

（2）3DMark06，安装 DirectX9.0。

（3）Radeon 9500 及以上的 ATI 显卡，或者 GeForceFX 5200 以上的 NVIDIA 显卡。

2.3.4 任务操作

1．3DMark06 的主界面

（1）用户可以在 http://dl.pconline.com.cn（见图 2-25）网站下载软件。

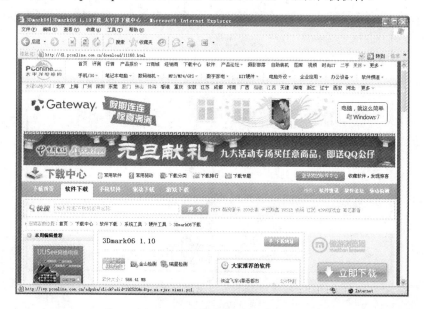

图 2-25　3DMark06 下载页面

（2）软件下载后，双击以安装文件，按照所给的提示进行安装，如图 2-26 所示。

（3）双击桌面的快捷方式运行 3DMark06，弹出软件的运行界面，如图 2-27 所示。

（4）软件进入主界面，用户可以以测试计算机主要部件的性能，主界面分为四个主要模块：Tests、Settings、System 及 Results，如图 2-28 所示。

2．显卡性能的测试

（1）启动 3DMark06，用户需要选择运行 3DMark06 中的哪些内容来进行测试。单击主界面上"Tests"模块中的"Select"按钮，弹出"Select Tests"项目，然后选择所需测试的场景。一般情况下，勾选测试"SM2.0 Graphics Tests"场景和"HDR/SM3.0 Graphics Tests"场景，及"CPU Tests"测试，如图 2-29 所示。

（2）选择了要测试的场景后，单击"Settings"模块中的"Change"按钮，弹出"Benchmark Settings"项目，用户选择要测试的分辨率以及 AA/AF 等效果，如图 2-30 所示。

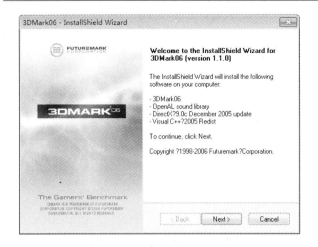
图 2-26　3DMark06 安装界面

图 2-27　3DMark06 运行界面

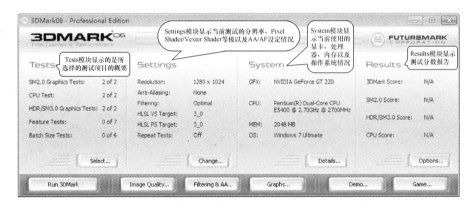
图 2-28　3DMark06 的主界面

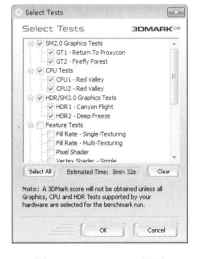
图 2-29　Select Tests 界面

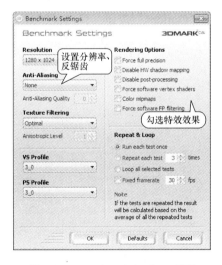
图 2-30　Benchmark Settings 界面

（3）单击"System"模块中的"Details"按钮，软件将给出目前运行系统的详细信息，如图 2-31 所示。

图 2-31　系统的详细信息

（4）单击主界面左下角的"Run 3DMark"按钮，软件开始运行所选择的特效场景，并测试显卡性能及 CPU 的稳定性，如图 2-32 所示。

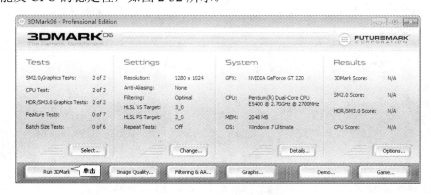

图 2-32　3DMark 开始测试系统

（5）整个测试过程大概 10min 左右，测试结束后，返回到软件的主界面，单击"Results"模块中的"Options"按钮，弹出测试总分，如图 2-33 所示。

图 2-33　测试总分

2.3.5　课后操作题

（1）登录互联网，下载 3DMark11 软件。

（2）使用虚拟机 VMware Workslation，安装 Windows 7 操作系统，并使用 3DMark11 进行测试实验。

2.4　任务四：系统优化及硬件监测工具——鲁大师

2.4.1　任务目的

随着计算机性能的不断提高，硬件的不稳定因素也越来越多。不良的使用环境和习惯将导致计算机硬件的损坏；用户购买及更换新硬件时，也可能被奸商"宰割"；计算机硬件长时间温度过高可能导致计算机罢工。通过本次任务的操作，掌握鲁大师的基本应用，并掌握检测硬件设备、监控计算机的硬件运行情况的方法，保障计算机的良好运行。

2.4.2　任务内容

（1）主界面介绍。

（2）硬件检测。

（3）温度监测。

（4）节能降温。

（5）性能测试。

2.4.3　任务准备

1．理论知识准备

鲁大师原名为 Z 武器，是一款优化计算机硬件系统的免费软件，它是新一代的绿色系统工具软件，具有全面有效且简单安全的硬件检测、性能测试和计算机优化等功能，能够轻松辨别计算机硬件的真伪，维持计算机的稳定运行，优化系统，使计算机处于最佳状态，提升计算机的运行速度。它适合于各种品牌的台式机、笔记本电脑、DIY 兼容机。

2．设备准备

（1）计算机设备。

（2）鲁大师。

（3）互联网接入环境。

2.4.4　任务操作

1．鲁大师的主界面

（1）用户可以在 http://www.ludashi.com/（见图 2-34）网站下载软件，并按照提示完成软件的安装。

（2）软件安装成功后，双击桌面的快捷方式。由于用户计算机已经接入互联网，进入到鲁大师主界面后，软件会自动检测是否全部安装或需要升级驱动程序，如图 2-35 所示。

鲁大师提供了七个功能模块：硬件检测、温度监测、性能测试、节能降温、驱动管理、计算机优化、高级工具。

（1）硬件检测。具有计算机浏览、硬件健康检测，提供处理器信息、主板信息、内存信息、硬盘信息、显卡信息、显示器信息、网卡信息、声卡信息、电池信息、功耗估算等功能，该模块使用全新的硬件信息检测技术与全面的硬件信息数据库，详细列出计算机主要部件的制造日期和使用时间信息，便于用户在购买新机或者二手机的时候，进行硬件辨识。

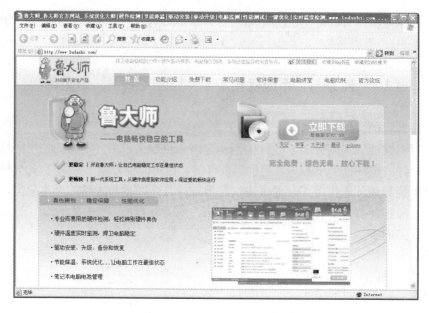

图 2-34　鲁大师下载页面

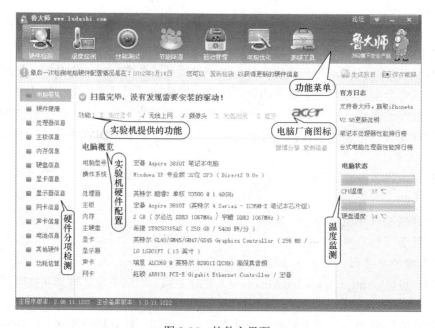

图 2-35　软件主界面

（2）温度监测。监测重要硬件的温度，在硬件温度过高时及时提醒用户，防止温度过高造成硬件损坏。

（3）性能测试。CPU 速度的测评分数加上 3D 游戏场景性能的测评分数，该分数反映用户计算机的综合性能。

（4）节能降温。防止硬件温度过高而不能正常工作，具有关闭、智能降温、全面节能的功能。智能降温模式只提供给 Vista、Windows 2008、Windows 7 系统。

（5）驱动管理。检测硬件驱动是否完全、安装是否正确；备份正确安装的硬件驱动程序，如重新安装操作系统,可以使用"驱动备份"还原。

（6）计算机优化。优化计算机配置,增强系统的稳定性、加快系统的运行速度、加固网络安全。

（7）高级工具。为用户提供了多种实用工具,帮助用户有针对性地解决计算机问题。实现本功能必须安装 360 安全卫士。

2. 硬件检测

（1）鲁大师启动后,自动扫描计算机,在"电脑概览"模块中,显示计算机的硬件配置报告,包含以下内容:计算机生产厂商（品牌机）、操作系统、处理器型号、主板型号、芯片组、内存品牌及容量、主硬盘品牌及型号、显卡品牌及显存容量、显示器品牌及尺寸、声卡型号、网卡型号,如图 2-36 所示。单击"生成报告"按钮,用户根据报告的用途,选择所需的类型,保存报告。

（2）单击"硬件健康"按钮,显示出计算机主要部件的制造日期和使用时间信息,便于用户在购买新机或者二手机的时候,进行硬件辨识,如图 2-37 所示。"硬件健康"模块分为两部分。第一部分是"计算机寿命测试",其中包含了计算机主要部件的制造日期和使用时间。硬盘已使用时间,新机此处的使用时间一般应在 10h 以下;主板制造时间,新机此处的使用时间一般应在半年以内;显卡制造日期,新机此处的时间一般应在半年以内;光驱制造日期,新机此处的时间一般应该在半年以内;操作系统安装日期,如果是预装的操作系统,一般安装时间应该在三个月以内;内存制造日期,新机此处的时间一般应该在半年以内;显示器制造日期,新机此处的时间一般应该在一年以内。第二部分是"笔记本电池测试",包含笔记本电池的主要信息。电池损耗,新机此处电池损耗一般为 0;设计容量,购买新笔记本时,请核对该容量是否与技术指标列出的设计容量一致。

图 2-36　计算机概览

（3）用户如果要升级计算机内存,需要知道计算机所支持内存的类型及频率等主要信息。

单击"内存信息"按钮，显示出内存的信息。包括：插槽、品牌、速度、容量、制造日期以及型号和序列号，如图 2-38 所示。

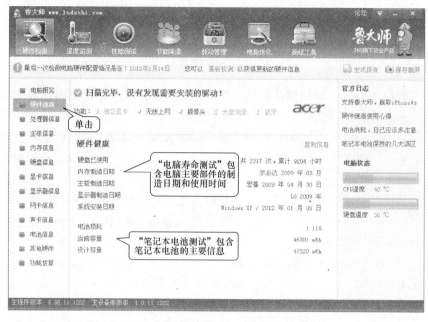

图 2-37 硬件健康

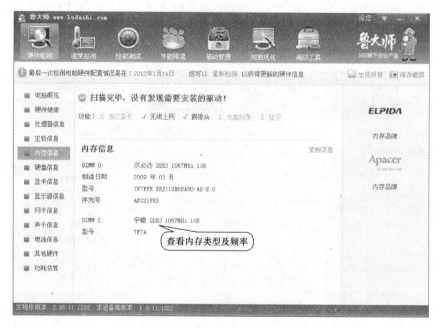

图 2-38 内存信息

3. 温度监测

用户使用的计算机如果经常发生死机、重启不稳定等现象，排除操作系统和主板电容方面的原因，还可以监测一下计算机硬件的温度，单击"温度监测"按钮，鲁大师显示计算机各类硬件温度的变化曲线图表，并给出结果，如图 2-39 所示。

图 2-39　温度监测

4. 节能降温

　　"节能降温"功能可以应用于各种型号的台式机或笔记本，其作用为智能检测计算机的应用环境，智能控制硬件的功耗，在不影响计算机使用效率的前提下，避免计算机的不必要功耗，从而减少计算机的电力消耗与发热量。"节能降温"方式的挡位选项，可进行自定义调节。"全面节能"可以全面保护硬件，特别适用于笔记本电脑；"智能降温"可对主要部件进行自动控制降温，特别适用于追求性能的台式机。用鼠标拖动滑动块至"全面节能"，单击"应用"按钮，如图 2-40 所示。

图 2-40　设置节能降温

5. 性能测试

（1）鲁大师计算机综合性能评分等于模拟计算机计算获得的 CPU 速度的测评分数加上 3D 游戏场景性能的测评分数，该分数反映计算机用户的综合性能。单击"性能测试"→"测试"，经过 3～5min，能得出计算机综合性分数，如图 2-41 所示。

图 2-41　计算机性能测试

（2）单击"性能测试"→"硬件测试工具"，使用"液晶显示器坏点测试器"功能，可以测试显示器是否有坏点，单击"开始测试"按钮，系统自动更换七张不同颜色的图片，仔细观看显示器屏幕是否有杂色，如图 2-42 所示。

图 2-42　液晶显示器坏点测试器

2.4.5　课后操作题

（1）使用鲁大师测试显示器的色彩表现质量。

（2）准备升级计算机硬盘之前，使用鲁大师查看硬盘接口类型（IDE、SATA）。

（3）使用鲁大师的功耗估算功能，估算计算机每小时的耗电量。

2.5　任务五：驱动程序管理——驱动精灵

2.5.1　任务目的

计算机安装操作系统后，需要安装硬件驱动，如果没有驱动程序，计算机中的硬件将无法正常工作，只有使用匹配的驱动程序，硬件运行的效率才能到达最高。用户如需查找合适的驱动程序，往往需要专业的知识及大量的时间。通过本任务的操作，掌握借助驱动精灵软件智能检测本机硬件及安装启动的方法。

2.5.2　任务内容

（1）主界面介绍。

（2）安装及更新驱动程序。

（3）卸载驱动程序。

（4）备份与还原驱动程序。

2.5.3　任务准备

1. 理论知识准备

驱动程序（Device Driver）的全称为"设备驱动程序"，是一种可使操作系统和硬件设备通信的特殊程序，相当于硬件的接口。操作系统只有通过这个接口，才能控制硬件设备的工作，如果某个硬件设备的驱动程序未安装或安装不正确，该硬件设备就不能正常工作。

驱动精灵是驱动之家出品的一款集安装、更新、备份、还原、删除驱动等功能于一体的软件，是能帮助解决烦琐的系统驱动问题的有利工具。驱动精灵提供了集成网卡驱动的完全版本和未集成网卡驱动的版本以供用户选择，这两个版本的区别仅在于离线模式下网卡驱动的自动安装功能。

2. 设备准备

（1）计算机设备。

（2）驱动精灵软件。

（3）互联网接入环境。

2.5.4　任务操作

1. 驱动精灵的主界面

（1）用户可以在 http://www.drivergenius.com/（见图 2-43）网站下载软件，并按照提示完成软件的安装。

（2）安装成功后，用户可以通过双击桌面上的快捷方式，进入驱动精灵软件主界面，如图 2-44 所示。

2. 安装及更新驱动程序

（1）启动驱动精灵，由于用户计算机已经接入互联网，软件将开始扫描系统的硬件驱动，并自动判断硬件驱动是否安装正确，显示需要升级的硬件驱动，单击"驱动程序"按钮，查看需要安装或更新驱动的设备，单击"下载"按钮开始下载升级驱动，如图 2-45 所示。

图 2-43　驱动精灵官方网站

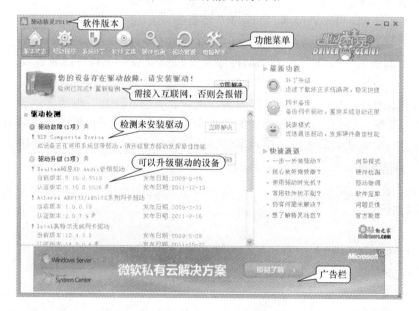

图 2-44　驱动精灵的主界面

（2）硬件驱动下载完成后，单击"安装"按钮，按照硬件驱动安装的提示进行操作，如图 2-46 所示。

3．卸载驱动程序

计算机更换新的硬件设备，如更换显卡，需要先把旧的显卡驱动卸载，然后安装新的显卡驱动。启动驱动精灵，单击"驱动管理"→"驱动微调"，勾选需要卸载的驱动，单击"卸载驱动"按钮，如图 2-47 所示。安装新的硬件后，重新安装对应的驱动。

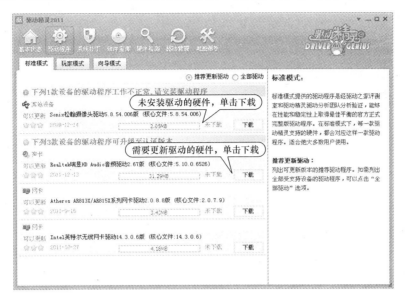

图 2-45 下载驱动程序

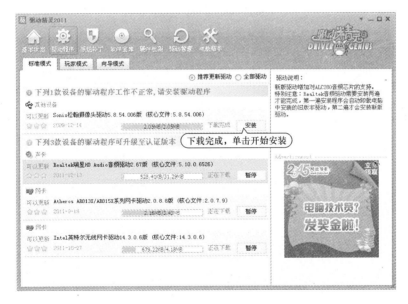

图 2-46 安装硬件驱动

4. 备份与还原驱动程序

（1）启动驱动精灵，在左侧窗口中勾选需要备份的硬件驱动，选择备份文件的类型，设置驱动程序备份路径，单击"开始备份"按钮，如图 2-48 所示。

（2）硬件驱动程序备份结束后，提示"备份完成"，如图 2-49 所示。

（3）如果要还原驱动，可以单击"驱动管理"→"驱动还原"命令，在左侧窗口中勾选需要还原的驱动程序，选择备份文件的格式，查找备份文件的路径，单击"开始还原"按钮，如图 2-50 所示。

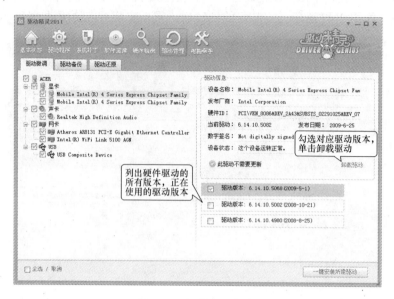

图 2-47　卸载驱动程序

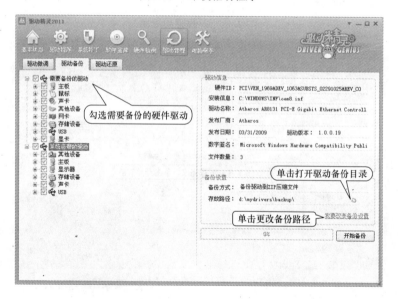

图 2-48　备份驱动程序

（4）开始还原硬件驱动，驱动还原结束后，提示"驱动已经更新完成，需要重新启动计算机"，如图 2-51 所示，重启计算机操作完成。

2.5.5　课后操作题

（1）使用驱动精灵备份当前计算机的所有驱动程序，将其保存于 D:\drivers 文件夹中。

（2）使用驱动精灵备份当前计算机的网卡、声卡和显卡的驱动程序，将其保存于 D:\drivers 文件夹中。

（3）卸载当前计算机的显卡驱动程序，使用 D:\drivers 文件夹中的备份文件还原显卡驱动程序。

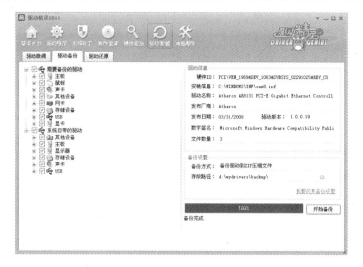

图 2-49 驱动程序备份完成

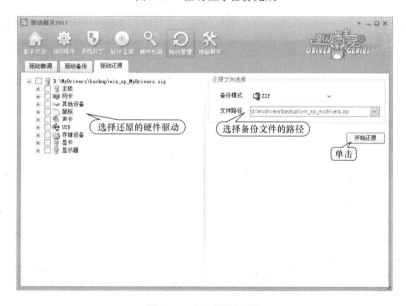

图 2-50 还原驱动程序

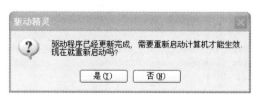

图 2-51 完成还原驱动

2.6 任务六：系统优化工具——Windows 优化大师

2.6.1 任务目的

使用同样的计算机，有的用户使用了几年都能运转良好，而有的用户使用不到半年就会经常出现蓝屏、死机，甚至不能启动，关键在于用户日常对计算机的维护及保养。通过本任务的操作，掌握 Windows 优化大师的基本操作，能够应用其完成系统检测、清理垃圾文件、优化计算机、优化网络等操作，并能将其运用到工作和日常生活中。

2.6.2　任务内容

（1）Windows 优化大师主界面介绍。

（2）应用 Windows 优化大师进行系统优化。

（3）应用 Windows 优化大师进行系统清理。

（4）应用 Windows 优化大师进行文件加密。

2.6.3　任务准备

1. 理论知识准备

Windows 优化大师是由成都共软网络科技有限公司出品的国产软件，以其华丽的界面和强大的功能吸引了众多用户。Windows 优化大师提供了全面有效且简便安全的系统检测、系统优化、系统清理、系统维护四大功能模块及多个附加的工具软件。使用 Windows 优化大师，能够有效地帮助用户了解自己的计算机软、硬件信息，简化操作系统的设置步骤，提升计算机的运行效率，清理系统运行时产生的垃圾，修复系统故障及安全漏洞，维护系统的正常运转。

2. 设备准备

（1）计算机设备。

（2）Windows 优化大师。

（3）互联网接入环境。

2.6.4　任务操作

1. Windows 优化大师的主界面

（1）用户可以在 http://www.youhua.com（见图 2-52）网站下载软件，并按照提示完成软件的安装。

图 2-52　Windows 优化大师官方网站

（2）软件安装成功后，双击桌面上的快捷方式，进入 Windows 优化大师主界面，如图 2-53 所示。

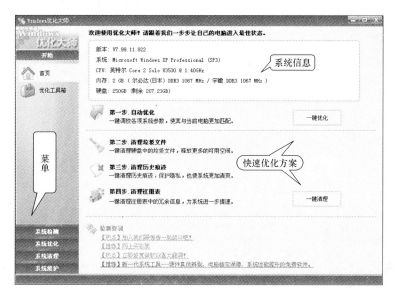

图 2-53　Windows 优化大师主界面

2．系统优化

（1）启动软件，单击"系统优化"→"磁盘缓存优化"命令，根据当前计算机的内存容量调整"输入/输出缓存大小"的滑块，并根据需要勾选其他各项设置，如图 2-54 所示，设置完毕后单击"优化"按钮。

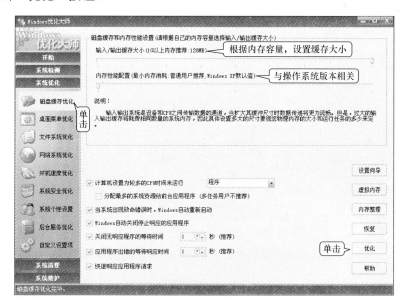

图 2-54　磁盘缓存优化

（2）单击"系统优化"→"桌面菜单优化"命令，将"开始菜单速度"设为"快"，"菜单运行速度"设为"快"，"桌面图标缓存"设为"大"，根据需要勾选其他各项设置，如图

2-55 所示，设置完毕后单击"优化"按钮。

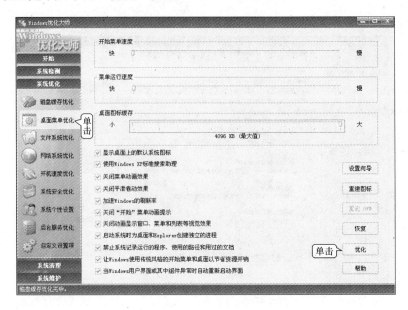

图 2-55　桌面菜单优化

（3）单击"系统优化"→"文件系统优化"键，"二级数据高级缓存"采用当前系统的推荐值，"CD/DVD-ROM 优化选择"采用 Windows 优化大师的推荐值，根据需要勾选其他各项设置，如图 2-56 所示，设置完毕后单击"优化"按钮。

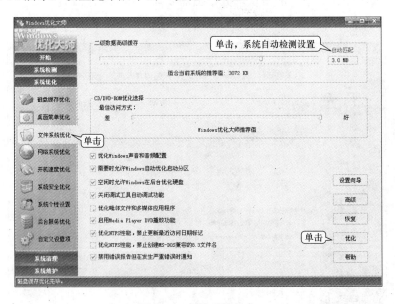

图 2-56　文件系统优化

（4）单击"系统优化"→"网络系统优化"命令，根据实际情况进行"上网方式选项"设置，根据需要勾选其他各项设置，如图 2-57 所示，设置完毕后单击"优化"按钮。

（5）单击"系统优化"→"开机速度优化"命令，将"启动信息停留时间"设为 3s，根据需要勾选其他各项设置，如图 2-58 所示，设置完毕后单击"优化"按钮。

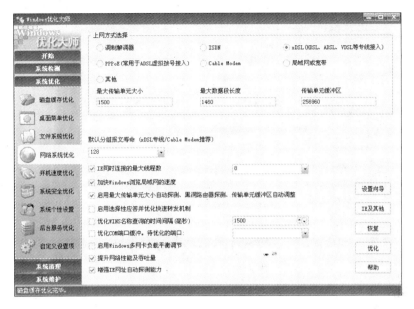

图 2-57　网络系统优化

图 2-58　开机速度优化

（6）单击"系统优化"→"系统安全优化"命令，将"分析及处理选项"中的选项全部勾选，根据需要勾选其他各项设置，如图 2-59 所示，设置完毕后单击"优化"按钮。

3. 系统清理

（1）启动软件，单击"系统清理"→"注册信息清理"命令，单击"扫描"按钮，计算机开始扫描注册表，扫描结束后，冗余的注册表信息出现在"扫描的项目"下面，可以勾选删除或选择全部删除，如图 2-60 所示。

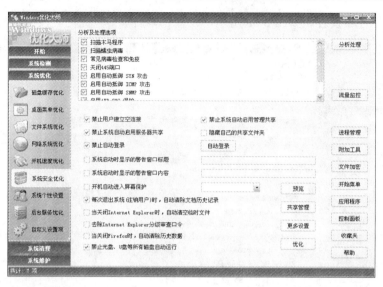

图 2-59　系统安全优化

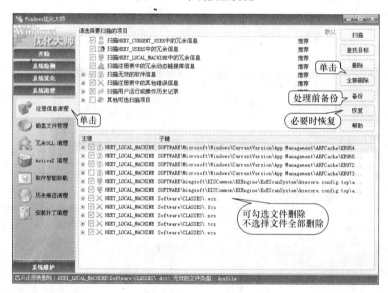

图 2-60　处理冗余注册信息

（2）单击"系统清理"→"磁盘文件管理"命令，选择扫描的"磁盘盘符或文件夹"，扫描前设置"扫描选项"、"文件类型"和"删除选项"。单击"扫描"按钮，软件开始扫描磁盘垃圾文件，扫描结束后，冗余的文件信息出现在"扫描结果"中，单击"全部删除"按钮，默认文件删除到计算机回收站，如图 2-61 所示。

4．文件加密

（1）启动软件，单击"系统优化"→"系统安全优化"命令，单击右侧"文件加密"按钮，弹出文件加密对话框，如图 2-62 所示，将需要加密的文件拖入到加密区域，在密码处输入密码后回车，单击"加密"按钮。

（2）在原文件存放路径中生成以.wom 为后缀的新文件，双击新文件，弹出"输入密码"对话框，输入正确密码后才可进一步操作，如图 2-63 所示。

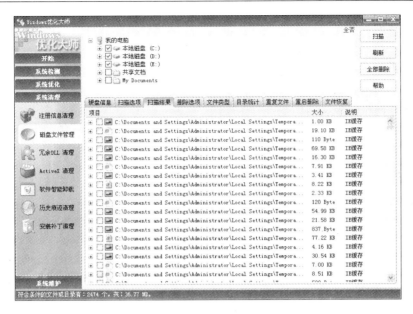

图 2-61 处理磁盘冗余文件

图 2-62 文件加密

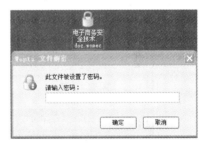

图 2-63 打开加密文件

2.6.5 课后操作题

（1）使用 Windows 优化大师备份当前计算机的所有驱动程序。

（2）使用 Windows 优化大师扫描 C 盘的垃圾文件，并删除扫描到的垃圾文件。

（3）使用 Windows 优化大师扫描注册表，并将扫描到的冗余信息全部删除。

（4）使用 Windows 优化大师对开机速度进行优化。

2.7 任务七：顽固软件卸载工具——完美卸载

2.7.1 任务目的

频繁的安装、卸载软件会产生垃圾文件，会大大增加硬盘读/写磁头的工作量，降低硬盘寿命。通过本任务的操作，使用户掌握应用完美卸载软件清理计算机、优化计算机及全面卸载软件的方法，从而提高计算机运行速度。

2.7.2　任务内容

（1）主界面介绍。

（2）清理计算机垃圾文件。

（3）卸载软件。

（4）更改软件安装目录。

2.7.3　任务准备

1．理论知识准备

完美卸载，系统维护的瑞士军刀，是一款为计算机减压的软件，是专业的计算机清洁工和计算机加速器。它可以解决以下问题，软件越装越杂，计算机运行越来越慢，计算机启动越来越慢，C 盘空间越来越小，经常报告虚拟内存不足，打开网页速度慢，安装了软件却不知如何卸载等。

2．设备准备

（1）计算机设备。

（2）完美卸载。

2.7.4　任务操作

1．完美卸载的主界面

（1）用户可以在 http://www.killsoft.cn（见图 2-64）网站下载软件，用户可以按照提示完成软件的安装。

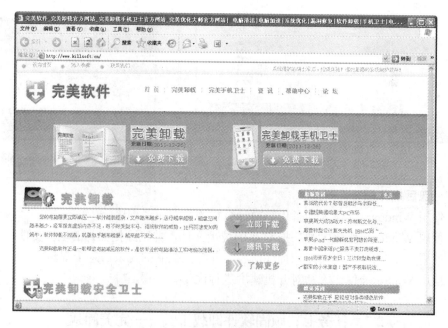

图 2-64　完美卸载网站

（2）软件安装成功后，双击桌面上的快捷方式，进入完美卸载软件主界面，如图 2-65所示。

图 2-65　完美卸载软件主界面

2. 清理计算机垃圾文件

（1）启动完美卸载，单击"一键清理"按钮，勾选需要清理的项目，单击"扫描电脑"按钮，如图 2-66 所示。

图 2-66　一键清理界面

（2）软件开始扫描清理项目，扫描结束后，用户可以进一步处理，如图 2-67 所示。

（3）单击"是"按钮，直接清理文件，清理结束后，弹出清理报告，如图 2-68 所示。

3. 卸载软件

（1）启动完美卸载，单击"卸载软件"按钮，如图 2-69 所示。

（2）安装软件前，可以使用完美卸载进行安装监视，生成软件安装日志，确保日后卸载软件更彻底，单击"安装监视"按钮，弹出"选择监视范围"对话框，按照需要完成设置，如图 2-70 所示。

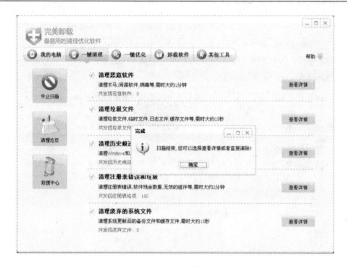

图 2-67　扫描项目

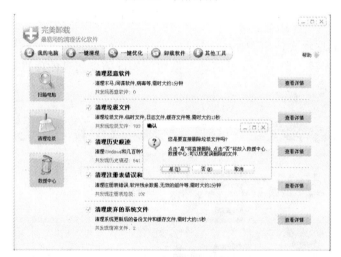

图 2-68　确认清理文件

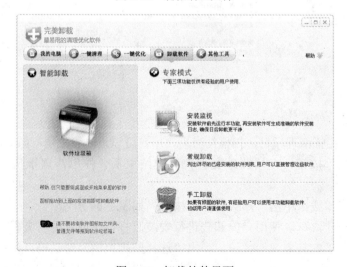

图 2-69　卸载软件界面

图 2-70 选择监视范围

（3）软件完成系统内部初始化后，用户可以在软件监视器状态下安装软件。本次操作中选择安装软件"阿里旺旺 2011"，安装结束后，单击"停止监视"按钮，完美卸载软件开始最后的运算工作，完成软件的最后安装，如图 2-71 所示。

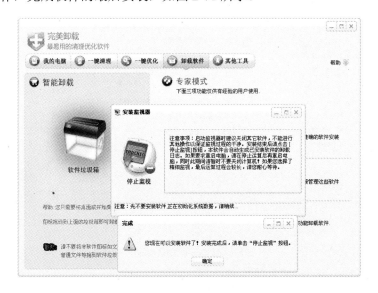

图 2-71 安装软件安装监视器

（4）如果要卸载软件，单击"卸载软件"→"常规卸载"命令，启动软件卸载管理器，查找阿里旺旺 2011 正式版，选中它，单击"立即卸载"按钮，开始运行软件自身的卸载程序来卸载软件，如图 2-72 所示。

（5）软件卸载成功后，完美卸载提示进行二次清理，询问是否进行进一步操作，如图 2-73 所示。

（6）单击"是"按钮，进行二次清理操作，清理结束后，弹出卸载完成对话框，如图

2-74 所示。

图 2-72　卸载软件

图 2-73　二次清理软件

图 2-74　卸载完成

4. 更改软件安装目录

（1）启动完美卸载，单击"卸载软件"→"常规卸载"→"软件搬家"命令，选中要搬移的软件"暴风影音"，并设置所移动到的目标目录，单击"开始搬家"按钮，如图 2-75 所示。

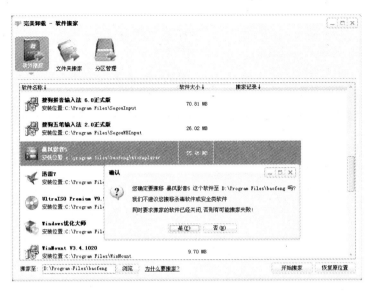

图 2-75　软件搬家界面

（2）软件开始搬移，搬移结束后，弹出搬家成功对话框，如图 2-76 所示。

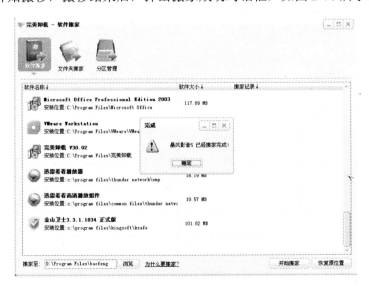

图 2-76　提示搬家成功

（3）查找到"暴风影音"，搬家记录中显示"已搬至 D 盘的文件夹中"，如图 2-77 所示。

2.7.5　课后操作题

（1）使用完美卸载监视软件安装，随后卸载所安装的软件。

（2）使用完美卸载删除系统不使用的工具条。

（3）使用完美卸载，将 IE 临时文件夹和用户的文档文件夹更改到 D 盘。

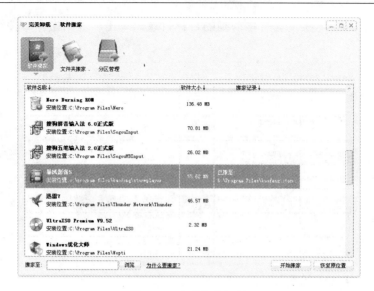

图 2-77 查看搬家记录

第3章　文件编辑与管理工具

文件的编辑及管理是日常学习生活中不可或缺的一部分，其主要包括文件的压缩与解压缩、文本的编辑与处理、文件及文件夹加密、丢失文件的恢复工具、Office 文档修复、办公文档的转化、文本的识别等内容。

本章主要介绍文件的压缩工具 WinRAR 的使用、文件加密工具文件夹加密大师的使用、文件恢复工具 EasyRecovery 的使用、Office 文档修复工具 OfficeRecovery 的使用、Office 转 flash 文件工具 Flashpaper 的使用、文本 OCR 工具汉王 OCR 软件的使用等。

3.1　任务一：文件压缩工具——WinRAR

3.1.1　任务目的

文件的压缩与解压缩是日常办公及生活中最常用的操作，应用文件压缩工具可以实现将大的文件缩小体积、文件分割压缩、建立自解压文件、加密压缩等功能。通过本任务的操作，掌握文件压缩工具 WinRAR 的安装、使用，并能在日常办公、学习、生活中熟练应用该工具。

3.1.2　任务内容

该任务的内容主要包括以下几点。

（1）压缩文件的建立；

（2）解压缩文件；

（3）自解压文件的建立；

（4）分卷压缩；

（5）压缩加密。

3.1.3　任务准备

1．理论知识准备

WinRAR 是一个文件压缩管理共享软件，由 Eugene Roshal（所以 RAR 的全名是：Roshal ARchive）开发，首个公开版本 RAR 1.3 发布于 1993 年。

WinRAR 采用独创的压缩算法，这使得该软件比其他同类 PC 压缩工具拥有更高的压缩率，尤其是可执行文件、对象链接库、大型文本文件等。RAR 在 DOS 时代就一直具备这种优势，经过多次试验证明，WinRAR 的 RAR 格式一般要比 WinZIP 的 ZIP 格式高出 10%～30% 的压缩率，尤其是它还提供了可选择的、针对多媒体数据的压缩算法。

WinRAR 针对多媒体数据，提供了经过高度优化后的可选压缩算法。WinRAR 对 WAV、BMP 声音及图像文件可以用独特的多媒体压缩算法大大提高压缩率，虽然可以将 WAV、BMP 文件转为 MP3、JPG 等格式节省存储空间，但 WinRAR 的压缩是标准的无损压缩。

WinRAR 完全支持 RAR 及 ZIP 压缩包，并且可以解压缩 CAB、ARJ、LZH、TAR、GZ、ACE、UUE、BZ2、JAR、ISO、Z、7Z 格式的压缩包。虽然 WinZIP 也能支持 ARJ、LHA 等格式，但却需要外挂对应软件的 DOS 版本，功能很有限。但 WinRAR 却不同，不但能解压多数压缩格式，且不需外挂程序支持就可直接建立 ZIP 格式的压缩文件，所以用户不必担心离开了 WinZIP 如何处理 ZIP 格式的问题。

WinRAR 是共享软件，任何人都可以在 40 天的测试期内使用它。如果希望在测试过期之后继续使用 WinRAR，用户必须付费注册。

2．设备准备

设备准备主要包括以下两点：

（1）计算机设备；

（2）WinRAR 软件。

3.1.4　任务操作

1．基本界面介绍

WinRAR 安装完成后，会在开始菜单内生成程序组，并与压缩包建立关联，压缩包的图标也将自动替换成 WinRAR 的图标，双击压缩包就可方便地调用 WinRAR 软件打开压缩包。WinRAR 窗口中包含六个菜单选项的菜单栏、九个带有文字标签的图标按钮的工具栏，一个地址栏、一个当前文件夹下的文件及子文件夹和一个压缩文件内部的文件的显示区域，也即所说的文件列表区，如图 3-1 所示。

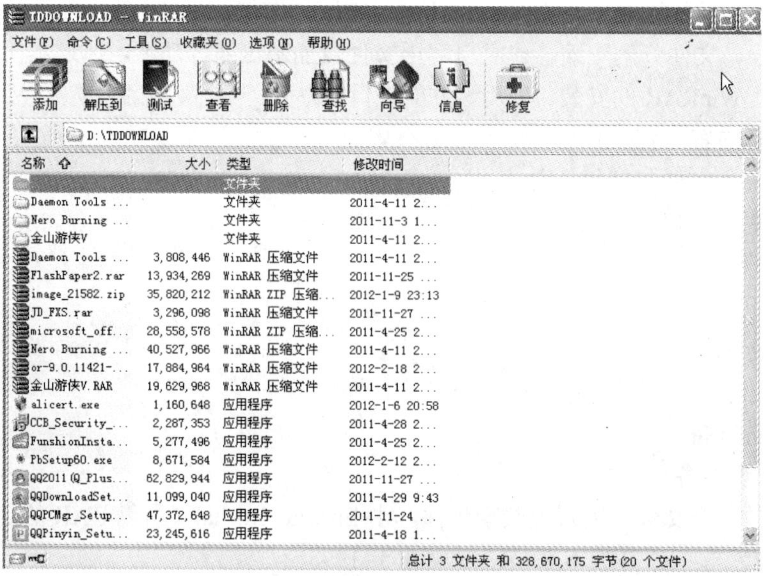

图 3-1　WinRAR 启动窗口

2．选择压缩对象

要制作压缩文件，首先要选取需要压缩的文件和文件夹。下面介绍几种选取方法。

（1）方法一：使用工具按钮。当 WinRAR 运行时，会显示当前文件夹的文件和文件夹列表。用户可以在地址栏中输入含有要压缩的文件的文件夹，或单击位于窗口左下角的驱动器小图标，来更改当前的驱动器，然后选取文件夹。利用地址栏左边的"上移"按钮或者在文件夹名列表中"…"上双击都可以转到上级文件夹。

（2）方法二：利用鼠标选取文件和文件夹。与资源管理器或其他的 Windows 程序一样，在 WinRAR 窗口中可单击选择一个文件，按住 Ctrl 键并单击鼠标可进行多文件和文件夹的挑选，按住 Shift 键并单击鼠标可进行连续文件的选择。

（3）方法三：利用键盘选取。使用空格键或 Insert 键来选择任意文件，注意清除选取文件也是用这两个键。利用组合键 Ctrl+A 可选取所有文件和文件夹。另外键盘数字盘区的＋键和－键可用来选择组文件时的过滤掩码。

例如，在 WinRAR 窗口中，按数字键盘区的＋键，屏幕上弹出"选择"对话框，如图 3-2 所示。在"输入文件通配符"下文本框内输入条件"*.doc"，表示选择所有扩展名为 doc 的文件。按数字键盘区的－键，则弹出如图 3-3 所示"取消选择"对话框，在"输入文件掩码"下文本框内输入要取消选择的文件掩码，可从已选定的文件中取消符合条件的一批文件。

图 3-2 "选择"对话框   图 3-3 "取消选择"对话框

3．压缩文件的建立

当完成选择了一个或是多个文件之后，用户可采取多种方式进行文件压缩。

（1）方法一：单击 WinRAR 窗口中工具栏上的"添加"按钮，或在"命令"菜单中选择"添加文件到压缩文件"命令，显示如图 3-4 所示的对话框，选择需要压缩的文件。

图 3-4 选择添加的文件

选择完成后，单击"确定"按钮。在如图 3-5 所示对话框输入目标压缩文件名或是直接接受默认名，选择新建压缩文件的格式（RAR 或 ZIP）。压缩方式有六种，默认是"标准"型，可以根据需要选择压缩方式，压缩比越高，速度越慢，但是文件体积越小。如果压缩的文件较大，并希望通过邮件方式发送，可以选择分卷压缩方式，根据邮箱要求的附件规格设置。"更新方式"一项提供了"添加并替换文件"、"添加并更新文件"、"仅更新已经存在的文件"

和"同步压缩文件内容"四个选项。"压缩选项"共有七个复选框，根据需要进行选择。输入文件名后，单击"确定"按钮。

图 3-5 "压缩文件名和参数"对话框

（2）方法二：使用鼠标拖动方式向已存在的 RAR 压缩文件中添加文件。在 WinRAR 窗口双击打开想要加入文件的压缩文件，RAR 将会读取压缩文件并显示其中的内容。利用资源管理器或我的电脑打开另外一个窗口，显示要压缩的文件，然后选择要压缩的文件，用鼠标拖动所选文件到 WinRAR 窗口中，就可以把文件添加到压缩文件中，如图 3-6 所示。

图 3-6 应用拖动方式添加文件

（3）方法三：用户可以应用我的电脑选择要压缩的文件，在选定的文件或文件夹上右击，在弹出的快捷菜单中选择"添加到*.rar"或者"添加到压缩文件"命令，如图 3-7 所示。

图 3-7　应用鼠标右键菜单功能添加

（4）方法四：在我的电脑或资源管理器中，直接用
鼠标左键拖动要压缩的文件到已存在的压缩文件图标
上，则可完成文件压缩并将其放到已存在的压缩文件中，
如图 3-8 所示。

4．解压缩文件

（1）方法一：双击压缩文件，如果在安装时已经将压

图 3-8　应用拖动到图标方式添加

缩文件关联到 WinRAR （默认的安装选项），压缩文件将会在 WinRAR 程序中打开。单击
"解压到" 按钮，选择文件的解压目录，如图 3-9 所示。

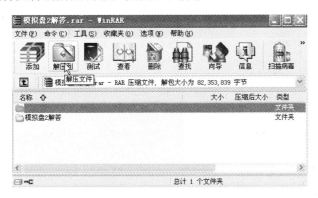

图 3-9　在 WinRAR 程序窗口解压

（2）方法二：打开 "我的电脑"，在选择的压缩文件上右击，在弹出的菜单中选择 "解压
到当前文件夹" 或 "解压文件" 命令，如图 3-10 所示。

5．自解压文件的建立

自解压文件是压缩文件的一种，通常称为 SFX （Self-extracting）文件，它结合了可执行文件模块。当运行时，将自动从文件中释放被压缩的文件。这样的压缩文件不需要外部程序来解压自解压文件的内容，自己便可以运行该项操作。自解压文件通常与其他的可执行文件一样都有.exe 的扩展名。

建立自解压文件和建立一般的压缩文件没有太大的区别，只是在如图 3-11 所示的"压缩文件名和参数"对话框中，在"压缩选项"中选中"创建自解压格式压缩文件"，同时"压缩文件名"也会自动变成以.exe 作为扩展名，其他操作和压缩一般的 RAR 文件没有区别。

图 3-10　应用鼠标右键快捷菜单解压

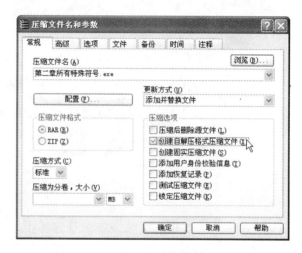

图 3-11　选择建立自解压文件选项

6. 分卷压缩文件

分卷压缩通常是在将较大的文件压缩并分割成多个文件时进行的。分卷压缩仅支持 RAR 压缩文件格式，要解压分卷时，将全部的分卷放在同一个文件夹内。用户应用分卷压缩可以将较大的文件分割成若干个文件，便于邮件附件传送，分卷压缩设置很简单，只需要设置分卷大小后，单击"确定"按钮即可，如图 3-12 所示。

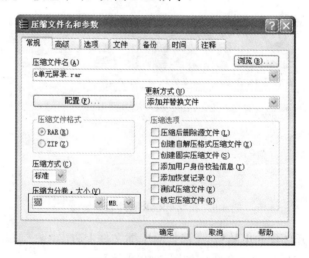

图 3-12　设置分卷的大小

系统根据设置的分卷值，自动生成文件，如图 3-13 所示。

图 3-13　分卷文件生成

7. 压缩加密

为了使压缩的文件保密，可以在压缩时对文件加密。RAR 和 ZIP 两种格式均支持加密功能。若要加密文件，在压缩之前用户必须先指定密码。通常在"压缩文件名和参数"对话框里选择"高级"选项卡，如图 3-14 所示，单击"设置密码"按钮。

打开图 3-15 所示"带密码压缩"对话框。输入密码和确认密码，单击"确定"按钮即可，如需要对文件名称也进行加密，单击"加密文件名"选项。

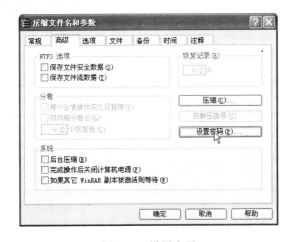

图 3-14　设置密码

图 3-15　"带密码压缩"对话框

3.1.5　课后操作题

（1）应用 WinRAR 压缩文件夹，并以自解压格式保存（exe 格式）。

（2）应用 WinRAR 分卷压缩大小为 10MB 左右的文件，每卷 2MB。

（3）应用 WinRAR 加密压缩文件。

3.2　任务二：文件加密工具——文件夹加密超级大师

3.2.1　任务目的

在日常学习、工作、生活中，经常需要将一些文件或文件夹进行加密。通过本次任务的操作，掌握应用文件夹加密超级大师对文件、文件夹进行加解密、磁盘伪装、文件粉碎等操作，并能熟练应用到日常的办公、学习中。

3.2.2　任务内容

（1）文件夹加密超级大师主界面介绍。

（2）文件的加密。

（3）文件夹的加密。

（4）文件夹的伪装。

3.2.3　任务准备

1．理论知识准备

文件夹加密超级大师由夏冰软件公司出品，它是一款简单易用、安全可靠、功能强大的文件加密软件。软件采用了成熟先进的加密算法、加密方法和文件系统底层驱动，使加密后的文件和文件夹达到超高的加密强度，并且还能够防止被删除、复制和移动。

2．设备准备

（1）计算机设备。

（2）文件夹加密超级大师。

3.2.4　任务操作

1．主界面介绍

用户可以在互联网下载该软件，按照提示完成安装。安装成功后，双击桌面上的快捷图标进入文件夹加密超级大师软件主界面。文件夹加密超级大师的主界面很简单，包括上部的工具栏及下部的文件列表，如图3-16所示。

2．加密文件夹

加密文件夹的具体操作方法如下。

（1）启动文件夹加密超级大师，单击工具栏"文件夹加密"按钮。

（2）选择需要加密的文件夹路径，选取目标文件夹，单击"确定"按钮，如图3-17所示。

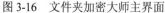
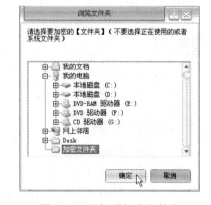

图3-16　文件夹加密大师主界面　　　　　　　　图3-17　添加需加密文件夹

（3）在弹出的菜单中填写密码并选择加密类型，并单击"加密"按钮，如图3-18所示。

（4）加密完毕后，文件列表显示加密文件名称及路径，如图3-19所示。

（5）加密过的文件夹显示"文件夹加密超级大师"的图标，双击该文件，提示输入密码，如图3-20所示。

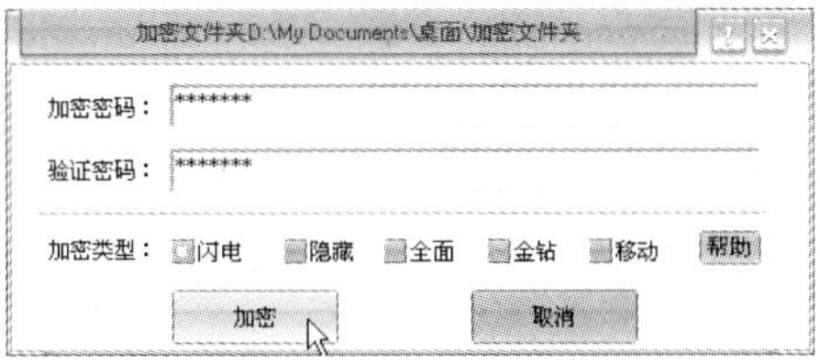

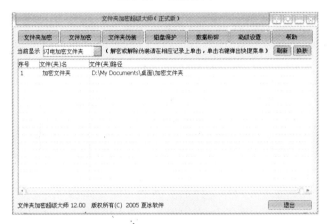

图 3-18　设置密码

图 3-19　加密完成

3．加密文件

加密文件的具体操作方法如下。

图 3-20　测试加密文件

（1）启动文件夹加密超级大师，单击工具栏中的"文件加密"按钮，如图 3-21 所示。

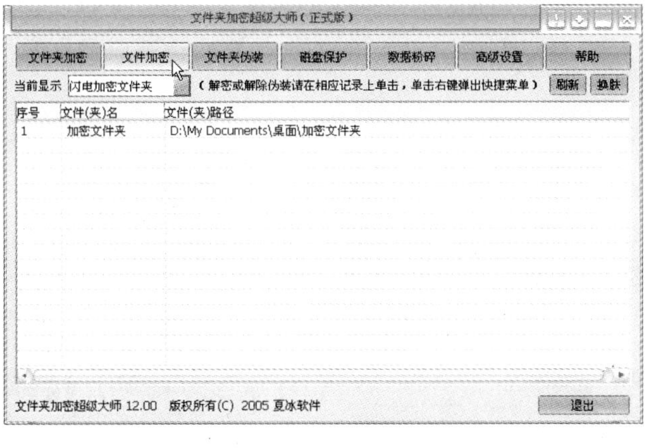

图 3-21　启动"文件加密"

（2）选取需要加密的目标文件，并单击"打开"按钮，如图 3-22 所示。

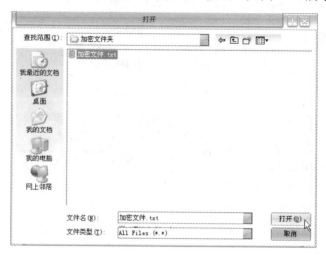

图 3-22　添加加密文件

（3）在弹出的菜单中填写密码并选择加密类型，如图 3-23 所示。

（4）加密过的文件显示"文件夹加密超级大师"的图标，双击该文件，提示输入密码，如图 3-24 所示。

图 3-23　填写加密密码

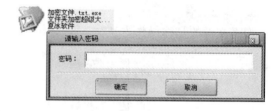

图 3-24　测试加密文件

4. 文件夹伪装

文件夹伪装的具体操作方法如下。

（1）启动文件夹加密超级大师，单击工具栏中"文件夹伪装"按钮。

（2）选择需要伪装的文件夹路径，选取目标文件，单击"确定"按钮，如图 3-25 所示。

（3）选择想要伪装成目标文件的类型，如图 3-26 所示。

图 3-25　选择需要伪装的文件夹

图 3-26　设置需要伪装成的文件类型

（4）单击"确定"按钮，提示文件夹伪装成功，如图 3-27 所示。

图 3-27　文件伪装成功

3.2.5　课后操作题

（1）应用文件夹加密超级大师加密文件夹。

（2）应用文件夹加密超级大师加密文件。

（3）应用文件夹加密超级大师将文件伪装为"mail"。

3.3　任务三：文件恢复工具——EasyRecovery

3.3.1　任务目的

由于操作不当或病毒经常会导致一些重要文件的丢失，带来不可估量的严重后果。其实丢失的文件并不一定真正丢失，通常可以通过一些专业软件找回。通过本次任务的操作，掌握应用 EasyRecovery 恢复被误删除的数据、恢复感染病毒造成的数据损坏和丢失、恢复其他非人为原因的数据损坏和丢失的方法，并能熟练应用到日常办公学习中。

3.3.2　任务内容

（1）EasyRecovery 的安装。

（2）磁盘诊断。

（3）数据恢复。

（4）文件修复。

（5）邮件修复。

3.3.3　任务准备

1. 理论知识准备

文件正常删除有以下两种形式：

（1）将文件移动到回收站里面，这种删除其实只是移动了文件的位置，用户可以看到将文件移动到回收站内后，剩余空间大小也并没有改变，进入回收站，单击"还原"，就可以找回原来的文件。

（2）按 Shift 键彻底删除，或者清空回收站删除。使用这种方式删除文件时，其实文件也并未真正被删除，文件的结构信息仍然保留在硬盘上，计算机会做一个标记，表明这个文件被删除，可以写入新的数据。除非新的数据将之覆盖，否则文件可以被恢复。

EasyRecovery 是世界著名数据恢复公司 On track 的技术杰作。EasyRecovery 使用复杂的模式识别技术找回分布在硬盘上不同地方的文件碎块，并根据统计信息对这些文件碎块进行重整，在内存中建立一个虚拟的文件系统并列出所有的文件和目录，然后进行恢复。

2. 设备准备

（1）计算机设备。

（2）EasyRecovery Professional 软件。

3.3.4　任务操作

1. EasyRecovery 的安装

EasyRecovery 原版是一款英文软件，可以安装一个汉化包，实现界面中文，也可以直接安装 EasyRecovery 的零售精简版，此版本是中文版。安装过程简单，双击"setup.exe"文件，按照提示进行就可以完成软件的安装，如图 3-28 所示。

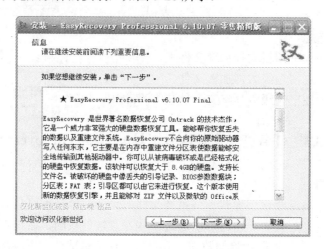

图 3-28　EasyRecovery 安装界面

2. 主界面介绍

安装成功后，用户可以通过双击桌面上的快捷图标进入 EasyRecovery 软件主界面，如图 3-29 所示。EasyRecovery 软件主程序界面是用户使用的主要操作界面，此界面为用户提供了 EasyRecovery 所有的功能和快捷控制选项。通过简洁、友好的操作界面，用户无须掌握丰富的专业知识即可轻松地使用 EasyRecovery 软件。

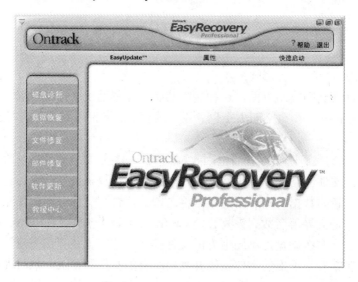

图 3-29　EasyRecovery 主界面

（1）磁盘诊断。EasyRecovery 第一个功能就是磁盘诊断，如图 3-30 所示，选择"磁盘诊断"选项，右侧窗口列出了"驱动器测试"、"智能测试"、"大小管理器"、"跳线查看器"、"分区测试"和"数据顾问"功能。

1）驱动器测试用来检测潜在的硬件问题。

2）智能测试用来检测、监视并且报告磁盘数据方面的问题。

3）单击大小管理器将显示一个树型目录，可以查看每个目录的使用空间。

4）跳线查看器是 On track 的另外一个工具，单独安装 EasyRecovery 是不被包含的，这里只有它的介绍。

5）分区测试类似于 Windows 2000/XP 里的 CHKDSK.exe，不过是图形化的界面，但是它更强大、更直观。

6）数据顾问是用向导的方式来创建可以在 16 位下分析磁盘状况的启动软盘。

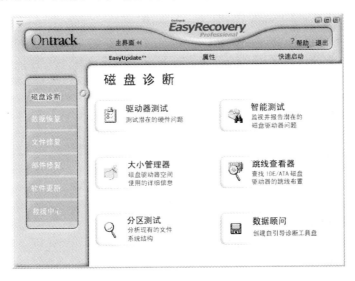

图 3-30　磁盘诊断窗口

（2）数据恢复。数据恢复是 EasyRecovery 最核心的功能，如图 3-31 所示。

1）高级恢复是带有高级选项可以自定义的进行恢复，如设定恢复的起始和结束扇区、文件恢复的类型等。

2）删除恢复是针对被删除文件的恢复。

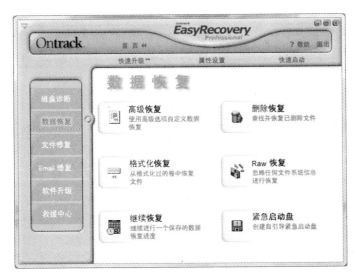

图 3-31　数据恢复窗口

3）格式化恢复是对误操作格式化分区进行分区或卷的恢复。

4）原始恢复是针对分区和文件目录结构受损时拯救分区重要数据的功能。

5）继续恢复是继续上一次没有进行完毕的恢复事件继续恢复。

6）紧急引导盘是创建紧急修复软盘，内含恢复工具，在操作系统不能正常启动时修复。

（3）文件修复。EasyRecovery 除了恢复数据之外，还有强大的修复文件的功能。虽然操作过程简单，但是功能和效果却很明显，文件恢复可以完成 Office 文档的修复及压缩文件 ZIP 的修复，如图 3-32 所示。

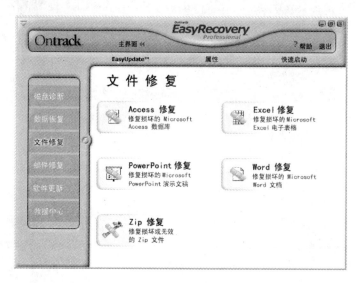

图 3-32　文件修复窗口

（4）邮件修复。除了对 Office 文档和 ZIP 压缩文件的恢复之外，EasyRecovery 还提供对 Office 组件之一的 Microsoft　Outlook 和 IE 组件的 OutlookExpress 文件的修复功能，如图 3-33 所示。

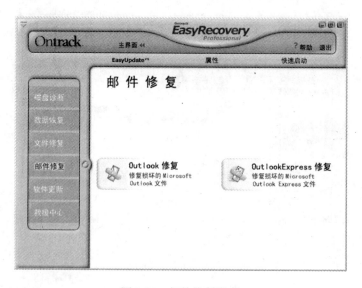

图 3-33　邮件修复窗口

3. 磁盘诊断

磁盘诊断共有六个功能模块，用户可以按照实际需要选择相应的检测方式，也可以在系统发生故障不能进入系统时，通过引导盘启动来修复故障。用户选择需要的检测模块，按照操作提示完成即可，如图 3-34 所示。

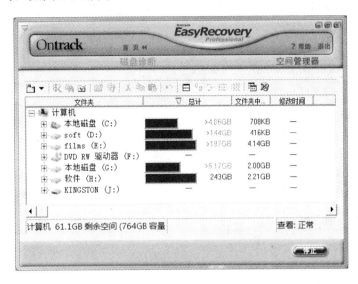

图 3-34　磁盘诊断——空间管理器

4. 数据恢复

数据恢复包括找回被误删数据及找回格式化数据两种方式。

（1）找回被误删除的数据具体操作方法如下：

1）启动 EasyRecovery。

2）单击左面选项中的第二项"数据恢复"，然后单击右侧的"删除恢复"按钮，如图 3-35 所示。

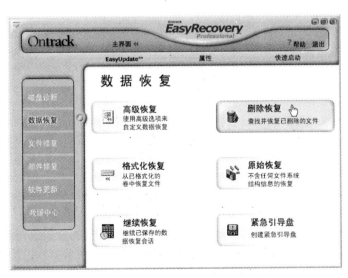

图 3-35　删除恢复

3）选择被删除文件所在分区 F，再确定扫描方式，并勾选"完整扫描"选项，单击"下一步"按钮开始扫描，如图 3-36 所示。

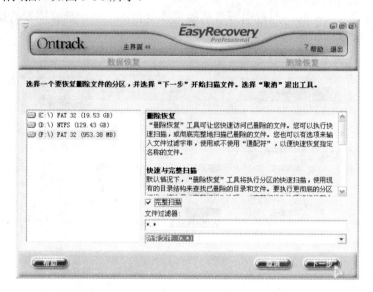

图 3-36　扫描设置

4）扫描过程可能会比较漫长，请耐心等待。扫描完成后，程序会找到被删除的数据，并在左边的窗口中列出目录。如用户只想恢复部分数据，可以在右边的文件列表中寻找，并勾选需要恢复的文件。选择完毕之后，单击"下一步"按钮，如图 3-37 所示。

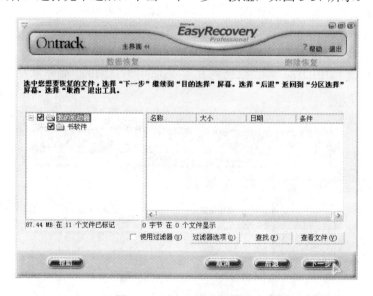

图 3-37　选择要恢复的数据

5）确定数据恢复后存放的位置，最好不要将这些要恢复的数据放在被删除文件的盘内。否则很可能因为覆盖了原文件而发生错误，导致恢复失败，或者数据不能完全被恢复。设置结束后，单击"下一步"按钮，如图 3-38 所示。

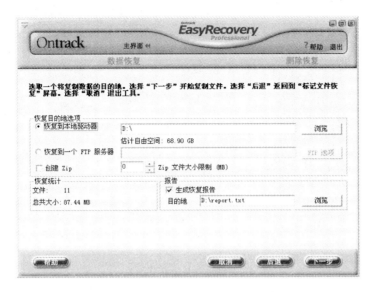

图 3-38　确定被恢复数据的保存位置

6）程序开始恢复数据，如图 3-39 所示，请耐心等待。恢复完毕后，就可以在设定的存放位置处找到恢复的数据。

7）恢复完成后显示恢复摘要，单击"完成"按钮返回 EasyRecovery 窗口，如图 3-40 所示。

（2）找回被格式化的数据具体操作方法如下：

1）启动 EasyRecovery。

图 3-39　正在恢复数据

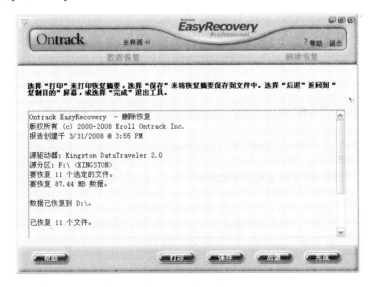

图 3-40　恢复摘要

2）单击左面选项中的第二项"数据恢复"，然后单击右侧的"格式化恢复"按钮，如图 3-41 所示。

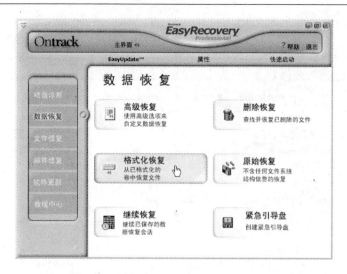

图 3-41　恢复格式化文件

3）选择刚被格式化的分区 F，并选择格式化前该分区文件系统的格式（如当前选择的是 FAT32 格式），并单击"下一步"按钮，如图 3-42 所示。

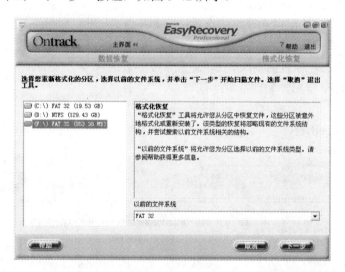

图 3-42　选择被格式化的分区

4）程序开始扫描要恢复的文件，扫描时间的长短，是根据要恢复数据的分区大小来决定的，如图 3-43 所示。

5）扫描结束后，列出丢失文件列表，并且全部放在 LOSTFILE 目录下，勾选需要恢复的文件夹，并单击"下一步"按钮，如图 3-44 所示。

6）在"恢复目的地选项"中勾选"恢复到本地驱动器"选项，并设置数据备份恢复目的，不要选择当前格式化恢复的盘，这里选择 D:\backup 来备份恢复数据。选择完毕后，单击"下一步"按钮，如图 3-45 所示。

7）软件开始恢复数据，这个过程是比较漫长，耐心等待，如图 3-46 所示。恢复完毕后，在相应的恢复盘内可以看到恢复的数据。

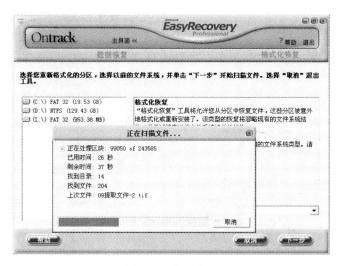

图 3-43　扫描文件

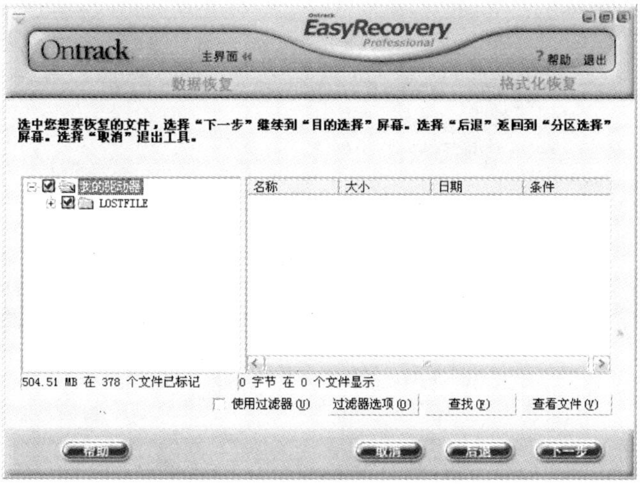

图 3-44　选择要恢复的文件

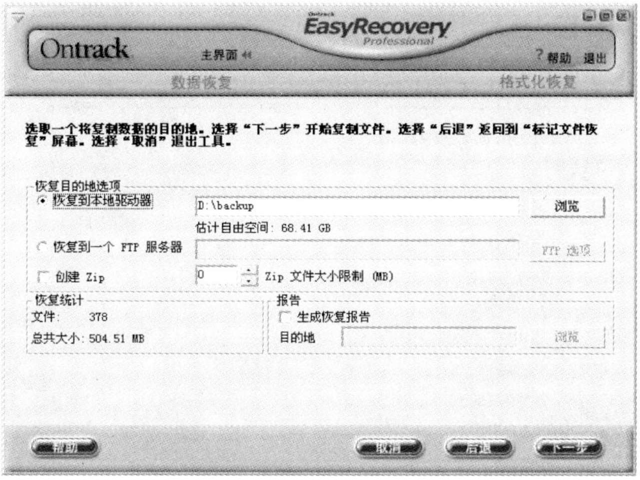

图 3-45　选择目标位置

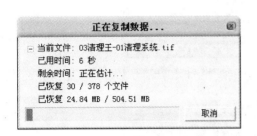

图 3-46 恢复数据

5. Office 文档文件和 ZIP 文件的修复

日常工作生活中经常出现打开 Office 文档（包括 Word、PowerPoint、Excel 文档和 Access 数据库）时错误、ZIP 压缩文件打不开的现象，可以用 EasyRecovery 的修复功能进行修复。EasyRecovery 修复文件时会生成备份文件，不改动原来的文件，并最大限度地将原来文档中的内容恢复出来。修复步骤简单，根据需要选择修复文件的类型，然后选择要修复的文件，按照提示操作即可，图 3-47 所示为修复后的结果。

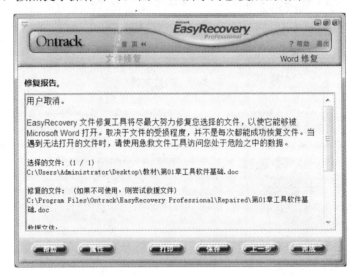

图 3-47 Word 文件的修复结果

6. 邮件修复

EasyRecovery 可以进行 Outlook 邮件的修复，选择需要修复的损坏 Microsoft Outlook 邮件，按照提示操作即可，如图 3-48 所示。

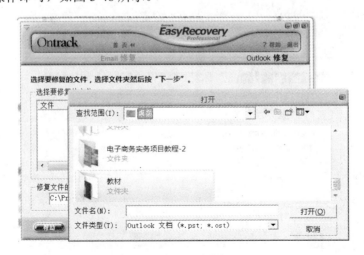

图 3-48 邮件修复

3.3.5　课后操作题

（1）删除 D 分区中的几个文件或文件夹，使用 EasyRecovery 恢复这些被删除的数据，恢复后的数据放在 C:\backup 中。

（2）格式化 D 分区，使用 EasyRecovery 把被格式化的 D 分区上的数据恢复到 C:\backup 中。

3.4　任务四：Office 文档修复工具——OfficeRecovery

3.4.1　任务目的

在日常工作、学习中，经常由于病毒破坏等原因导致办公文档不能正常打开，这样无形中增加了很多麻烦，带来了不可估量的损失。通过本次任务的操作，掌握文档修复工具 OfficeRecovery 的安装与使用，并能在日常办公、学习、生活中熟练应用。

3.4.2　任务内容

（1）OfficeRecovery 的安装。

（2）文档的修复。

3.4.3　任务准备

1．理论知识准备

OfficeRecovery 是一款专门针对于办公文档损坏修复的工具软件，目前可以修复的格式包括 Word、Excel、PowerPoint、Outlook、Onenote 文件、ZIP 压缩文件等。修复的文件种类很多，修复效率较高，并且提供了在线文件修复功能。该软件为收费软件，需要付费后才能享用全部功能。

2．设备准备

（1）计算机设备。

（2）OfficeRecovery 软件。

3.4.4　任务操作

（1）软件的 Demo 版本可以在华军软件园等网站获得，软件的安装很简单，按照提示完成即可。软件安装完成后，用户可以通过开始菜单中的程序组运行该软件，根据所需要修复的文件选择不同的工具运行，这里运行的是"Recovery for Word"。

（2）打开如图所示界面，用户可以通过单击"Recovery"按钮开始选择要修复的文档，如图 3-49 所示。

（3）通过浏览的方式，选择需要修复的文档，如图 3-50 所示，并单击"Next"按钮。

（4）弹出如图 3-51 所示页面，按照提示选择文档修复后的保存地址，并单击"Start"按钮，开始修复。

（5）经过一段时间的修复后，文档修复完成，并弹出如图 3-52 所示页面，显示修复的结果。

（6）如果要进行其他类型的文档修复时，可以通过"Toolbox"菜单选择并切换到其他的修复工具，如图 3-53 所示，再按照以上的流程进行操作即可。

3.4.5　课后操作题

（1）完成 Excel 文档的修复。

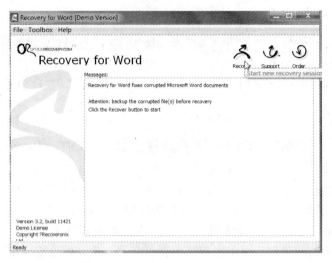

图 3-49　Recovery for Word 主界面

图 3-50　选择需要恢复的文件

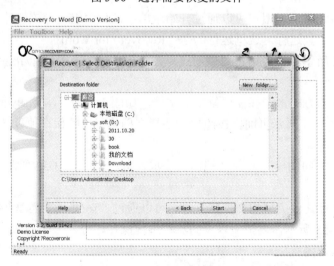

图 3-51　选择文件修复后的保存地址

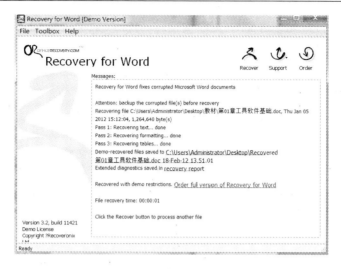

图 3-52　文档修复的结果

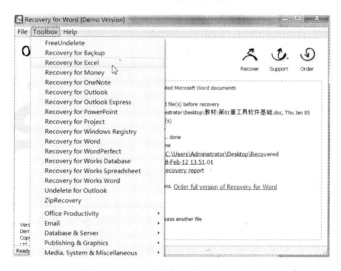

图 3-53　切换到其他修复工具

（2）完成 PowerPoint 文档的修复。

（3）完成 Outlook 文档的修复。

（4）完成 ZIP 文档的修复。

3.5　任务五：Office 转 Flash/PDF 文件工具——FlashPaper

3.5.1　任务目的

Office 文档在传播的过程中，需要应用多种格式，如在网页中需要转换为 SWF 格式，需要转换电子图书 PDF 格式等。通过本次任务的操作，学习掌握 Office 转 Flash/PDF 文件工具 FlashPaper 的使用，并能在日常办公、学习、生活中熟练应用。

3.5.2　任务内容

（1）FlashPaper 的安装。

（2）拖放式创建 FlashPaper SWF/PDF 文档。

（3）应用微软 Office 附加项功能转换文档。

（4）PDF 安全设置。

3.5.3　任务准备

1．理论知识准备

FlashPaper 是 Macromedia 推出的一款电子文档类工具，通过使用本程序，用户可以将需要的文档通过简单的设置转换为 SWF 格式的 Flash 动画，原文档的排版样式和字体显示不会受到影响。这样做的好处是不论对方的平台和语言版本是什么，都可以自由地观看制作的电子文档动画，并可以进行自由放大、缩小和打印、翻页等操作，对文档的传播非常有好处。

FlashPaper 所生成的 SWF 文件与 Macromedia Flash 所生成的 SWF 文件格式是相同的。FlashPaper SWF 文件通常比其他格式的文档要小得多，用户可以使用任何支持 Flash 的浏览器查看它们，或者可以直接使用 Macromedia 的 Flash Player 来查看。还可以将 FlashPaper SWF 文件嵌入到一个网页中，这样就能够使得许多用户通过网络查看原来不容易查看的一些文件类型，如 Microsoft Project、Microsoft Visio、QuarkXPress、AutoCAD 文件。当用户打开这样的网页时，FlashPaper SWF 文件能够立即打开，用户不必离开网页就能查看文档内容。

FlashPaper 文档（包括 SWF 和 PDF 格式）也能够作为一个单独的文件查看，任何人只要在计算机中安装了 FlashPlayer 就能够查看 FlashPaper SWF 文件，而只要在计算机中安装了 Adobe AcrobatReader，就能够查看 PDF 文件。而这两种小程序现在具有极高的普及程度，用户可以很容易地在网上下载到它们。

2．设备准备

（1）计算机设备。

（2）FlashPaper 软件。

3.5.4　任务操作

1．软件的主界面

软件可以在华军主页等网站进行下载，并按照提示完成软件的安装。安装完成后，双击快捷方式打开软件，如图 3-54 所示。软件的界面很简单，包括菜单栏及操作窗体两部分。

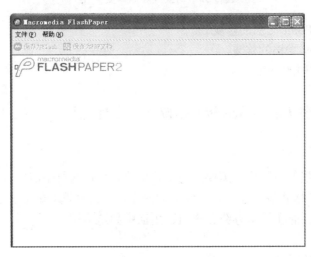

图 3-54　FlashPaper 主界面

2. 拖放式创建 FlashPaper SWF/PDF 文档

（1）应用软件转换文件格式的方式很简单也很特别，用户只需要将一个可打印文档直接拖放到 FlashPaper 应用程序窗口，如图 3-55 所示。

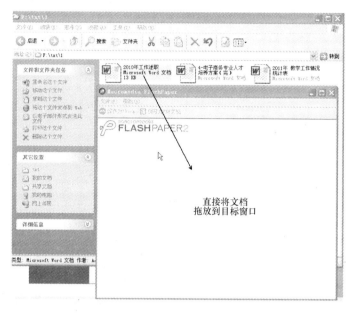

图 3-55　拖放式创建 FlashPaper 文档

（2）文档转换完成，并可预览转换后的效果，如图 3-56 所示，用户可以通过调整大小缩放、拖动滚动条查看转换后文档的效果，转换的文档效果与原始文档一致。如希望将文档保存为 Flash 格式，单击上部的"保存为 Flash"按钮，如希望将文档保存为 PDF 格式，单击"保存为 PDF 文档"按钮。

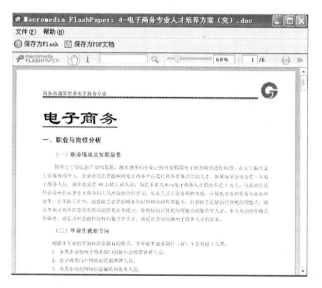

图 3-56　预览转换后的效果

（3）选择文档保存的目标目录及文档的名称，如图 3-57 所示。

图 3-57　设置文件的保存位置

3．应用微软 Office 附加项功能转换文档

FlashPaper 安装后，在微软 Office 软件中添加了菜单项和工具栏按钮，使用户能够直接在 Microsoft Word、PowerPoint、Excel 中生成 FlashPaper 文档，如图 3-58 所示。

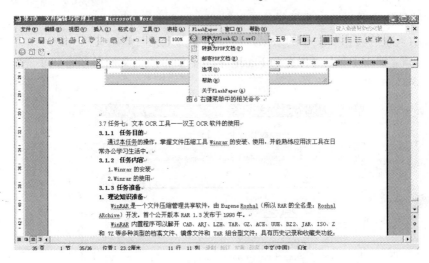

图 3-58　Word 中的 FlashPaper 菜单

4．通过右键菜单创建 FlashPaper 文档

用户可以右击任何一个可打印文档，然后从快捷菜单中选择相关命令来创建 FlashPaper 文档，如图 3-59 所示。

5．PDF 安全设置

（1）当应用 FlashPaper 创建了一个 PDF 文件时，可以设置一个打开该文件的密码，这样可以防止其他查看该文档的用户复制与编辑文档中的文本、改变文档中的图像及打印该文档，用户可以通过单击"文件"菜单下的"选项"命令来实现，如图 3-60 所示。

图 3-59　右键菜单中的相关命令

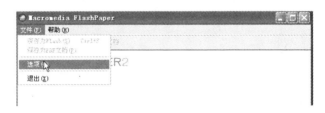

图 3-60　单击"选项"命令

（2）弹出如图 3-61 所示对话框，用户可以设置 PDF 加密选项，可进行文档加密密码、限制文档操作（防止打印、防止修改文档、防止选取文本与图片、防止改变注释或表单域）的密码设置。

图 3-61　PDF 安全选项设置对话框

3.5.5　课后操作题

（1）应用 FlashPaper 软件将 Word 文件转换为 SWF 文件。

（2）应用 FlashPaper 软件将 Excel 文件转换为 SWF 文件。

（3）应用 FlashPaper 软件将 PowerPoint 文件转换为 SWF 文件。

（4）应用 FlashPaper 软件完成 PDF 文件的转换。

3.6　任务六：文本 OCR 工具——汉王 PDF OCR

3.6.1　任务目的

在日常工作生活中，经常需要将一些图书及计算机图片中的文字输入计算机，如果按照正常的操作流程逐字输入非常麻烦。用户可以应用 OCR 文字识别软件，将烦琐的工作变得简单快捷，通过本次任务的操作及学习掌握使用汉王 PDF OCR 软件进行文字识别、格式转化的流程，并能熟练的将其应用到日常办公、学习中。

3.6.2　任务内容

（1）汉王 PDF OCR 软件主界面的介绍。

（2）汉王 PDF OCR 软件基本设置。

（3）识别前图像的获取。

（4）识别过程中文字的识别。

（5）识别后结果的输出。

（6）PDF 文件转换为 RTF 文件。

3.6.3　任务准备

1．理论知识准备

汉王 PDF OCR 是汉王 OCR 6.0 和尚书七号的升级版，软件新增打开与识别 PDF 文件功能，支持文字型 PDF 的直接转换和图像型 PDF 的 OCR 识别，既可以采用 OCR 的方式将 PDF 文件转换为可编辑文档，也可以采用格式转换的方式直接转换文字型 PDF 文件为文本。软件系统应用 OCR（Optical Character Recognition）技术，是为满足书籍、报纸杂志、报表票据、公文档案等录入需求而设计的。

目前，许多信息资料需要转化成电子文档以便于各种应用及管理，但因信息数字化处理的方式落后，不但费时费力，而且资金耗费巨大，造成了大量文档资料的积压，因此急需一种快速高效的软件系统来满足这种海量录入需求。本软件系统正是适用于个人、小型图书馆、小型档案馆、小型企业进行大规模文档输入、图书翻印、大量资料电子化的软件系统。

该软件可以识别的内容包括：

（1）简体字符集，GB 2312—80 的全部一、二级汉字超过 6800 个，纯英文字符集；

（2）简繁字集，除了简体汉字外，还可以混识台湾繁体字超过 5400 个及香港繁体字；

（3）识别字体种类包括宋体、仿宋、楷、黑、魏碑、隶书、圆体、行楷等一百多种字体，并支持多种字体混排；

（4）识别字号包括从初号到小六号字体；

（5）可以自动判断、拆分、识别和还原各种通用型印刷体表格。

2．设备准备

（1）计算机设备。

（2）汉王 PDF OCR 软件。

3.6.4　任务操作

1．软件界面简介

（1）操作界面。用户可以在官网或软件网站下载安装版，并按照提示完成安装，打开软件的主界面，如图 3-62 所示。主界面包括主菜单、工具栏、图像文件管理区、候选字区、识别结果区、搜索区及原图像显示区。

各区域的具体功能为：图像文件管理区实现对文件进行管理和整理；候选字区可以在修改识别结果时，选择候选区的字直接修改当前字；识别结果区显示当前图像文件的识别结果；原图像显示区当前正处理的图像；搜索区实现百度、Google 搜索等。

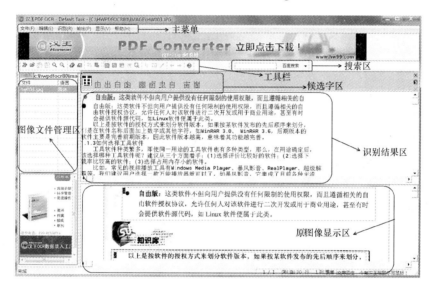

图 3-62　汉王 PDF OCR 软件主界面

（2）工具栏显示如图 3-63 所示，具体功能如下：

图 3-63　汉王 PDF OCR 软件工具栏

　：扫描图像；

　：打开扫描好的图像文件；

　：将 PDF 文件转换为 RTF 文件；

　：将 PDF 文件转换为 TXT 文件；

　：图像放大；

　：图像缩小；

　：选中全部图像文件；

　：对所选图像进行分析识别；

：对所选图像版面分析；

：取消选中图像页的版面分析；

：标记/修改当前图像框的属性；

：取消当前图像框属性；

：将光标切换成鼠标状态；

：去除版面噪点，如黑点、黑框等；

：在图像页上画线，弥补断线处或将表格填补成标准表格；

：向前/向后翻页。

2．基本初始设置

（1）安装扫描仪。第一次使用扫描仪或者更换扫描仪时，需要对扫描仪进行驱动安装和设置。按照扫描仪使用手册中的步骤正确安装扫描仪，然后打开应用程序，在应用程序界面内，单击"文件"菜单下的"选择扫描仪"命令，选择相应的扫描仪，如图 3-64 所示。

图 3-64　选择扫描仪

（2）系统设置。其主要过程如下。

1）在"文件"菜单中选择"系统配置"命令，进入系统设置界面，如图 3-65 所示。设置扫描任务的语言，支持的扫描任务语言包括中文简体、简繁混合、纯英文等。如果勾选"灰度彩色图像扫描保存为 JPG 格式"，那么系统会自动将灰度彩色图像扫描保存成 JPG 格式。

2）选中"识别"页中的"自动倾斜校正"选项，在版面分析时，系统会自动校正倾斜的图像文件，如图 3-66 所示。

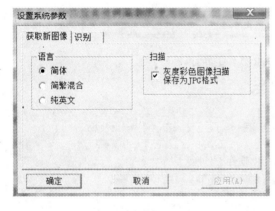

图 3-65　设置系统参数窗口 1

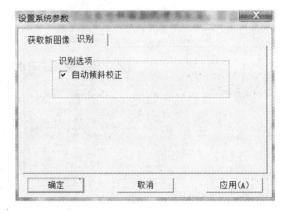

图 3-66　设置系统参数窗口 2

3．图像的获取

图像可以通过扫描仪或者截图工具获取，获取图像的操作方式一般有以下两种：

（1）通过单击工具栏上的按钮 打开已扫描好的图像文件（如将屏幕显示的内容转化为文字，可以应用抓图工具进行屏幕截图，应用本软件打开图片进行识别）。

（2）通过扫描仪批量扫描文稿。扫描文稿时，先准备好扫描仪，单击工具栏上的 进入扫描程序，将要扫描的稿件放置在扫描仪的适当位置上，屏幕上显示扫描仪配置窗口（这里以扫描仪佳能 Lide 110 为例），如图 3-67 所示。在扫描之前，可以通过扫描窗口设置扫描精度、扫描方式和纸张大小，预览扫描页面，并选择扫描区域。系统支持黑白二值模式、灰度模式及彩色模式。

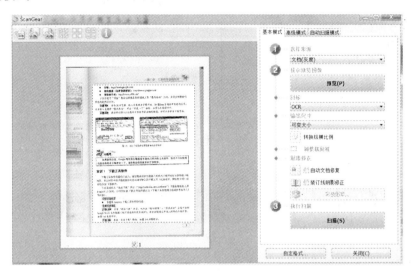

图 3-67　扫描前的设置

4．图像的处理

图像扫描获取后，可以应用一些操作对图像进行处理，以求能达到更高的识别效果。

（1）图像反白。识别软件只处理白底黑字的图像，若扫描得到的图像不是白底黑字，单击"编辑"菜单中的"图像反白"命令进行反白处理。

（2）旋转图像。若发现当前图像不是正常位置显示，单击"编辑"菜单内的"旋转图像"命令，再选择相应的旋转方向和旋转角度，将当前图像旋转到正常位置。

（3）倾斜校正。若扫描后的图像是倾斜的，可以使用以下两种方式进行倾斜校正：

1）自动倾斜校正。单击"编辑"菜单的"自动倾斜校正"命令，可以对倾斜的图像进行自动倾斜校正。

2）手动倾斜校正。若图像是倾斜的或自动倾斜校正效果不佳，可单击"编辑"菜单的"手动倾斜校正"命令，在弹出的窗口中手工调整横竖坐标，在图中水平红线左边的小方块单击鼠标左键，上下移动，使得水平线条与文本图像的倾斜角度一致，也可以用键盘上的上、下箭头在按钮间切换，进行校正操作，如图 3-68 所示。

5．图像的识别

图像获取后，用户可以选中要识别的图像页，单击按钮 ▦ 或单击"识别"菜单上的"开始识别"命令，对所选图像进行版面识别，也可以用快捷键 F8 识别选中图像。识别处理窗口如图 3-69 所示。

6．检查识别结果

图像识别后，系统会将识别结果在识别窗口中显示出来。用户可以比对原始图像与识别结果，并在备选文字中选取建议的修改结果或自己输入正确结果，如图 3-70 所示。

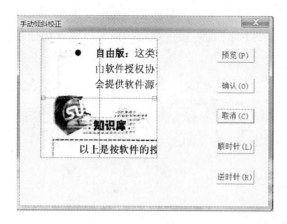

图 3-68　手动倾斜校正

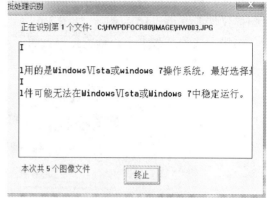

图 3-69　识别处理窗口

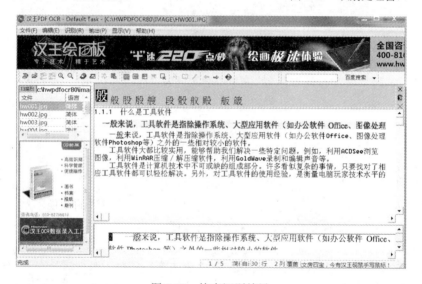

图 3-70　检查识别结果

7.　结果输出

校对完成后的图像文件可以输出保存成文字处理软件（如 Word、WPS 等）可处理的文件。单击"输出"菜单，选择"到指定格式文件"命令，在弹出的"保存识别结果"窗口中，用户可以选择文件要存储的路径和文件类型。软件的识别结果可以保存成*.rtf、*.txt、和*.html及*.xls 四种格式的文件，如图 3-71 所示。

8.　PDF 文件转换为 RTF 文件

（1）打开 PDF 文件转换。单击"输出"菜单中"PDF 转换为 RTF 文件"命令，或单击工具栏中"PDF 转换为 RTF"按钮，弹出如图 3-72 所示对话框，用户可以根据需要选择转换的图像页范围，单击"确定"按钮，系统自动导出文件。

（2）直接转换。在打开图像时，如果选择的是 PDF 图像，对话框下方"PDF 转换为 RTF文件"和"PDF 转换为 TXT 文件"按钮可用，单击该按钮，直接将 PDF 文件转换为可编辑文件。如果勾选"转换后打开 RTF 文件"选项，在转换后自动打开，如果不勾选则只转换不打开。如果未安装 Word，导出后不能正确打开浏览，只能生成文件。

图 3-71　选择输出的格式

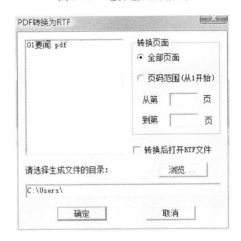

图 3-72　设置 PDF 转换为 RTF 文件选项

3.6.5　课后操作题

（1）应用汉王 PDF OCR 软件完成对屏幕显示图像的文字识别。

（2）应用汉王 PDF OCR 软件完成对图书文字的识别。

（3）应用汉王 PDF OCR 软件完成将 PDF 文件转换为 RTF 文件。

第4章 电子图书阅读工具

随着计算机的普及和互联网的广泛应用，电子图书已经成为日常学习生活中不可缺少的一部分。本章主要介绍电子图书阅读工具 Foxit Reader、CAJViewer、ZCOM、超星阅览器的使用，PDF 制作工具 PDFFactory PRO 的使用，CHM 电子书制作工具 CHM 制作精灵的使用。

4.1 任务一：PDF 阅读工具——Foxit Reader

4.1.1 任务目的

通过本任务的操作，掌握 Foxit Reader 软件的功能，能够下载并安装该软件，能够熟练使用它阅读浏览 PDF 文档、编辑 PDF 文档、对 PDF 格式的文档进行格式转换等操作。

4.1.2 任务内容

（1）Foxit Reader 的安装。

（2）使用 Foxit Reader 阅读文档。

（3）使用 Foxit Reader 给文档设置批注。

（4）使用 Foxit Reader 转换文档为文本格式。

4.1.3 任务准备

1. 理论知识准备

人们很容易得到一些有价值的扫描资料，这些资料除了一部分是以图片的形式存在之外，很多都会做成 PDF 格式，以方便进行存储和阅读。PDF 格式的好处是只需要一个文件，就可以轻松装载图文资料，而且还支持目录树等。不过要阅读这种格式的文件，都需要安装一款体积庞大的软件——Adobe Reader，这款软件是 Adobe 官方发布的专门用于 PDF 阅读的工具，但是该软件的大小高达几百兆。如果用户只是需要阅读 PDF 文件，可以不用安装它，因为现在有另一款更好用的 PDF 阅读器——Foxit Reader（福昕阅读器），由福建福昕软件所研发，2009 年 9 月 3 日推出 3.1.1 Build 0901 最新版本。Foxit Reader 是一套自由使用的软件，是 PDF 文档阅读器和打印器。

2. 设备准备

（1）计算机设备，操作系统主要以 Microsoft Windows 为主。

（2）Foxit Reader 软件。

4.1.4 任务操作

1. Foxit Reader 的安装

用户可以到华军、太平洋的网站下载 Foxit Reader 安装程序。下载之后的安装比较简单，双击安装程序文件，并选择是否安装其他的组件，如图 4-1 所示。按照提示安装就可以了。安装结束后，首次运行该软件时，会弹出欢迎向导介绍阅读器的主要功能，并指导使用者进行初始设置。首先根据个人爱好选择皮肤颜色，设置打开文件时的默认显示模式，以及是否打开历史记录。以上的设置内容用户可以在运行软件时的"工具"菜单内重新设置。

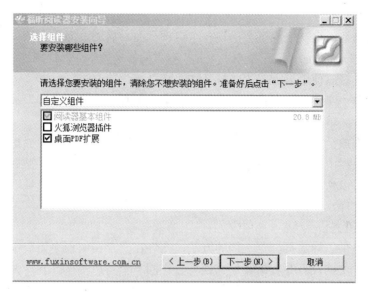

图 4-1 Foxit Reader 阅读器选取安装组件界面

2. 主界面介绍

安装成功后,用户可以通过双击桌面上快捷方式进入 Foxit Reader 软件主界面,如图 4-2 所示。下面介绍该界面的组成部分。

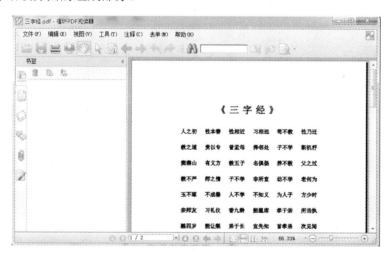

图 4-2 Foxit Reader 软件主界面

(1)菜单栏:利用菜单中的各个命令,用户可以打开 PDF 电子书、编辑电子书内容、调整视图、进行翻阅、对重点文字进行注释等操作。

(2)工具栏:提供了一系列用于快速操作的按钮,如打开、搜索等。

(3)导航面板:标签区主要显示了 PDF 文档的主要章节目录,用户可以单击"页面"按钮,以缩略图的形式显示目录。

(4)阅读区:用于显示文档的内容。

(5)状态栏:包括文档不同页面之间的切换按钮、设置显示模式按钮和设置显示比例。

3. 打开文档

启动福昕阅读器，默认情况下会出现一个启动页面，启动页面中介绍福昕金牌产品的相关信息。如果想关闭此页面，通过菜单"工具"→"偏好设置"→"常规"命令，取消对"显示启动页面"的选择。使用福昕阅读器打开文件有以下两种方法。

（1）单击菜单"文件"→"打开"命令或者单击工具栏上的"打开"按钮。在打开对话框中选择一个文件，单击"打开"按钮。

（2）将文件拖放至福昕阅读器窗口中直接打开。在同一个福昕阅读器窗口内允许打开多个文档，单击标签栏中对应的标签切换窗口。如果只打开一个文档，标签将被隐藏。

福昕阅读器可以保留最近浏览过的文档。在"文件"菜单下查看"最近打开过的文档"可以快速地打开文件。

4. 浏览及关闭文档

福昕阅读器提供了标签页浏览文档的方法，允许在一个实例程序窗口中打开多个文件，若已经打开了一个文档，只要双击其他文档就会在同一个窗口中被打开。使用标签导航浏览文档是一种比较快捷、简单的方式，如图 4-3 所示。

图 4-3 标签页浏览

关闭标签页文档，可以选择下列方式：

（1）单击标签栏右上角的关闭按钮。

（2）双击标签。

（3）在标签上单击鼠标中键（滑轮）。

（4）右击标签，选择"关闭"选项。

（5）单击菜单"文件"→"关闭"命令。

5. 页面导览

福昕阅读器提供了友好的用户界面方便阅读文件，在进行页面导览时可以通过翻页或是其他页面导览工具。

（1）用鼠标或键盘。通过鼠标滚轮或利用键盘的向上或向下方向键浏览文档。当打开一个电子文档后，如果进入阅读模式，就可以滚动鼠标滚轮上、下页翻阅了，如图 4-4 所示。

Foxit Reader 状态栏上面有很多工具按钮，如上页 、下页 、缩小页面 、放大页面 、指定页面 57 / 372 和退出阅读模式 按钮，"手形工具" ：按住鼠标左键上、下拖动，可以浏览文档内容。

（2）自动滚屏。允许用户在不用鼠标和键盘的情况下自动浏览文档，可以轻松地改变滚动速度。设置自动滚屏很简单，只要单击菜单"视图"→"自动滚屏"命令即可。

1）增加或减小滚动速度：按向上或向下的方向键调整滚动速度。

2）向相反方向滚动：按减号键"−"。

图 4-4　Foxit Reader 阅读模式界面

3）跳到下一页：按空格键。

4）跳到前一页：按组合键 Shift+空格。

5）停止滚动：再次单击"视图"→"自动滚屏"命令即可。

6）跳至文档首页或末页：单击菜单"视图"→"转到"命令选择跳转到首页或末页，或者按键盘 Home 或 End 键。

7）跳至指定页面：单击菜单"视图"→"转到"→"跳至页面"命令，在出现的对话框中输入想要查看的页码，然后单击"确定"按钮。

8）追溯查看过的文档：通过单击工具栏或状态栏上的"前一视图"按钮 或"后一视图"按钮 来追溯曾经查看的历史页面。

（3）使用书签。当退出阅读模式后可以看到界面分成左、右两个窗格，如图 4-5 所示。左侧是书签 。只要单击左侧任意一个书签，在右边的阅读区中就会显示出该书签对应的内容。

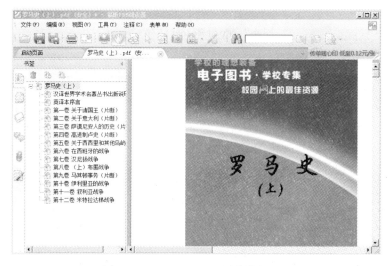

图 4-5　Foxit Reader 非阅读模式界面

第二卷 关于意大利®（片断）

Ⅰ．辑自《修伊达斯》

服尔细人并不因为他们邻族人的不幸而恐惧，他们向罗马人作战，围攻罗马的殖民地。

图 4-6　搜索文档中的关键词

（4）搜索关键词。在阅读过程中，经常要搜索一些关键词汇，在搜索文本框 中输入要搜索的词汇，如输入"意大利"后按 Enter 键，在右侧窗口中将会显示搜索的词汇所在段落，搜索词汇高亮显示。单击后一个按钮 或者前一个按钮 也可以找到后一个或前一个的搜索词汇。搜索结果如图 4-6 所示。

（5）全屏阅读。在全屏模式中，页面布满整个屏幕，菜单栏、工具栏、状态栏和书签导航栏均被隐藏。光标在全屏视图中处于活动状态，可以单击文档中的链接。要进入全屏模式，按以下任意步骤操作即可。

1）单击菜单"视图"→"全屏"命令。

2）单击工具栏上的全屏按钮 。

3）按快捷键 F11。

在全屏模式下，可按 Esc 键退出全屏模式。

6．文档注释

通过福昕阅读器注释工具，可以轻松添加文档注解。福昕阅读器提供了不同类型的注释工具：附注工具、打字机工具、文本注释工具和图形标注工具。在注释和图形标注工具栏或者菜单栏上能够找到这些注释工具，如图 4-7 所示。

Foxit Reader 编辑文本时，可以给文本设置高亮显示、添加下划线、添加删除线、添加波浪线、设置替换标记和插入标记等，下面分别对其进行介绍。

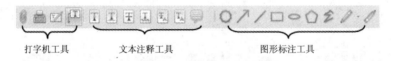

打字机工具　　　　文本注释工具　　　　图形标注工具

图 4-7　Foxit Reader 注释工具

（1）添加与删除备注。最普通的注释类型是备注，备注是出现在页面上的一个附注图标和包含文字信息的一个弹出式附注。可以随意调整备注框的大小，当文字信息超过备注框大小时，该备注框会自动生成滚动条方便查阅备注文字。页面或文档区域上的任何位置都可以添加备注。使用 Foxit Reader 打开文档后，单击菜单"注释"→"备注"命令，然后单击文档中需要添加备注的地方，在弹出的备注框中即可输入备注信息，如图 4-8 所示。如果不需要备注了，随时可以删除，直接选择文档中的备注，按 Delete 键即可。

（2）设置与删除高亮。在图 4-8 所示的注释菜单中有设置文本注释的各种工具，它们的名称与功能如下。

1）文本高亮工具：通常用于高亮文档中的重要段落或语句，供阅读者参考或引起阅读者的注意。

2）文本下划线工具：在文本下方添加下划线，起强调或突出作用。

图 4-8　Foxit Reader 添加备注

3）文本删除线工具：在文本上添加删除线，指示应删除该部分文本。

4）文本波浪线工具：在文本下方添加波浪线，类似于文本下划线工具。

5）文本替换工具：在文本上添加删除线，添加校对符号（^）提供替换删除文本的文本信息。

6）文本插入工具：在文档中添加校对符号（^），用于提示某个位置应该添加哪些文本信息。

给文本设置高亮的具体设置方法如下：

1）单击菜单栏的"注释"菜单，选择"高亮文本"选项。

2）在弹出的"属性"对话框中单击颜色按钮，可以选择需要的颜色。

3）通过单击工具栏中的选择文本按钮改变光标状态，选取文本。这样就可以对选取的文本进行高亮设置。

在图 4-8 所示注释菜单中，还可以对文本添加下划线、添加删除线、添加波浪线、设置替换标记和插入标记等，其方法与设置高亮相同。设置之后的文档如图 4-9 所示。

如果想要取消对文本的高亮设置，方法很简单，可以任选以下方法中的一种。

1）选择"手形"工具和"注释选择"工具，或相应的文本注释工具，选择标记，然后按 Delete 键。

2）选择"手形"工具和"注释选择"工具，或相应的文本注释工具，右击注释标记，从弹出的右键菜单中选择"删除"选项。

3）从弹出窗口右上角的"选项"菜单里选择"删除"选项。

7．书签的使用

（1）创建书签。一般建立书签很简单，创建书签有两种方式。

1）只要简单单击添加书签的按钮，写上书签的名字就会链接到当前所看的界面。

2）另一个更快捷的方式是用 "选择文本"工具选择一段文字（一般是章节的名字），然后单击添加书签的按钮，就可以自动以选定的这段文字作为书签名字，选取任何一种都可以达到目的。

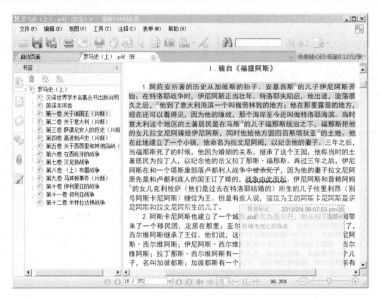

图 4-9　添加标注界面

　　例如，在如图 4-10 所示的界面上，在工具栏内单击了文本选择按钮后，在此状态下，就可以拖动鼠标选取 PDF 文件中的文字"汉尼拔击败罗马军队"，在选取的文字区域里右击，将会出现"复制到剪贴板"、"全选"、"取消全选"、"高亮"、"删除线"、"下划线"、"波浪线"、"替换标记"及"添加书签"几个选项。用户单击选择"添加书签"选项后，在左边的书签面板区域，就会自动新建一个以选择的文字为名的书签。当然，书签名也可再次被修改。

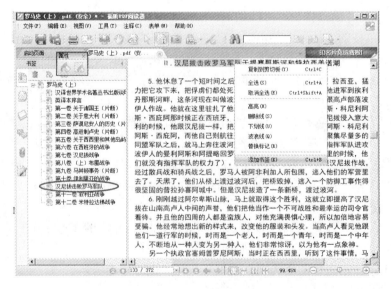

图 4-10　创建书签界面

　　（2）展开或折叠书签。单击书签前的"+"，显示所有的子书签；单击书签前的"−"，隐藏所有的子书签（折叠）；单击书签面板上方的展开当前书签按钮，可得到当前页面所对应的书签。

　　（3）书签重命名。书签重命名主要有以下两种方式。

1）右击书签，在弹出的菜单里选择"重命名"选项。

2）双击书签，然后输入新的书签名。

（4）更改书签的目标。更改书签目标的主要操作如下：

1）单击书签，选定书签。

2）在文档区域，移动页面到用户想要设置的新的链接位置。

3）调整浏览视图范围。

4）鼠标右击书签，选择"设置目的位置"选项。

（5）删除书签。如果想要删除书签，可以执行以下任一操作：

1）选择想要删除的书签，单击书签面板上的"删除"按钮。

2）鼠标右击想要删除的书签，选择"删除"选项。

8. 快照

在 Foxit Reader 中可以将打开的文本选定后进行快照。选取工具栏中的快照按钮 即可以对选取的文本设置快照，如图 4-11 所示。

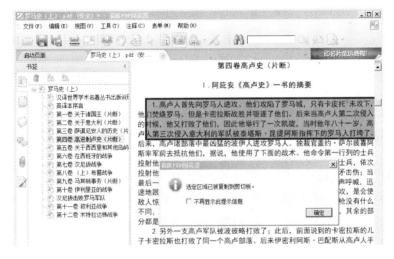

图 4-11 进行快照的界面

9. 文件的保存

福昕阅读器提供了许多保存文档的选项。一个文档可以有多种保存方式，如果文档的创建人允许，用户就可以保存注释、表单域中的条目，也可以将文档保存为文本文件。

（1）保存副本的操作过程如下：

1）单击菜单"文件"→"另存为"命令。

2）在"另存为"对话框中输入文件名和想要保存的位置，然后单击"保存"按钮。

（2）保存注释和表单域条目可以执行以下任一操作：

1）单击菜单"文件"→"保存"命令。

2）单击菜单"文件"→"另存为"命令，输入文件名和想要保存的位置，在"保存内容"选项中，选择"文档和注释"然后单击"保存"按钮。

（3）保存为文本文件的操作过程如下：

1）单击菜单"文件"→"另存为"命令。

2）在"另存为"对话框中选择保存类型为"文本文件"（*.txt）。

3）选择保存的页面范围。①保存所有文档：将整个文档保存为文本文件。②保存当前页：仅保存用户当前阅读的页面为文本文件。③保存页面从：用户可以指定保存的页面范围。

4）输入文件名和想要保存的位置，单击"保存"按钮。

4.1.5　课后操作题

（1）使用 Foxit Reader 软件打开 PDF 格式文件。

（2）使用 Foxit Reader 软件打开文档并给部分文字添加不同的注释。

（3）使用 Foxit Reader 软件给文件添加书签。

4.2　任务二：CAJ 阅读工具——CAJViewer

4.2.1　任务目的

通过本任务的操作，掌握应用 CAJViewer 软件阅读扩展名为 CAA、CAJ、TEB、KDH、NH、PDF 的电子文档方法，并将其在软件中归类存档。

4.2.2　任务内容

（1）CAJViewer 的安装。

（2）CAJViewer 的文档管理。

（3）CAJViewer 选择工具的使用。

4.2.3　任务准备

1．理论知识准备

CAJ 是英文 ChinAJounal 的缩写，中文名为中国学术期刊，CAJ 文件是中国学术期刊（光盘版）电子杂志社（CAJEJPH）的产品。

CAJViewer 是一款由光盘国家工程研究中心、同方知网（北京）技术有限公司共同开发的免费电子文档阅读软件，它除了能阅读目前常见的 CAA、CAJ、TEB、KDH、NH、PDF 六种格式的电子文档外，另一大功能就是内置了免费的 OCR 识别工具，可以轻松识别和复制 PDF 文档内容。

2．设备准备

（1）计算机设备。

（2）CAJViewer 软件。

4.2.4　任务操作

1．CAJViewer 的安装

用户可以在中国知网的相关页面中完成软件的下载，如图 4-12 所示。

2．主界面介绍

安装成功后，用户可以通过双击桌面上的快捷方式进入 CAJViewer 软件主界面，当打开电子文档后，操作界面下方被分为三部分，从左到右依次为"目录"、"内容预览"和"任务"三个窗格，在上方的工具栏中可以选择翻页、页面布局、缩放和文字识别等查看工具。该软件支持多页面显示，可以同时打开和浏览多个 PDF 文件，通过单击工具栏下方的文档名标签即可进行切换，使用非常方便，如图 4-13 所示。

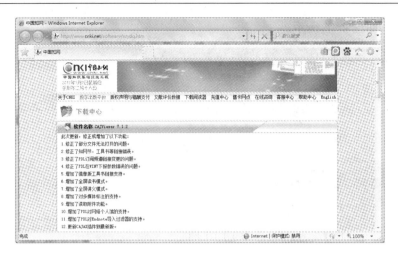

图 4-12 CAJViewer 安装界面

图 4-13 CAJViewer 主界面

3. 文档管理

CAJViewer 提供的"个人数字图书馆"工具可以使用户高效地管理电子文档文件,可以进行添加文件或目录的操作,已添加的文件在"书架"窗格中会显示文档首页和信息,右击一个文档可以进行文档分类、编辑信息、查找和删除等操作。当对文档进行分类和填写信息后,使用搜索功能进行过滤显示,可以快速查找到需要的文档。

用户可以通过单击"任务"→"个人数字图书馆"→"切换到 PDL"命令,使得个人数字图书馆窗格的操作界面被分为三部分,从左到右依次为书架区、内容预览区和任务区三个窗格。书架区域有软件自带的专辑导航,用户可以使用其分类添加文档,也可以使用"自定义分类"命令新建分类,如图 4-14 所示。用户可以通过以下操作,在分类中添加文档。

(1) 在书架空白区域右击,选择"新建"命令,如图 4-15 所示。

(2) 在弹出的新建对话框中设置文档路径,详细填写文档描述的内容,使得日后查询文档时方便查找，如图 4-16 所示。

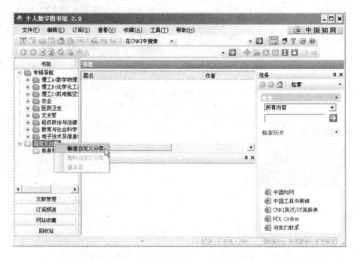

图 4-14　自定义 PDL 书架分类

图 4-15　添加文档

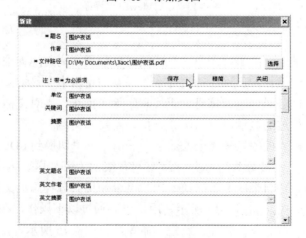

图 4-16　设置文档描述

（3）添加的文档显示在书架区域，可以选择该文档并对文档进行编辑等操作，如图 4-17 所示。

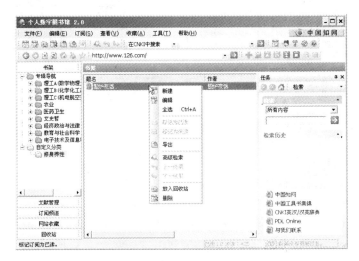

图 4-17　编辑已有书籍

4．选择工具的使用

CAJViewer 的选择工具，除了常用的手形和选择文本工具外，还提供非常实用的选择图像、文字识别、注释工具和标注工具等，如图 4-18 所示。

图 4-18　选择工具

（1）注释工具：可以在文档中进行注释操作，填写用户自定义的文字。

（2）标注工具：分为直线、曲线、矩形和椭圆四种标注工具。用户可以单击工具栏"直线工具"、"曲线工具"、"矩形工具"和"椭圆工具"按钮即可用鼠标在 PDF 文档上进行相应的标注操作。如果要查看这些做过标注的地方，单击工具栏的"显示/隐藏所有标签"按钮，显示出该文档中所有的标注信息，单击"对象选择工具"按钮即可快速查看标注的内容。

（3）截图工具：单击工具栏中的"选择图像"按钮，然后用鼠标在文档中选取范围，并右击该范围，在弹出的菜单中选择"复制"命令，将选取的范围截取为图片并保存到剪贴板中，这样就可以在"画图"、"Photoshop"等程序中使用"粘贴"命令。也可以选择"发送图像到 Word"命令将图片粘贴到当前或新的 Word 文档中使用，如图 4-19 所示。

（4）文字识别：CAJViewer 采用的是清华文通的 OCR 识别技术，识别精度非常高。对于用扫描图片制作的文档，需要使用"文字识别"工具。对于非图片扫描或未加密的文档，单击菜单"文件"→"另存为"命令，将"保存类型"选为 TXT 格式，软件自动将文档的所有内容全部转换为普通记事本文档。

操作步骤：单击工具栏中的"选择图像"按钮，用鼠标选取文字识别范围，然后单击"文字识别"按钮，稍候会弹出一个"文字识别结果"窗口来显示识别出来的文字内容，单击"复制到剪贴板"或"发送到 Word"按钮就可以将该内容保存使用，如图 4-20 所示。

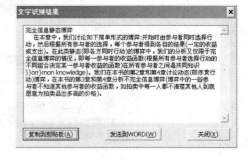

图 4-19 复制图像　　　　　　　　　　图 4-20 文字识别

4.2.5 课后操作题

（1）使用 CAJViewer 软件打开格式为 CAJ、KDH 文件。

（2）使用 CAJViewer 软件打开文档并保存部分内容为图片，保存格式为 TIF 图片。

（3）使用 CAJViewer 软件识别扫描图片制作的文档，并保存在 WORD 文档。

4.3 任务三：网上图书馆——超星阅览器

4.3.1 任务目的

通过本任务的操作，掌握应用超星阅览器软件通过互联网搜索图书、下载图书、观看图书的方法。

4.3.2 任务内容

（1）超星阅览器的安装。

（2）使用超星阅览器在线阅读。

（3）使用超星阅览器下载图书。

（4）使用超星阅览器的文字识别功能。

4.3.3 任务准备

1．理论知识准备

超星阅览器（SSReader）是专门针对数字图书、文献的阅览、下载、打印、版权保护和下载计费而研究开发的一款阅览器，可支持 PDG、PDF 等主流的电子图书格式，广泛应用于各大数字图书馆和网络出版系统。

超星阅览器现已发展到 4.0 版本，用户可在超星数字图书网（http://www.chaoxing.com）免费下载，是国内外用户数量最多的专用图书阅览器之一。

2．设备准备

（1）计算机设备。

（2）超星阅览器软件。

（3）互联网接入环境。

4.3.4 任务操作

1．安装和启动

（1）安装。超星阅览器提供了标准版和增强版两个安装版本，标准版本提供了书籍阅读的基本功能，增强版提供了包括文字识别、个人扫描等完整功能。用户可以在超星阅览器的官方网站（http://book.chaoxing.com/download/）下载该软件，如图 4-21 所示，并按照提示完成软件的安装。

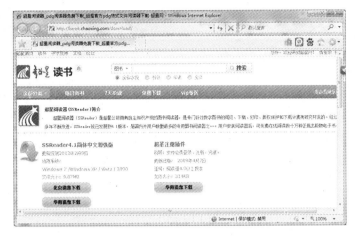

图 4-21　超星阅览器安装窗口

（2）启动。双击桌面上的快捷图标，弹出用户登录界面，如图 4-22 所示。用户可以在此登录或注册新用户。非注册用户也可以单击"取消"按钮，但只能使用一些免费项目，很多功能不能使用。

2. 在线阅读图书

单击"资源"选项卡，在左栏的"数字图书馆"中选择一个合适的分类，直到出现图书书目。例如，用户想阅读有关"安史之乱"的电子图书小说，其具体操作步骤如下：

图 4-22　用户登录界面

（1）选择"资源"列表→"数字图书馆"→"小说"→"历史"类选项，如图 4-23 所示。

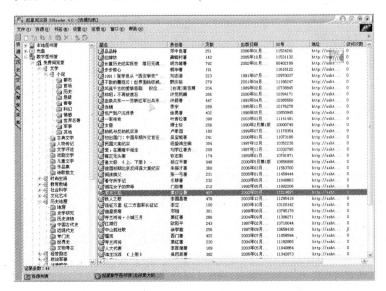

图 4-23　选择图书

在右侧图书列表中查找要阅读的图书，并双击该图书，出现如图 4-24 所示界面，单击"阅读器阅读（网通）"按钮，进入阅读图书详细内容的窗口。

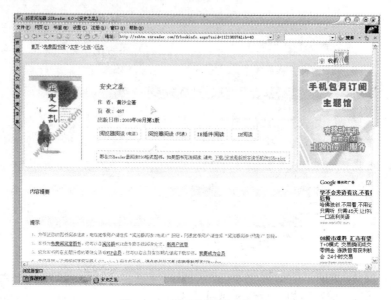

图 4-24　选择图书的阅读方式

（2）单击左栏的图书章节或者使用工具栏上的"翻页"按钮，阅读图书的详细内容，如图 4-25 所示。

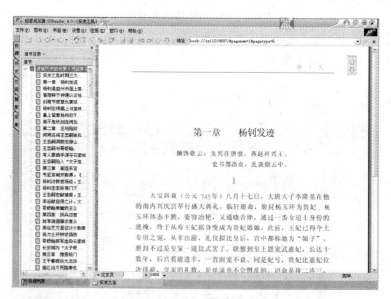

图 4-25　图书阅读

3. 图书阅读工具

（1）翻页工具的按钮图标主要介绍如下：

　　快速回到目录页；

　　快速到达指定页；

⬆ 上一页；

⬇ 下一页；

浮动的翻页按钮，可以随意地移动位置。

（2）缩放工具的按钮图标主要介绍如下：

　适合窗口宽度显示图书；

　适合窗口高度显示图书。

4．下载图书

超星数字图书馆提供了丰富的电子图书资源，但是为了节约上网资源，便于随时阅读，可以将电子图书下载到硬盘或移动磁盘中，做到离线也能阅读。下载图书的操作步骤如下：

（1）启动超星阅览器，打开要下载的电子图书。

（2）在右栏中打开的图书页面右击，选择"下载"命令。

（3）弹出"下载选项"对话框，选择一个分类，例如，"个人图书馆"下的"文学"分类，确认存放路径为 E 盘，单击"确定"按钮开始下载，如图 4-26 所示。在图书下载过程中，可以通过"下载监视"界面查看下载任务进行情况，下载完成后，程序将提醒下载完毕，此时就可以离线阅读该电子图书了。

图 4-26　"下载选项"对话框

5．文字识别

阅读超星 PDG 图像格式的图书时，可以使用文字识别功能将 PDG 转换为 TXT 格式的文本保存，方便了信息资料的使用。

首先在工具栏中单击"选择区域"按钮　，然后按住鼠标左键任意拖动一个矩形，在阅读书籍页面中右击，并选择"文字识别"命令，其中的文字全部被识别，识别结果在弹出的一个面板中显示，识别结果可以直接进行编辑、导入采集窗口或者保存为"TXT"文本文件，如图 4-27 所示

如果用户要识别的是英文图书，可以在设置中设置为"英文优先"，那样英文的识别率会提高很多，如图 4-28 所示。

文字识别类似于图像扫描识别，也会出现识别错误的情况，适度提高显示的比率，可以减少错误。

6．书签功能

通常在读书过程中人们习惯使用书签标记，便于下次阅读。在超星阅览器中也提供了具有此功能的"书签"。书签可以为读者提供很大便利，利用书签可以方便地管理图书、网页。

（1）书签内容：书签中包括网页链接和书籍链接。

（2）添加书签：在书籍阅读窗口和网页窗口，如果想将当前页信息添加到书签，可以单击菜单"书签"→"添加书签"命令。

（3）管理书签：在"书签"菜单下选择"书签管理器"，进入管理器后可以进行修改、删除操作，如图 4-29 所示。

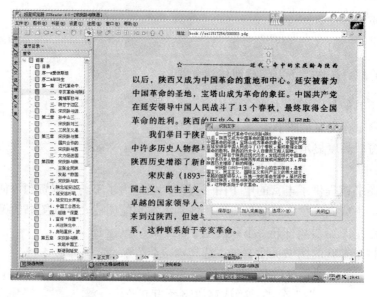

图 4-27　文字识别

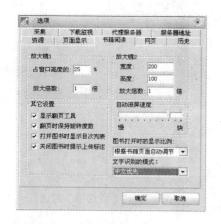

图 4-28　选项设置

图 4-29　书签管理器

4.3.5　课后操作题

（1）应用超星阅览器搜索并阅读图书"射雕英雄传"。

（2）应用超星阅览器识别图书中的文字。

（3）应用超星阅览器下载图书，离线观看。

4.4　任务四：电子杂志阅读工具——Zcom

4.4.1　任务目的

随着社会的进步和网络的发展，电子杂志在网络时代越来越得到人们的关注和喜爱。通过本任务的学习，重点掌握使用杂志订阅器订阅杂志的方法。

4.4.2　任务内容

（1）Zcom 的安装。

（2）使用 Zcom 订阅电子杂志。

4.4.3　任务准备

1．理论知识准备

Zcom 杂志订阅器是一款专门为杂志下载提供的管理软件，具备杂志搜索、高速下载、自动管理等实用功能。只要安装 Zcom 杂志订阅器就可以免费下载《瑞丽》、《时尚》、《电影世界》、《中国国家地理》等品牌电子杂志。

Zcom 杂志订阅器的主要特色有以下几点：

（1）下载速度快：Zcom 杂志订阅器采用多任务、多地址、多线程下载，支持断点续传并且优化了线程连续调度等。

（2）运行时资源占用少：下载任务时占用极少的系统资源，不影响用户的正常工作、学习和娱乐。

（3）免费、无广告、没有流氓插件：Zcom 杂志订阅器完全免费，而且程序上无任何广告，也绝不包含任何流氓软件，用户可放心使用。

（4）程序体积小、安装快捷：安装程序体积小，可在几秒内完成安装。

（5）资源管理功能强大。

2．设备准备

（1）计算机设备。

（2）Zcom 软件。

4.4.4　任务操作

1．Zcom 的下载和安装

Zcom 是免费软件，可以在国内的大型的软件下载站点下载该软件。运行下载的安装文件后出现安装向导，如图 4-30 所示。单击"下一步"按钮，将会出现设置软件安装位置的界面，如图 4-31 所示。单击"浏览"按钮可以将订阅的杂志存放在便于管理的路径下。

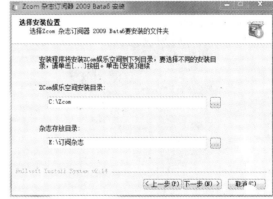

图 4-30　Zcom 安装向导　　　　　　　　　　图 4-31　Zcom 安装位置

2．使用 Zcom 订阅电子杂志

订阅电子杂志的操作步骤如下：

（1）双击 Zcom 软件图标，或者在开始菜单中单击此程序打开杂志首页的页面，单击"注册"链接文字，如图 4-32 所示。

图 4-32　Zcom 杂志首页

图 4-33　Zcom 注册新用户

（2）在打开的"注册 Zcom 大杂院账号"页面中，分别设置用户名、注册密码等信息，然后单击"注册新用户"按钮，如图 4-33 所示，注册成功后即可直接登录。打开工具栏上的"杂志首页"按钮，单击"登录"按钮，输入申请的账号和密码即可登录。

（3）在"杂志订阅器"窗口中，单击窗口最上面"订阅管理"按钮，如图 4-34 所示。在订阅杂志的列表中选择要订阅的杂志类型，并在"原创杂志"列表中单击"意林"超链接。在打开的"意林杂志首页"页面中单击"客户端用户点此订阅"链接，并在弹出的对话框中单击"确定"按钮，如图 4-35 所示。

（4）在"订阅的杂志"页面左侧"我订阅的杂志"链接文字处进行单击，则会显示已经订阅成功的所有电子杂志。若需要订阅其他杂志，再单击页面左侧"订阅新杂志"链接文字，即可继续进行其他杂志的订阅，如图 4-36 所示。

图 4-34　Zcom 订阅管理

图 4-35　Zcom 订阅意林

4.4.5　课后操作题

（1）下载并安装 Zcom 软件。

（2）订阅喜欢的电子杂志。

图 4-36　Zcom 查看订阅记录

4.5　任务五：PDF 制作工具——pdfFactory Pro

4.5.1　任务目的

pdfFactory 是一个无须 Acrobat 创建 Adobe PDF 文件的打印机驱动程序。pdfFactory 提供的创建 PDF 文件的方法比其他方法更方便和高效。通过本任务的学习，掌握创建 PDF 文件的方法、打印文件的方法等。

4.5.2　任务内容

（1）pdfFactory Pro 的安装。

（2）使用 pdfFactory Pro 创建 PDF 文件。

4.5.3　任务准备

1. 理论知识准备

PDF 全称 Portable Document Format，是便携文档格式的简称，同时也是该格式的扩展名。它是由 Adobe 公司所开发的独特的跨平台文件格式。它可把文档的文本、格式、字体、颜色、分辨率、链接及图形图像、声音、动态影像等所有的信息封装在一个特殊的整合文件中。它在技术上起点高，功能全，功能大大地强过了现有的各种流行文本格式；又有大名鼎鼎、实力超群 Adobe 公司的极力推广，现在已经成为了新一代电子文本的不可争议的行业标准。其拥有绝对空前超强的跨平台功能（适用于 MAC/Windows××/UNIX/Linux/OS2 等所有平台），不依赖任何的系统的语言、字体和显示模式；和 HTML 一样拥有超文本链接，可导航阅读；极强的印刷排版功能，可支持电子出版的各种要求，并得到大量第三方软件公司的支持，拥有多种浏览操作方式；格式体积更小，方便在 Internet 上传输。

使用 pdfFactory 能够生成 PDF 文档，将多个文档整合到一个 PDF 文件中，内嵌字体，可通过 E-mail 发送、预览、自动压缩优化。

2. 设备准备

（1）计算机设备。

（2）pdfFactory Pro 软件。

4.5.4 任务操作

1. pdfFactory Pro 的下载和安装

pdfFactory Pro 是免费软件，可以在国内的大型的软件下载站点下载该软件，如华军软件园 http://www.onlinedown.net/，非凡软件站 http://www1.crsky.com/等。

运行下载的安装文件，按步骤操作完成安装，安装后打开打印机和传真的窗口会看到增加了一个打印机，界面如图 4-37 所示。

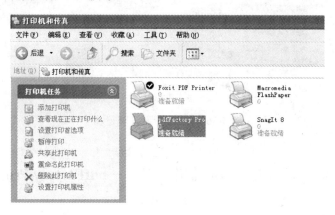

图 4-37　安装了 pdfFactory 的打印机和传真窗口

2. PDF 文档的创建

使用 pdfFactory 创建 PDF 文档步骤如下：

（1）打开 Word 格式的文档，单击菜单"文件"→"打印"命令，在弹出的对话框中选取打印机的名称为"pdfFactory Pro"，如图 4-38 所示。

图 4-38　选取打印机

（2）单击"确定"按钮，弹出如图 4-39 所示的窗口。这里可以通过"字体"、"文档信息"、"安全策略"等标签进行详细参数的设置。

（3）单击窗口下方的"保存"按钮后会弹出如图 4-40 所示的窗口，在该窗口中定义所要保存文件的文件名及保存类型，此时保存类型默认为 PDF。

对于网页上要合并的图片同样只需要在浏览器中打开"文件"菜单下的"打印…"命令并进行相同的操作即可。

图 4-39　参数设置

图 4-40　选取文件类型

4.5.5　课后操作题

（1）应用 pdfFactory Pro 将文档整合为 PDF 格式。

（2）应用 pdfFactory Pro 将网页文件输出为 PDF 格式。

4.6　任务六：CHM 电子书制作工具——CHM 制作精灵

4.6.1　任务目的

通过本任务的操作，熟练掌握应用 CHM 制作精灵制作 CHM 格式文件的方法。

4.6.2　任务内容

（1）CHM 制作精灵的下载和安装。

（2）CHM 文件的制作。

4.6.3　任务准备

1．理论知识准备

CHM 文件格式已在网上广为流传，被称为一种电子书籍格式。本任务介绍一个轻松制作"CHM 电子书"的软件 CHM 制作精灵。

CHM 制作精灵是一款将网页文件（HTML 文档）转化为 CHM 文件（已编译的 HTML 帮助文件）和将 CHM 文件转化为网页文件的软件，即网页"打包"和 CHM 文件"解包"（CHM 文件反编译）；是集 HTML Help Workshop 工程创建，目录、索引编写，工程编译和 CHM 文件反编译等多种功能于一身的 CHM 电子图书处理软件。其特点在于，它的每一个帮助页都是一个 Web 页，可以像浏览网站一样容易地阅读 HTML 帮助文件。HTML 帮助文件甚至支持 ActiveX、JavaScrip、VBScrip 和 Dll 等。HTML 帮助文件类似资源管理器的窗口的浏览方式，使用极其方便。另外，该软件还具有管理文档方便、容量大、压缩比例高等优点。

2．设备准备

（1）计算机设备。

（2）CHM 制作精灵软件。

4.6.4　任务操作

1．安装和启动

（1）安装。CHM 制作精灵 1.18 可以从华军 http://www.onlinedown.net、多特软件站 http://www.duote.com 等网站下载。安装过程非常简单，鼠标双击安装文件直接运行，按照安装向导的提示即可完成软件的安装。

（2）启动。双击桌面上的快捷方式，启动 CHM 制作精灵软件，弹出主界面如图 4-41 所示。接下来介绍制作 CHM 文件的步骤。

2．制作 CHM 格式的文件

（1）编辑网页文件。首先在磁盘创建一个文件夹命名为"新世界杂志"。然后在 Word 里编写内容，编辑完成后另存为网页文件到"新世界杂志"文件夹，如图 4-42 所示。然后继续编写下一个网页文件，保存方法同上。也可以应用专业的网页制作工具如 Dreamweaver、FrontPage 等。

图 4-41　登录用户界面　　　　　　　　　图 4-42　保存网页文件

（2）使用 CHM 制作精灵。打开 CHM 制作精灵，选择"新世界杂志"文件夹，在右边的窗口中可以看到新建的两个网页文件，如图 4-43 所示。用户可以通过单击"编译工程"按钮，即可生成 CHM 格式的文档，效果如图 4-44 所示。

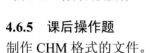

图 4-43　打开网页文件

图 4-44　生成 CHM 文件

4.6.5　课后操作题

制作 CHM 格式的文件。

第 5 章 光 盘 工 具

随着信息技术的飞速发展，信息资源的数字化和信息量的迅猛增长，对存储器的存储密度、存取速率及存储寿命的要求不断提高。在这种情况下，光存储技术应运而生，光盘存储是目前电子文档存储的一种主要方式，光盘是目前存储信息的主要物理媒介，相比较于硬盘而言，光盘具有制作成本低、容量大及便于携带和发行等优点。光盘工具已经成为人们日常工作和学习生活中必不可少的工具。

本章主要介绍光盘刻录工具 Nero Burning ROM、光盘映像工具 UltraISO、虚拟光驱工具 Daemon Tools、虚拟光驱工具 Winmount。

5.1 任务一：光盘刻录工具——Nero Burning ROM

5.1.1 任务目的

硬盘是计算机极为重要的一部分，所有的数据都保存在硬盘中，一旦硬盘出现问题，数据的损失可能会比整个计算机报废的损失还要大，这时需要一种长期、安全的保存方法——光盘备份。如果想将数据保存在光盘上，就需要使用光盘刻录工具。通过本次任务的操作，掌握应用 Nero Burning ROM 刻录光盘的方法，并将其应用到工作和日常生活中。

5.1.2 任务内容

（1）主界面介绍。

（2）制作数据光盘。

（3）刻录音乐 CD 光盘。

（4）制作影集 VCD 光盘。

（5）复制光盘。

5.1.3 任务准备

1. 理论知识准备

光盘刻录是在 CD-ROM 基础上发展起来的光盘存储技术有"CD-R"和"CD-RW"两种。其中"CD-R"是"CD-Recordable"的缩写，是一种允许对光盘进行一次性刻录的特殊存储技术；而"CD-RW"是"CD-Rewritable"的缩写，是一种允许对光盘进行多次重复擦写的特殊存储技术。使用这两种技术刻录的存储介质分别被称为 CD-R 盘片和 CD-RW 盘片。

CD-R 的刻录原理：由高功率镭射光照射 CD-R 光盘的染料层，使其产生化学变化从而完成刻录操作；因为产生化学变化后无法恢复到原来的状态，所以 CD-R 光盘只能写入一次，不能重复写入。

CD-RW 的刻录原理：在光盘内部镀上一层薄膜，这种薄膜的材质多为银、铟、硒或碲的结晶层，这种结晶层的特点是能呈现出结晶与非结晶两种状态，镭射光的照射能使这两种状态相互转换，所以 CD-RW 能重复写入。

CD-R 的刻录格式：ISO 9660—1988《信息交换用只读光盘存储器（CD-ROM）的盘卷和

文卷结构》是由国际标准化组织（ISO）颁布的通用光盘文件系统。它是目前最广泛支持的光盘文件系统，能被所有的 CD-ROM 和操作系统识别。它支持 8.3 格式的文件名，不支持长文件名。

CD-RW 的刻录格式：整盘刻录（Disk At Once：即 DAO）格式主要用于光盘的复制，一次性完成整张光盘的刻录。采用 DAO 方式复制出来的光盘和源盘的数据结构完全一致。采用 DAO 方式可以很容易地完成对诸如 CD 唱片、混合类型 CD-ROM 等数据轨道之间存在间隙的光盘进行复制，并且可以保证数据结构和间隙长度都完全相同。但要注意的是，对于 DAO 方式来说，它对数据传送的稳定性和刻录机的性能要求比较高，一些小的失误都可能导致整张光盘彻底报废。轨道刻录（Track At Once：即 TAO）是以轨道为单位的刻录方式，它支持向一个区段分多次写入若干轨道的数据。主要应用于制作音乐 CD、MTV、Photo CD 等类型的光盘。飞速刻录（On The Fly：即 OTF）是一种常用的刻录方式。数据实时转换成 ISO 9660 格式，这种将数据自动转换成 ISO-9660 格式，然后进行刻录的方式就叫做飞速刻录，即一边读一边写的刻录方式，多用于在两个光盘驱动器之间直接进行光盘数据的复制。区段刻录（Session At Once：即 SAO）一次只能刻录光盘的一个区段而非整张光盘，余下的空间可以下次继续使用。SAO 常用于多区段 CD-ROM 的制作，它的优点是适合制作合集类光盘，但在每次刻录新区段时都要占用大约 13MB 左右的空间，用于存储该区段的结构及上一段和可能有的下一段的联络信息。因此使用这种方式刻录时，如果区段过多将会造成光盘空间的极大浪费。增量封装刻录（Incremental Packet Writing：即 IPW）方式与软、硬盘的数据存取方式类似，允许用户在一条轨道中多次追加刻写数据。因此比 TAO 和 SAO 方式浪费的空间要少得多，提高了盘片的使用效率，适合于经常备份少量数据。

Nero Burning ROM 是德国 Ahead Software 公司出品的光盘刻录程序。支持目前所有型号的光盘刻录机，支持中文长文件名刻录，可以刻录 CD、VCD、SVCD、DVD 等多种类型的光盘片，是一流的光盘刻录程序。

2. 设备准备

（1）计算机设备。

（2）Nero Burning ROM 软件（实验中简称 Nero）。

5.1.4 任务操作

1. Nero 的主界面

（1）用户可以在互联网上通过搜索并下载该软件，按照提示完成软件的安装。

（2）软件安装成功后，双击桌面上的快捷方式，进入 Nero 软件主界面，如图 5-1 所示。Nero 提供向导精灵和手动设置两种使用方式，实验中操作的方式采用手动设置。

2. 制作数据光盘

（1）启动 Nero，单击"切换到 Nero Burning ROM[F]"按钮，切换至"手动设置"模式，如图 5-2 所示。

（2）在 Nero"手动设置"模式的主界面中，单击"新建"按钮，建立刻录任务，如图 5-3 所示。

（3）弹出"新编辑"窗口，如图 5-4 所示。单击左侧窗口，选择"DVD"选项，单击右侧窗口中的标签页。在"多重区段"标签页选择光盘刻录格式，在"标签"标签页输入光盘的名称，完成设置后，单击"新建"按钮，进入文件的选择窗口。

图 5-1　Nero 主界面

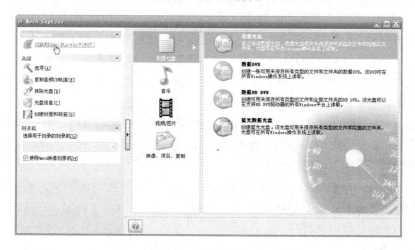

图 5-2　切换操作方式

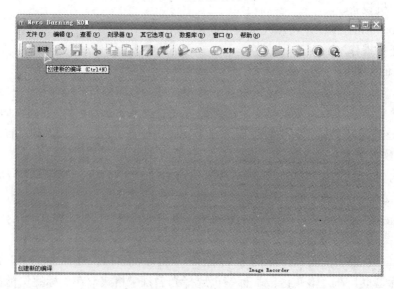

图 5-3　新建刻录任务

图 5-4　设置光盘信息

（4）将"文件浏览器"中硬盘上的文件拖拽到光盘面板内，注意容量不要超过光盘的最大容量，操作完成后，单击"刻录"按钮，如图 5-5 所示。

图 5-5　选择刻录数据

（5）打开"刻录编译"对话框，设置写入速度、写入方式及刻录份数等参数，如图 5-6 所示。设置完毕后，单击"刻录"按钮，开始刻录光盘。

（6）Nero 软件开始刻录光盘，显示正在写入的文件、写入的状态、刻录的时间等，如图 5-7 所示。

（7）光盘刻录完毕后，可以选择保存或者打印日志，单击"确定"按钮，退出刻录任务，如图 5-8 所示。

3．刻录音乐 CD 光盘

（1）启动 Nero，单击"切换到 Nero Burning ROM[F]"，切换至"手动设置"模式，选择"音乐光盘"，单击"新建"按钮，建立刻录任务，如图 5-9 所示。

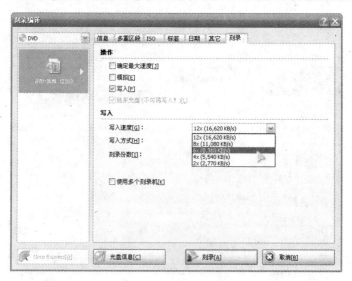

图 5-6　设置刻录参数

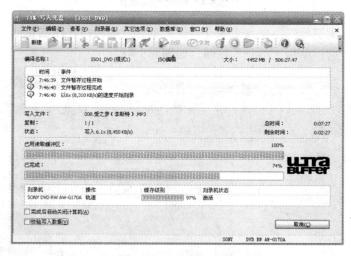

图 5-7　Nero 刻录光盘

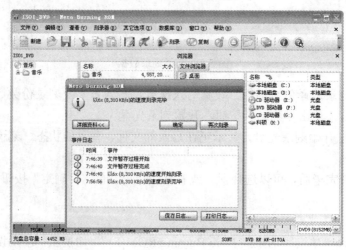

图 5-8　刻录结束

图 5-9　建立音乐光盘任务

（2）通过"文件浏览器"将硬盘上的音频文件拖拽到光盘面板内（音频文件 WAV、MP3、WMA。其中 WAV 文件必须是 44.1kHz 及 16 位元立体声格式；MP3、WMA 应为 112～160k 的速率，高于 160k 容易引起刻录完成后能播放但没有声音的现象发生），如图 5-10 所示。

图 5-10　添加刻录数据

（3）单击"刻录"按钮，打开"刻录编译"对话框，设定刻录选项后，单击"刻录"按钮，Nero 软件开始刻录光盘，显示正在写入的文件、写入的状态、刻录的时间等。

（4）光盘刻录完毕后，可以选择保存或者打印日志，单击"确定"按钮，退出刻录任务。

4．制作影集 VCD 光盘

（1）启动 Nero，单击"切换到 Nero Burning ROM[F]"，切换至"手动设置"模式，选择"Video CD"，单击"Video CD"选项卡，勾选"创建符合标准的光碟"复选框，单击"新建"按钮，建立刻录任务，如图 5-11 所示。

图 5-11　建立 VCD 光盘任务

（2）将"文件浏览器"中硬盘的影像文件拖到光碟面板下方的视频窗口，而不是完成刻录后以 DAT 的文件存放于 MPEGAV 目录，如图 5-12 所示。

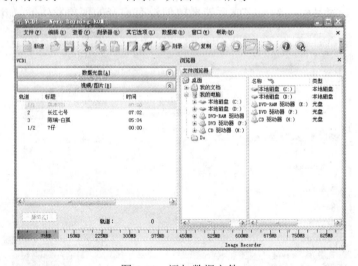

图 5-12　添加数据文件

（3）单击"刻录"按钮，打开"刻录编译"对话框，设定了刻录选项后，单击"刻录"按钮，Nero 软件开始刻录光盘，显示正在写入的文件、写入的状态、刻录的时间等。

（4）光盘刻录完毕后，可以选择保存或者打印日志，单击"确定"按钮，退出刻录任务。

5．复制光盘

（1）启动 Nero，单击"切换到 Nero Burning ROM[F]"，切换至"手动设置"模式。单击左侧窗口，选择"CD 副本"，在右侧窗口中单击"映像文件"标签页，设置映像文件的保存路径、文件名，选择是否复制光碟并保存映像文件。单击"复制选项"标签页，可以选择"直接对烧"或先做映像文件然后再刻录。单击"刻录"标签页，选择合适的刻录速度、刻录份数。设置完毕后，单击"新建"按钮，建立刻录任务，如图 5-13 所示。

图 5-13 建立 CD 副本任务

（2）弹出"刻录编译"对话框，设定了刻录选项后，单击"刻录"按钮，Nero 软件开始刻录光盘，显示正在写入的文件、写入的状态、刻录的时间等。

（3）光盘刻录完毕后，可以选择保存或者打印日志，单击"确定"按钮，退出刻录任务。

5.1.5 课后操作题

（1）收集自己所需要保存的数据或文件，使用 Nero 把这些数据刻成光盘。

（2）挑选自己喜欢的歌曲，刻成 CD 光盘。

（3）挑选自己喜欢的 MV，刻成 VCD 光盘。

（4）复制已有的数据盘，复制份数为 3 份。

5.2 任务二：光盘映像工具——UltraISO

5.2.1 任务目的

光驱作为以激光头为主要配件的光存储产品，如果频繁使用容易导致其老化和损坏，最终影响其使用寿命。并且光盘属于易耗品，经常使用会加大光盘的磨损程度，缩短光盘的使用寿命。通过本任务的操作，使用户掌握应用 UltraISO 工具将光盘制作成映像文件，并保存在硬盘中随时调用。

5.2.2 任务内容

（1）主界面介绍。

（2）光盘生成 ISO 映像文件。

（3）硬盘数据新建 ISO 映像文件。

（4）从映像文件中提取数据。

5.2.3 任务准备

1. 理论知识准备

ISO 文件是以 ISO 为扩展名的文件，是 ISO 9660 格式文件，ISO 9660 是一种光盘上的文件系统格式。简单地说，ISO 文件是光盘的镜像文件，刻录软件可以直接把 ISO 文件刻录成光盘。

　　UltraISO（软碟通）是一款功能强大而方便、实用的光盘映像文件制作/编辑/转换工具，它可以直接编辑 ISO 文件及从 ISO 中提取文件和目录，也可以将光盘资料或硬盘上的文件制作成 ISO 文件。总之，UltraISO 可以随心所欲地制作/编辑/转换光盘映像文件，配合光盘刻录软件烧录出需要的光碟。

　　2. 设备准备

　　（1）计算机设备。

　　（2）UltraISO 软件。

5.2.4　任务操作

　　1. UltraISO 的主界面

　　（1）用户可以在 http://download.pchome.net（见图 5-14）网站下载软件，并按照提示完成软件的安装。

图 5-14　UltraISO 下载页面

　　（2）软件安装成功后，双击桌面上的快捷方式，进入 UltraISO 软件主界面，如图 5-15 所示。

　　2. 光盘生成 ISO 映像文件

　　（1）将需要制作映像文件的光盘放入光驱，启动 UltraISO，单击菜单"工具"→"制作光盘映像文件"命令，开始制作映像文件，如图 5-16 所示。

　　（2）弹出"制作光盘映像文件"对话框，在"CD-ROM 驱动器"中选择光盘驱动器，在"输出映像文件名"中输入映像文件的保存位置和文件名，选择输出格式标准，单击"制作"按钮，开始创建映像文件，如图 5-17 所示。

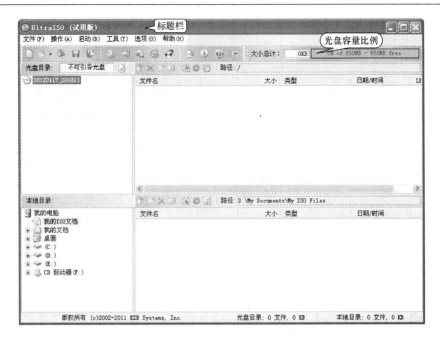

图 5-15　UltraISO 主界面

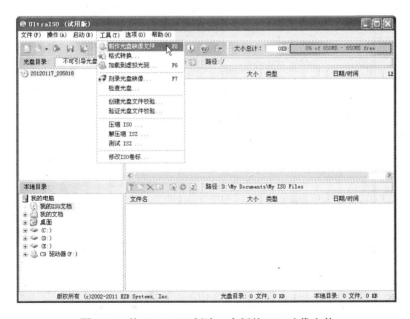

图 5-16　从 CD-ROM 创建一个新的 ISO 映像文件

（3）弹出制作进度，显示创建文件的百分比进度，如图 5-18 所示。

（4）光盘映像文件创建完毕后，提示 CD 映像制作完成，询问用户是否打开查验，如图 5-19 所示。

3．硬盘数据新建 ISO 映像文件

（1）启动 UltraISO，用户可以通过单击"操作"菜单下的 "新建文件夹"、"添加文件"、"添加目录"等命令，添加需要制作成映像文件的文件，如图 5-20 所示。

图 5-17 选择光盘来源和确定制作
映像文件保存位置

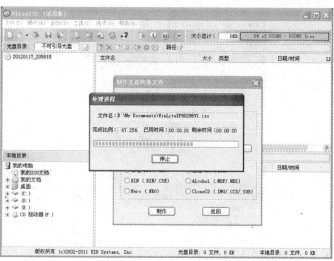

图 5-18 创建光盘映像文件过程

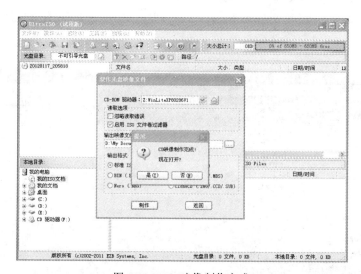

图 5-19 CD 映像制作完成

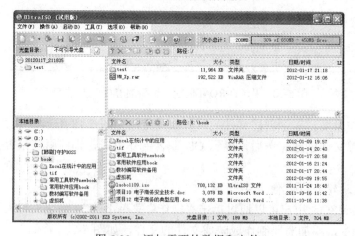

图 5-20 添加需要的数据和文件

（2）添加完所有数据和文件后，单击"保存"按钮保存映像文件，确定映像文件的保存位置和文件名称，如图 5-21 所示。

图 5-21　保存映像文件

（3）弹出显示制作进度的进度条，如图 5-22 所示。映像文件创建完毕后，该进度条自动消失，映像文件制作完毕。

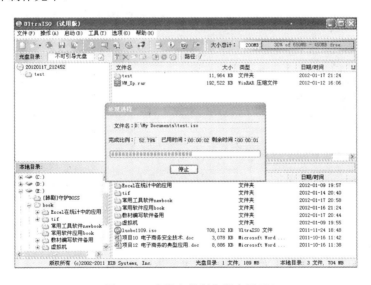

图 5-22　映像文件制作进度显示

4. 从映像文件中提取数据

（1）启动 UltraISO，打开光盘映像文件"soft.iso"。在映像文件中选择要提取的文件，右击弹出快捷菜单，选择"提取到…"命令，如图 5-23 所示。

（2）弹出"浏览文件夹"对话框，设置提取文件的保存位置，单击"确定"按钮完成操作，如图 5-24 所示。

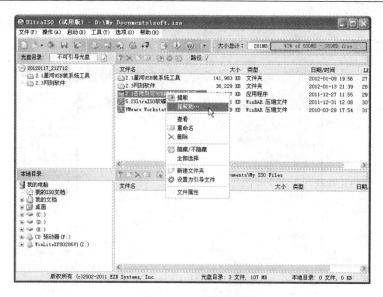

图 5-23　选择要提取的文件

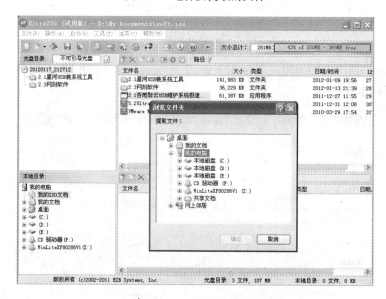

图 5-24　确定提取文件的保存位置

5.2.5　课后操作题

（1）找一张软件盘，将其生成 ISO 映像文件，保存到 D 盘。

（2）创建一个名为"Test.iso"的映像文件，将自己常用的软件、文档、照片和歌曲添加到该映像文件中。

5.3　任务三：虚拟光驱工具——DAEMON Tools

5.3.1　任务目的

目前网上很多的资源都是 ISO 文件，如果要使用它们就必须安装虚拟光驱软件。通过本任务的操作，使用户掌握 DAEMON Tools 调用光盘映像文件的方法，并将其运用到工作和日常生活中。

5.3.2 任务内容

（1）主界面介绍。

（2）调用映像文件。

5.3.3 任务准备

1. 理论知识准备

镜像文件是一个独立的文件，和其他文件不同，它是通过刻录软件或者镜像文件制作工具制作而成的。镜像文件的应用范围比较广泛，最常见的应用就是数据备份，常见的镜像文件格式有 ISO、BIN、IMG、TAO、DAO、CIF、FCD。

虚拟光驱其实不是一个真正的光驱设备，它的工作原理十分简单，是在硬盘上制作一个映像文件，再通过特殊的驱动程序"骗"过 Windows 操作系统，使操作系统认为有多个光驱，运行它可直接从硬盘上读取信息。虚拟光驱可以将磁盘文件虚拟成光盘文件，减少光盘磨损，加快数据读取。

DAEMON Tools 是一款虚拟光驱软件，它是一个先进的模拟备份及合并保护盘的软件，它支持 PS、加密光盘，可以备份被 SafeDisc 保护的软件，可以把在网络上下载的或自己制作的 CUE、ISO、CCD、BWT 等映像文件虚拟成光盘以直接使用。

2. 设备准备

（1）计算机设备。

（2）DAEMON Tools 软件。

5.3.4 任务操作

1. DAEMON Tools 的主界面

（1）用户可以在 http://xiazai.zol.com.cn/（见图 5-25）网站下载软件，按照提示完成软件的安装。

图 5-25 DAEMON Tools 下载页面

（2）安装成功后，双击桌面上的快捷方式，启动 DAEMON Tools 软件，弹出程序的主界面，如图 5-26 所示。

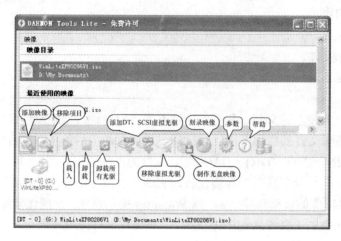

图 5-26　　DAEMON Tools 主界面

图 5-27　　DAEMON Tools 状态

（3）任务栏的右下角有一个 DAEMON Tools 图标，如图 5-27 中所示类似于闪电的图标，双击图标也可以启动程序。

（4）没有 DAEMON Tools 图标时，可以在启动软件后，单击"参数选择"，弹出参数选择对话框，勾选"使用托盘代理"，单击"应用"按钮，如图 5-28 所示。

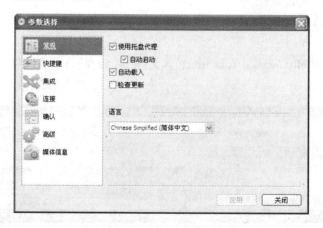

图 5-28　　启动托盘代理

（5）右击任务栏右下角的 DAEMON Tools 图标，弹出快捷菜单，共有七个菜单项，如图 5-29 所示。

2．调用映像文件

（1）启动 DAEMON Tools，设置虚拟光驱的数量，DAEMON Tools 4.0 最多可以支持四个虚拟光驱，可以根据自己的实际情况来设置光驱的数量，如图 5-30 所示。

（2）开始添加虚拟设备，完成后系统自动加载。完毕后，打开"我的电脑"，在"可移动存储的设备"栏中有一个光驱，本机没有内置物理光驱，G 盘是刚添加的虚拟光驱，如图 5-31 所示。

图 5-29　DAEMON Tools 快捷菜单

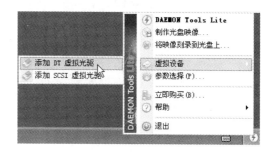

图 5-30　添加虚拟光驱

图 5-31　添加虚拟光驱

（3）在 DAEMON Tools 图标上右击，选择"虚拟设备"→"[DT - 0]（G:）无媒体"→"载入映像"命令，如图 5-32 所示。

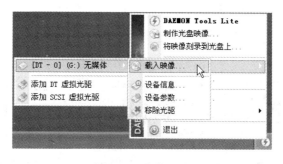

图 5-32　安装映像

（4）弹出"选择新的映像文件"对话框，选择需要调用的映像文件，单击"打开"按钮调用映像文件，如图 5-33 所示。

（5）打开"我的电脑"，可以看到"映像文件"已经插入光盘。打开光盘，可以对光盘中的文件进行操作，与在真实光盘中的文件操作相同，如图 5-34 所示。

（6）如果想换光盘，应先卸载映像文件，然后再载入其他镜像文件；如果想退出光盘，直接卸载映像文件即可，如图 5-35 所示。选择"移除光驱"则软件自动将虚拟设备删除。

图 5-33　选择映像文件

图 5-34　映像文件已安装

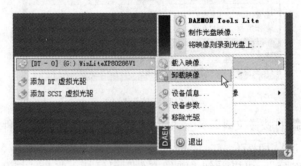

图 5-35　卸载映像

5.3.5　课后操作题

（1）将虚拟光驱的数目设置为 4 个。

（2）使用 UltraISO 生成一个映像文件，启动 DAEMON Tools 调用生成的映像文件。

5.4 任务四：虚拟光驱工具——WinMount

5.4.1 任务目的

在办公应用中，常常会遇到压缩文件格式，用户在使用超大压缩文件的时候，先想到的往往是解压缩，但这将浪费大量的时间，并且会占用大量的磁盘空间。WinMount 利用独有的压缩包虚拟化技术，可以快速加载压缩包中文件。通过本任务的操作，使用户掌握利用 WinMount 挂载大容量的压缩文件的方法，提高操作效率。

5.4.2 任务内容

（1）主界面介绍。

（2）挂载与卸载虚拟盘。

（3）创建 WMT 文件。

5.4.3 任务准备

1．理论知识准备

WinMount 是一款功能强大的 Windows 软件，不仅具备压缩软件的压缩、解压、浏览等功能，也具备虚拟光驱的功能。WinMount 最大的特色在于它的压缩包虚拟化功能，首创读取压缩包新理念，可以将压缩包直接挂载到虚拟盘或虚拟文件夹中使用，无需解压，文件操作均在虚拟路径中进行，不产生系统垃圾，保护硬盘，节省硬盘空间，打破了压缩包解压才能使用的传统。

2．设备准备

（1）计算机设备。

（2）WinMount。

5.4.4 任务操作

1．WinMount 的主界面

（1）用户可以在 http://cn.winmount.com/（见图 5-36）网站下载软件。

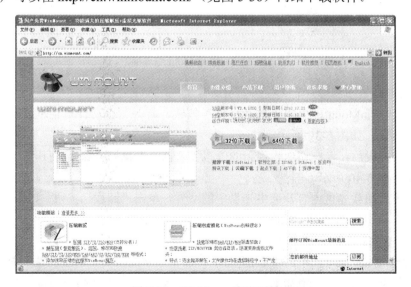

图 5-36 WinMount 官方网站

（2）软件下载后，按照提示进行安装，设置软件安装目录及安装选项，并设置文件关联，WinMount 共支持 16 种文件类型，单击"确定"按钮，如图 5-37 所示。

（3）软件安装成功后，双击桌面上的快捷方式，进入 WinMount 主界面，如图 5-38 所示。

图 5-37　设置文件关联

图 5-38　WinMount 主界面

2．挂载与卸载虚拟盘

（1）启动 WinMount，单击"挂载文件"按钮，打开浏览文件对话框，选中文件后，单击"打开"按钮，如图 5-39 所示。

（2）文件挂载后，将自动加载到新的虚拟盘，打开"我的电脑"，将压缩文件加载到新的虚拟盘中，如图 5-40 所示。

（3）如果想卸载光盘内容，选中光盘中的文件，单击"卸载"按钮；如果选择虚拟磁盘，单击"卸载"按钮，则可以卸载虚拟磁盘，如图 5-41 所示。

3．创建 WMT 文件

（1）启动 WinMount，单击"新建空盘"，弹出"MinMount 新盘属性"对话框，设置盘符大小、盘符格式及文件保存位置，单击"确定"按钮，如图 5-42 所示。

图 5-39　打开压缩文件

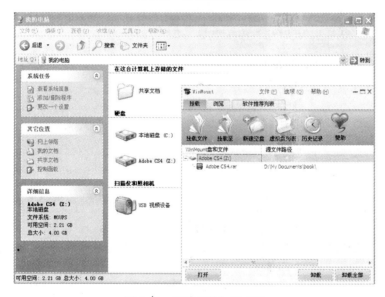

图 5-40　压缩文件加载成功

（2）设置 WMT 文件密码，去掉不要密码复选框前的"√"，输入密码，如图 5-43 所示。

（3）WMT 文件创建成功后，打开文件，输入设置的密码，单击"确定"按钮，如图 5-44 所示。

（4）设置打开文件的属性，去除"只读"属性，单击"确定"按钮，如图 5-45 所示。

（5）文件挂载成功后，将自动加载到新的虚拟盘，打开"我的电脑"，进入到新的虚拟盘中，如图 5-46 所示。

（6）进入到虚拟盘，操作与在计算机的物理盘符相同，如图 5-47 所示。

（7）关闭虚拟盘，卸载 WMT 文件，查看存放的源文件，文件容量和修改日期将发生改变，文件容量不会超过设置的最大容量，如图 5-48 所示。

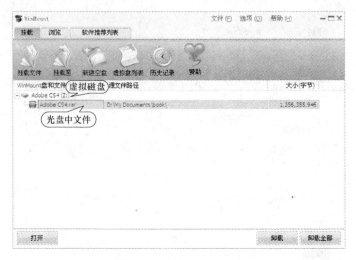

图 5-41　卸载虚拟盘

图 5-42　设置新盘属性

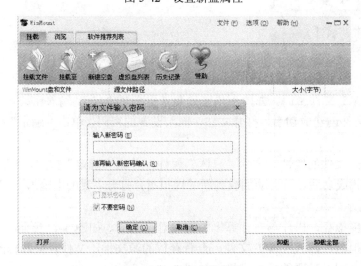

图 5-43　输入文件密码

图 5-44 输入密码

图 5-45 设置属性

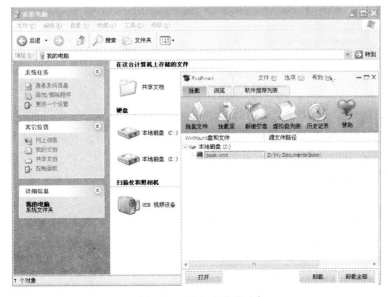

图 5-46 进入到虚拟盘

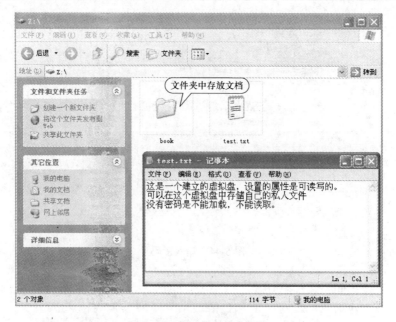

图 5-47　虚拟盘中文件操作

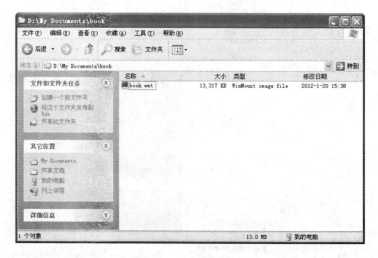

图 5-48　WMT 源文件

5.4.5　课后操作题

（1）使用 WinMount 创建自解压文件。

（2）使用 WinMount 创建 WMT 文件，将私人信息保存其中。

（3）使用 WinMount 挂载压缩文件。

第6章　图像工具应用

在当今社会，随着经济的飞速发展，人们的物质生活水平不断提高，对精神生活的要求也越来越高。在使用数码相机和扫描仪等获取图片后，经常需要对图片进行加工处理，使之更加美观，同时也希望能够快速、便捷地获取图像，并对大量图像进行管理。为了满足市场的需求，各种各样的图形图像工具层出不穷，各具特色，对数字图像的处理与获取已经成为计算机的重要功能。

本章主要介绍图像浏览工具 ACDSee、图像捕捉工具 HyperSnap、照片处理工具可牛影像、图像编辑工具美图秀秀、电子相册制作工具家家乐电子相册制作系统、电子贺卡制作工具贺卡制作大师和综合绘图工具亿图图示专家。

6.1　任务一：图像浏览工具——ACDSee

6.1.1　任务目的

Windows 自带的看图工具功能过于单一，有时无法满足用户的使用要求，且大多数用户不喜欢 Windows 中用映像看图的感觉，所以系统中一般都安装专业看图软件。ACDsee 就是看图软件之中的佼佼者，通过本任务的操作，掌握应用软件 ACDSee 浏览图片、处理图片的操作，并将其运用到工作和日常生活中。

6.1.2　任务内容

（1）主界面介绍。

（2）浏览图片。

（3）制作屏保。

（4）设置墙纸。

（5）图片格式转换。

（6）图像分辨率的更改。

（7）去红眼。

（8）修复曝光不足。

（9）修复照片偏色。

6.1.3　任务准备

1. 理论知识准备

ACDSee Photo Manager 是一款数字图像处理软件，简称 ACDSee，它能广泛应用于图片的获取、管理、浏览和优化。使用 ACDSee Photo Manager，可以直接从数码相机和扫描仪中高效获取图片，并进行便捷的查找、组织和预览。作为图像浏览软件，它能快速、高质量显示用户的图片，若配以内置的音频播放器，用户甚至可以用它播放出精彩的幻灯片。此外 ACDSee 还是一款极其方便的图片编辑工具软件，可以轻松处理数码影像，拥有多项功能：如去除红眼、剪切图像、锐化、浮雕特效、曝光调整、旋转、镜像等，而且可以进行批量处理。

2．设备准备

（1）计算机设备。

（2）ACDSee Photo Manager 14 软件。

6.1.4　任务操作

1．ACDSee Photo Manager 的主界面

（1）用户可以在 http://download.pchome.net（见图 6-1）网站下载软件，并按照提示完成软件的安装。

图 6-1　ACDSee Photo Manager 下载页面

（2）软件安装成功后，双击桌面上的快捷图标，进入 ACDSee Photo Manager 软件主界面，如图 6-2 所示。

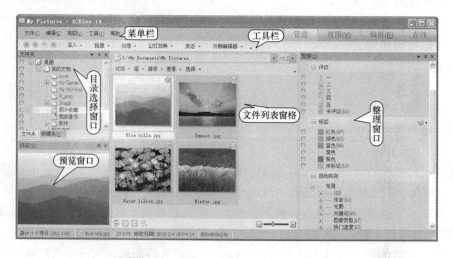

图 6-2　ACDSee Photo Manager 主界面

2. 浏览图片

用户只需选中某个图片文件，按键盘上的 Enter 键或者双击图片文件，就可以浏览该图片；使用工具栏中的"上一个"按钮和"下一个"按钮或使用键盘的 Page Up 和 Page Down 键，查看前一张图片或后一张图片。在图片型浏览方式下，使用工具栏上的"缩放工具"按钮可以分别缩小和放大图像，如果图片过大的话可以使用抓手工具拖动图片看到图片的其他位置，如图 6-3 所示。

图 6-3 浏览图像

3. 制作屏保

（1）启动软件 ACDSee，单击左侧目录选择窗口，进入要浏览图像的文件目录，中间的文件窗口中列出该目录下的文件，选中设置屏保的图片，单击菜单"工具"→"配置幻灯放映"命令，如图 6-4 所示。

图 6-4 "配置幻灯放映"选项

（2）弹出"幻灯放映属性"选项对话框，用户设置"选择文件"选项卡中参数，选择幻灯放映的内容，选择"所选媒体"选项，如图6-5所示。

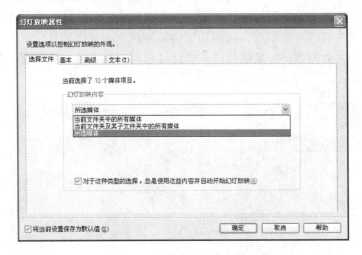

图6-5　幻灯选择文件选项卡

（3）设置"基本"选项卡中参数，用户可以选择转场的效果，设置背景颜色，并且设置图片延迟的时间，如图6-6所示。

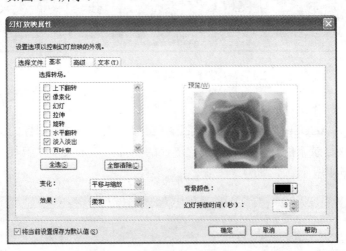

图6-6　幻灯基本设置选项卡

（4）设置"高级"选项卡中参数，用户可以根据屏幕尺寸设置图像，设置音频路径并嵌入音频，设置幻灯片的放映顺序，如图6-7所示。

（5）设置"文本"选项卡中参数，用户可以设置屏幕保护页眉、页脚的背景及文本内容，如图6-8所示，单击"确定"按钮完成幻灯属性设置。

（6）图片开始自动放映，用户单击"退出"按钮，返回ACDSee主窗口，单击菜单"工具"→"配置屏幕保护程序"命令，如图6-9所示。

（7）弹出"ACDSee 屏幕保护程序"对话框，可以添加、删除图片，重新配置屏幕保护参数，如图6-10所示。

图 6-7 幻灯高级设置选项卡

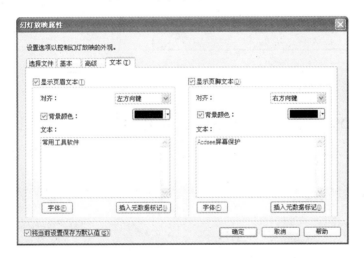

图 6-8 幻灯文本设置选项卡

图 6-9 "配置屏幕保护程序"选项

（8）用户在电脑桌面空白处，右击选择"属性"选项，进入"显示属性"对话框，单击"屏幕保护程序"选项卡，更换屏幕保护程序内容，选择 ACDSee Screensaver，设置其他参数，单击"确定"按钮，如图 6-11 所示。

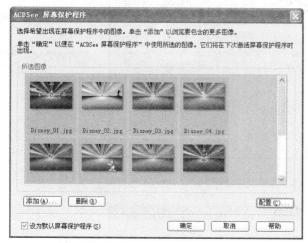

图 6-10　配置 ACDSee 屏幕保护程序　　　　　　图 6-11　设置屏幕保护程序

4．设置墙纸

（1）启动 ACDSee，用户可以方便地把自己喜爱的图片设为墙纸。用户在图片管理模式下单击"工具"→"设为墙纸"命令，选择墙纸的铺放方式，稍等片刻，桌面设置为新墙纸，如图 6-12 所示。

图 6-12　工具菜单设置墙纸

（2）用户也可以在图片管理模式下右击图片文件，在弹出的快捷菜单中选择"设置墙纸"命令，在其扩展菜单中选择墙纸的铺放方式，如图 6-13 所示。

5．图片格式转换

ACDSee 可以方便地进行图片文件格式之间的转换。ACDSee 支持的图片文件格式非常多，可以实现这些图片文件格式到常用的图片文件格式（BMP、GIF、JPG、TIFF 等）的转换。

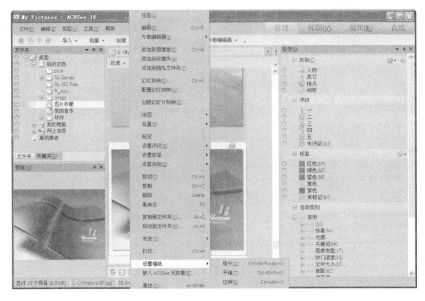

图 6-13 快捷菜单设置墙纸

（1）例如，把一个 JPG 图像文件转换为 GIF 格式。在 ACDSee 在管理模式下选中这个 JPG 文件，单击格式菜单"批量"→"转换文件格式"命令，如图 6-14 所示。

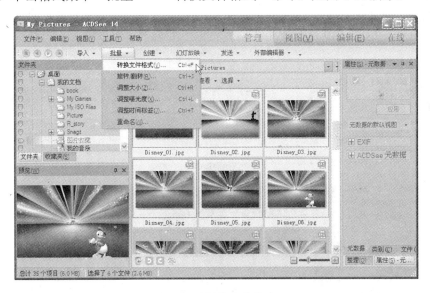

图 6-14 转换文件格式

（2）弹出"批量转换文件格式"对话框，在格式页标签下显示出常见的图片文件格式。单击所要转换的文件格式，选择"GIF CompuServe GIF"选项，单击"下一步"按钮，如图 6-15 所示。

（3）用户设置文件输出的路径和文件选项等相关参数，如图 6-16 所示，单击"下一步"按钮，设置多页图像的参数（使用默认即可），单击"开始转换"按钮，完成 JPG 文件到 GIF 文件的格式转换，其他的文件格式转换可以采用类似的操作来实现。

 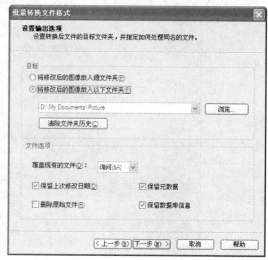

图 6-15　"转换文件格式"对话框　　　　　图 6-16　设置文件输出路径及文件名

6. 图像分辨率的更改

ACDSee 可以进行图片分辨率更改。关于分辨率的修改，一定要注意，尺寸大的可以改小；但是小的不要去改为大的，否则会造成图片失真。

（1）例如，把一张分辨率为 2560×1600 的图片分辨率调整为 80×60。用户在 ACDSee 的管理模式下选中这个 GIF 文件，单击格式菜单"批量"→"调整大小"命令，如图 6-17 所示。

图 6-17　调整图片分辨率

（2）弹出调整图片大小对话框，有三种方式可以调整，用户根据实际情况来选择，图 6-18 所示为参数设置图。

（3）软件开始调整图片大小，调整结束后，在源文件路径下生成新文件，选中新文件，右侧属性窗口显示当前图片大小、容量、像素数等，如图 6-19 所示。

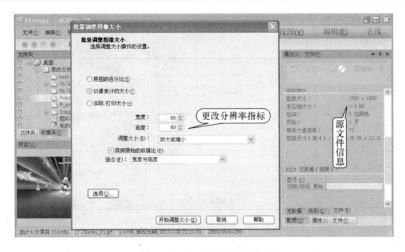

图 6-18 设置图像大小参数

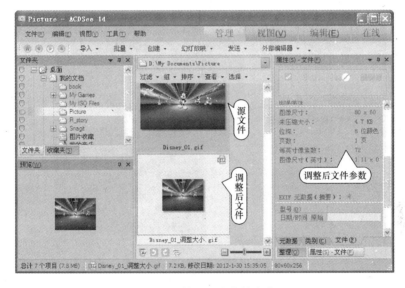

图 6-19 修改后文件的参数

7. 去红眼

（1）启动 ACDSee，单击"编辑"按钮，切换到图片编辑模式，选中要处理的图片，单击左侧编辑工具栏中"红眼消除"按钮，如图 6-20 所示。

（2）弹出"红眼消除"处理工具，设置消除强度及填充的颜色，用鼠标单击眼睛的红色部分或者用鼠标拖动选取眼睛选区，红眼自动消除，如图 6-21 所示。消除红眼后，查看效果图，若用户对处理效果满意，单击"完成"按钮。

8. 修复曝光不足

（1）启动 ACDSee，单击"编辑"按钮，切换到图片编辑模式，选中要处理的图片，单击左侧编辑工具栏中"曝光"按钮，如图 6-22 所示。

（2）弹出"曝光"处理工具，设置曝光、对比度、填充光线的数值，查看处理后的效果图，若用户对处理效果满意，单击"完成"按钮，如图 6-23 所示。

图 6-20　红眼消除工具

图 6-21　消除红眼

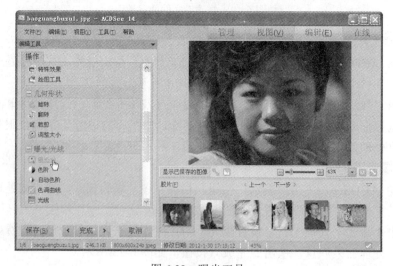

图 6-22　曝光工具

图 6-23 设置图像曝光度

9. 修复照片偏色

（1）启动 ACDSee，单击"编辑"按钮，切换到图片编辑模式，选中要处理的图片，单击左侧编辑工具栏中"色彩平衡"按钮，如图 6-24 所示。

图 6-24 色彩平衡工具

（2）弹出"色彩平衡"处理工具，设置图像的 RGB 数值，查看处理后的效果图，若用户对处理效果满意，单击"完成"按钮，如图 6-25 所示。

6.1.5 课后操作题

（1）应用 ACDSee 完成图片的浏览。

（2）应用 ACDSee 完成图片大小、方向、色彩、曝光度等的设置。

（3）应用 ACDSee 完成将 BMP 格式图片转换为 JPG 格式。

（4）应用 ACDSee 将图片设置为 Windows 的墙纸。

图 6-25　设置图像色彩平衡

6.2　任务二：图像捕捉工具——HyperSnap

6.2.1　任务目的

在使用计算机的过程中，很多专业的用户截取屏幕图像时一般使用 HyperSnap 专业截图工具。该软件不但能够截取任意屏幕，还能进行图片的处理，简单易用，功能实用。通过本任务的操作，掌握图像抓取工具 HyperSnap 的安装、使用及设置，并能熟练将其运用到工作和日常生活中。

6.2.2　任务内容

（1）主界面介绍。

（2）HyperSnap 的设置。

（3）基本抓图操作。

（4）图像编辑。

（5）文字识别。

6.2.3　任务准备

1．理论知识准备

HyperSnap 是一个功能强大的抓图软件，它是一款运行于 Microsoft Windows 平台下的抓图软件。应用它用户可以很方便地将屏幕上的任何一个部分，包括活动用户区域、活动窗口、用户区域、桌面等抓取下来。它功能强大，使用方便，支持 DirectX 和 3Dfx Glide 游戏，以及 DVD 影像技术。抓取后的图像能以 BMP、GIF、PEG、IFF、PCX 等 20 多种图形格式保存。可以用热键或自动计时器从屏幕上抓图并且可以在所抓的图像中显示鼠标轨迹。使用调色板功能可对图片进行再加工。

2．设备准备

（1）计算机设备。

（2）HyperSnap 软件。

6.2.4　任务操作

1. HyperSnap 的主界面

（1）用户可以在 http://xiazai.zol.com.cn（见图 6-26）网站下载软件，并按照提示完成软件的安装。

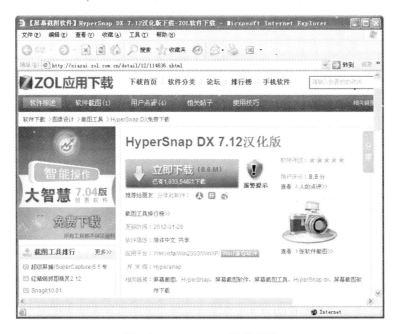

图 6-26　HyperSnap 下载页面

（2）软件安装完毕，双击桌面上的快捷方式，运行 HyperSnap 软件，弹出软件的运行主界面，如图 6-27 所示。HyperSnap 的窗口界面包括"文件"、"捕捉"、"编辑"、"图像"、"文本捕捉"、"设置"和"帮助"等菜单选项，菜单采用全新的 Office 2010 的 Ribbon 风格。

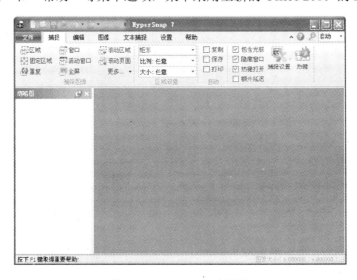

图 6-27　HyperSnap 主界面

2. HyperSnap 的设置

（1）设置抓图热键。HyperSnap 提供了一套抓图热键，且允许用户重新定义适合自己习惯的抓图热键。单击"捕捉"菜单下的"热键"命令，如图 6-28 所示。

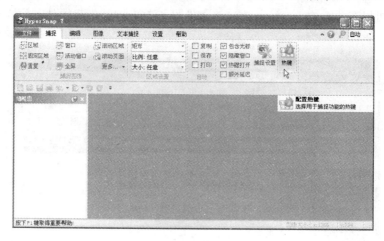

图 6-28　配置热键

弹出"屏幕捕捉热键"设置对话框，如果要更改其他热键，单击"自定义键盘"按钮，如图 6-29 所示。

在这里用户可以按习惯配置各类热键，若要应用系统默认设置，可以单击"全部重置"按钮，如图 6-30 所示。

图 6-29　屏幕捕捉热键对话框

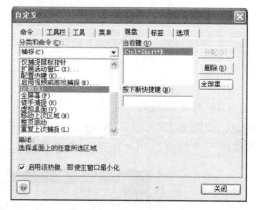

图 6-30　"HyperSnap 快捷键设置"对话框

默认情况下主要热键定义如下：

1）Ctrl＋Shift＋V：捕捉虚拟桌面（多显示器）。

2）Ctrl＋Shift＋W：截取某个标准的 Windows 窗口，包含标题栏、边框、滚动条等。按下截图热键后，将鼠标指针移到需要截取的窗口上，会出现闪烁的黑色矩形框，按左键截取该窗口，按右键取消本次操作。

3）Ctrl＋Shift＋S：卷动捕捉整个页面，如果需要捕捉的区域是一个带有滚动条的整体，建议使用该方式捕捉。捕捉过程中自动卷动滚动条。

4）Ctrl＋Shift＋R：截取随意指定的矩形屏幕区域。当按下截图热键后，鼠标会变为十字形，此时在需要截取的图像区域的左上角按下鼠标左键，然后将光标拖曳到区域的右下角，框住要抓取的图像，在矩形框中还会以像素为单位显示矩形框的大小，如 80×100。松开鼠标左键，再单击左键，即可完成抓图。

5）Ctrl+Shift+A：截取当前活动窗口。

6）Ctrl+Shift+C：截取不含边框的当前活动窗口，即不包括标题栏、边框、滚动条等。此项对于截取运行时仍然保留窗口元素的游戏、多媒体软件的图像尤为实用。

7）Ctrl+Shift+H：自由捕捉。

8）Ctrl+Shift+M：多区域捕捉。

9）Ctrl+Shift+P：平移上次捕捉。

10）Ctrl+Shift+F11：重复上次操作，即重复最近一次的截取。

11）Ctrl+Shift+X：捕捉扩展窗口。

12）Shift+F11：停止预定的自动捕捉，即中断自动截取操作。

13）Scroll Lock：截取特殊的影像（Direct X、3Dfx GLIDE 游戏和 DVD 等）。

（2）设置抓取的图像输出方式。HyperSnap 系统提供了多种图像输出方式。用户可以将抓取的图像送到剪贴板，也可输出到打印机，还可直接存盘，如果连上互联网，还可以将抓取的图像通过电子邮件发送给朋友，如图 6-31 所示，用户可以选择文件的输出方式。

用户抓取图像后，选择如下命令：

1）单击菜单"文件"下的"打印"命令选项，可以将抓取的图像直接输出到打印机。

2）单击菜单"文件"下的"另存为"命令选项，可以将抓取的图像以图像文件存盘保存起来。

3）单击菜单"文件"下的"通过电子邮件发送"命令选项，可将图像通过互联网发送给朋友。

4）单击菜单"文件"下的"上传到 FTP 服务器"命令选项，可以将图像上传到指定的 FTP 服务器上。

图 6-31　文件菜单

（3）设置图像保存方式。如果用户希望每次抓图都提示输入文件名，单击菜单"捕捉"下的"捕捉设置"命令选项，在打开的"捕捉设置"对话框中选择"快速保存"页标签，并在"每次捕捉都提示输入文件名"复选框前打上"√"即可，如图 6-32 所示。

在"自动保存到"栏中，单击"更改"按钮，出现"另存为"对话框，用户可以指定所抓图像文件存储的驱动器和路径，在"文件名"中可以指定自动命名的图像文件名的开头字母（系统默认为 snap），在"文件类型"中可以选择存储的格式，如图 6-33 所示。

3. 基本抓图操作

（1）本任务以区域捕捉为例，介绍使用 HyperSnap 抓图的过程。

1）启动 HyperSnap，进入主界面，设置好截取范围、热键和抓取的图像输出方式。

2）运行目标程序，调出欲截取的画面。

3）单击 HyperSnap "捕捉"标签页下的"区域"命令（或者按下 HyperSnap 设置的截图热键），系统自动将 HyperSnap 最小化。用户拖动鼠标，目标界面被黑色的框线围住，单击鼠标即可。

4）主窗口自动弹出，图像显示区中将出现刚截取的区域。

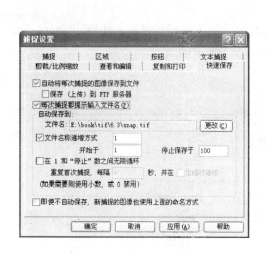

图 6-32   捕捉设置对话框   图 6-33   保存文件

5）在主窗口中可以对刚截取的图像进行裁剪、亮度调整、添加注释等操作。

6）单击工具栏上的"保存"按钮，打开"保存"对话框。

7）选择保存路径及文件格式，输入文件名，再单击"保存"按钮即可。

（2）连同光标抓取。有时为了得到更加真实的效果，在抓图时往往需要连同光标一起抓下来。用户选择"捕捉"菜单下的"捕捉设置"命令，在打开的"捕捉设置"对话框中，选中"包括光标指针"选项，单击"确定"按钮退出，如图 6-34 所示。以后抓取后的图像上就会显示逼真的小光标图像。

（3）抓取 VCD、DVD 及 DirectX 显示图像。VCD、DVD 及 DirectX 显示的图像很特殊，使用 Print Screen 键把它复制到剪贴板后，再通过画图程序打开后会发现它是红色的，无法抓取。用户可以单击"捕捉"菜单下的"启用视频或游戏捕捉"命令，并在弹出的设置框中选中所有选项，如图 6-35 所示。以后只要按下 Scroll Lock 键就可以抓取 VCD、DVD 或 DirectX 中显示的图像。

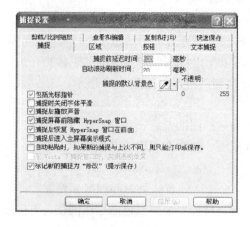

图 6-34   捕捉设置对话框   图 6-35   启用特殊捕捉对话框

4. 图像编辑

捕捉好的图像可以使用编辑工具栏对其进行图像大小、添加文字、添加线条、填充颜色等操作，如图 6-36 所示。

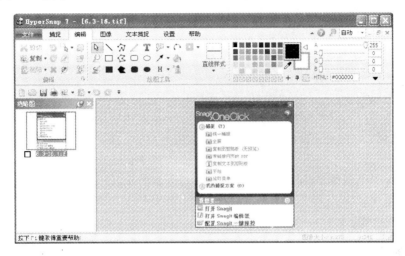

图 6-36 编辑捕捉图像

5. 文字识别

HyperSnap 文本捕捉迅速，英文、中文识别准确无误，缺点是图片和 PDF 上的文字不能抓取出来。下面以打开网站 http://edu.sina.com.cn/，捕捉网页中所需内容并保存到记事本中为例，介绍捕捉文本的过程。

（1）打开新浪教育频道（http://edu.sina.com.cn/）网站。

（2）启动 HyperSnap 软件进入主界面，用户单击"文本捕捉"菜单下的"更多设置"命令，弹出"捕捉设置"对话框，单击"文本捕捉"选项卡，设置完毕后，单击"确定"按钮，如图 6-37 所示。

（3）用户单击菜单"文本捕捉"下的"区域文本"捕捉识别图像。捕捉识别后的图像可以使用文档编辑工具进行编辑，编辑后保存文件，如图 6-38 所示。

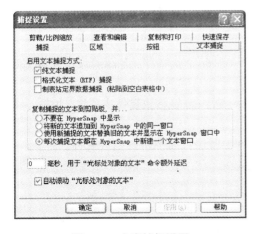

图 6-37 文字捕捉设置

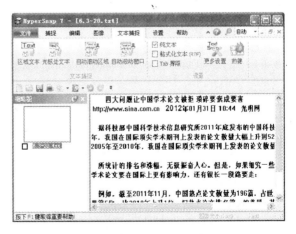

图 6-38 编辑捕捉文字

6.2.5 课后操作题

（1）应用 HyperSnap 捕捉网页窗口（滚动窗口并包括鼠标），并对其进行简单编辑。

（2）应用 HyperSnap 捕捉桌面指定区域图像。

（3）应用 HyperSnap 对截取的图片进行简单编辑。

6.3 任务三：照片处理工具——可牛影像

6.3.1 任务目的

提到图像处理，人们首先想到的必然是 Photoshop 及用它制作出的各种精美图片。虽然 Photoshop 功能强大，但是需要经过专业培训才能运用自如，操作也相对比较复杂。通过本任务的操作，用户可以学习使用可牛影像工具，从而代替 Photoshop 图像处理软件，应用可牛影像处理图片、美化图像，轻松制作出极富个性与创意的作品。

6.3.2 任务内容

（1）主界面介绍。

（2）图片管理。

（3）编辑图片。

（4）拍照修片自制大头贴。

（5）可牛淘宝图片助手。

6.3.3 任务准备

1. 理论知识准备

可牛影像是一款免费的全功能数码图片处理专家软件，可以对照片进行简单的修补，具有美容处理、加相框大头贴等常用功能。其快速的图片库管理和强大的图片美化处理功能，能让用户轻松成为数码照片处理专家，且该软件独有强大的照片场景功能，仅需几秒钟即可制作出影楼级的专业照片和超酷动感闪图，方便、易用。

2. 设备准备

（1）计算机设备。

（2）可牛影像软件。

6.3.4 任务操作

1. 可牛影像的主界面

（1）用户可以在 http://www.keniu.com/（见图 6-39）网站下载软件，并按照提示完成软件的安装。

（2）软件安装成功后，双击桌面上的快捷方式图标，进入可牛影像软件主界面，如图 6-40 所示。

1）图片库功能：主要对电脑磁盘进行扫描，建立电脑图片库，进行图片管理。

2）图片编辑功能：主要对图片进行改变大小、裁剪、美容、加特效、加画框、加文字操作。

3）动感闪图功能：制作动画图片。

4）可牛拍照功能：使用摄像头，拍摄照片，可作图片素材。

5）礼品制作功能：用自己的照片制作成礼品送给朋友。

图 6-39 可牛影像官方网站

图 6-40 可牛影像主界面

2. 图片管理

（1）启动可牛影像软件，如果首次使用可牛影像的"图片库"功能，单击"图片库"标签后，弹出"扫描方式选择"对话框，选择"快速扫描（推荐）"选项，如图 6-41 所示。扫描过程的长短取决于电脑的配置和电脑中储存图片的数量。

（2）扫描结束后，图片库创建成功，如图 6-42 所示。单击左侧窗格文件夹列表中任意文件夹，在右侧窗格中就会显示该文件夹内图片的缩略图，可以通过调整图片缩略图上方的"调节滑块"，调整图片缩略图的大小。在图片缩略图上

图 6-41 "扫描方式选择"对话框

双击，即可对该照片进行编辑。

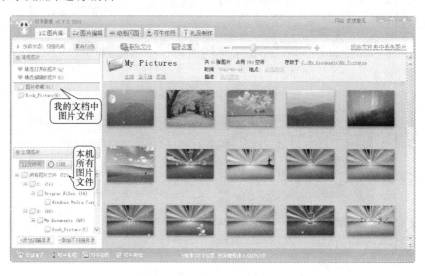

图 6-42　文件库显示图片

（3）单击左侧窗格中文件夹前的"＋"号，可以将目录展开。如果不想扫描某目录下的文件，如 C 目录，可在目录上右击，在弹出的快捷菜单中选择"从图片库中删除"选项，如图 6-43 所示。

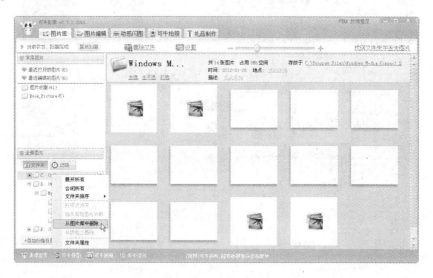

图 6-43　从图片库中删除某目录

图 6-44　确认是否删除图片库中目录的对话框

（4）弹出"提示"对话框，单击"确定"按钮，即可删除目录。如果勾选了"以后不再收录"选项，再次进行图片扫描时就会跳过该目录，从而加快扫描的过程，如图 6-44 所示。

3．编辑图片

图片编辑是可牛影像的主要功能之一，具有

编辑、美容、场景、高清场景、边框、饰品、文字等功能，如图 6-45 所示。

图 6-45 图片编辑功能

（1）启动可牛影像，打开图片库中的图片，照片中人物的脸上有许多泛红的痘痘和黑色的痘印，如图 6-46 所示。

图 6-46 打开图片

（2）单击 "美容"→"局部磨皮"命令，利用小画笔对有痘痘的地方进行逐一祛痘操作，单击"确定"按钮完成操作，如图 6-47 所示。

图 6-47 "局部磨皮"功能

（3）单击"美容"→"局部美肤"命令，可修正肤色不均匀的问题。用户在选择肤色时要选择与照片中人物本身肤色最相近的颜色，并且调整美肤笔大小，用大画笔进行涂抹，如图 6-48 所示。

图 6-48 "局部美肤"功能

（4）单击"美容"→"消除黑眼圈"命令，可进一步修复肤色。用户在选取肤色时应选取脸蛋上比较白皙的部分，利用小画笔均匀涂抹全脸，如图 6-49 所示。

图 6-49 "消除黑眼圈"功能

（5）经过以上简单处理后，最终效果如图 6-50 所示。照片上人物脸部的痘痘不但被消除掉，并且皮肤也变得如美玉般水嫩了。

4．拍照修片自制大头贴

（1）启动可牛影像，单击"可牛拍照"选项，首次可牛拍照模块提示下载安装，如图 6-51 所示。

图 6-50　效果图

图 6-51　安装可牛拍照

（2）下载安装完成后，单击"可牛拍照"选项即进入拍照界面。调整界面左侧的各项数值，并根据个人喜好选择使用右侧的场景素材。数值调整完毕后，对着摄像头摆好姿势，单击取景框下方的"单拍模式"按钮即可成功拍照，如图 6-52 所示。

（3）拍照完成后单击"使用可牛影像编辑"按钮，利用可牛影像编辑图片，使拍摄的视频照片锦上添花，如图 6-53 所示。

（4）进入可牛影像图片编辑界面，单击"智能修复"→"色彩通透（去雾）"→"自动对比度调整"→"自动曝光"→"自动亮白"命令，如图 6-54 所示。

（5）为图片添加一些饰品，单击"饰品"→"帽子"命令，帽子添加完成后注意调整帽子的旋转角度、大小，如图 6-55 所示。

图 6-52 "拍照"界面

图 6-53 "拍照成功"界面

5. 可牛淘宝图片助手

（1）用户通过可牛影像官方网站下载可牛淘宝图片助手软件，安装程序结束后，双击桌面的快捷方式图标，启动程序进入主界面，如图 6-56 所示。

（2）单击"添加图片"按钮，添加图片文件，预览区显示图片的缩略图，如果双击缩略图则可以启动可牛影像编辑图片，勾选"图片瘦身"复选框，调整图片的大小，如图 6-57 所示。

图 6-54　编辑拍照图片界面

图 6-55　"饰品"界面

（3）勾选"为图片增加边框/圆角"复选框，可设定图片的边框效果，增强图片的特色，单击"确定"按钮，如图 6-58 所示。

（4）返回可牛淘宝图片主界面，勾选"为图片增加水印"复选框，加强图片的版权属性，设置水印的类型及摆放效果等，单击"确定"按钮完成设置，如图 6-59 所示。

（5）参数设置完毕后，单击"生成图片"按钮，弹出"保存文件"对话框，选择保存路径，开始保存生成的图片。完成后可选择继续操作或结束，如图 6-60 所示。

6.3.5　课后操作题

（1）使用可牛图像给照片中的人物去痣。

（2）使用可牛图像制作婚纱照效果。

（3）使用可牛淘宝图片给照片增加水印。

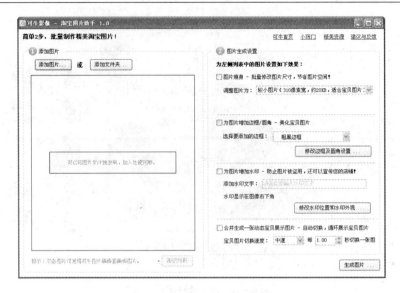

图 6-56　可牛淘宝图片助手主界面

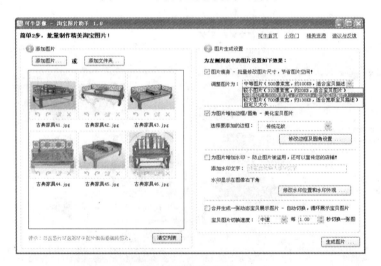

图 6-57　添加图片

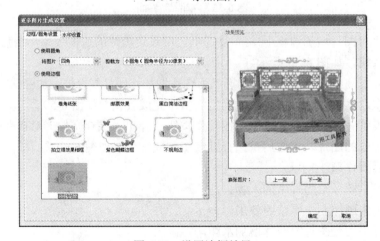

图 6-58　设置边框效果

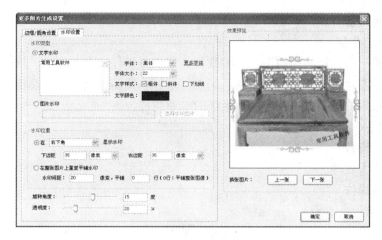

图 6-59　设置图片水印

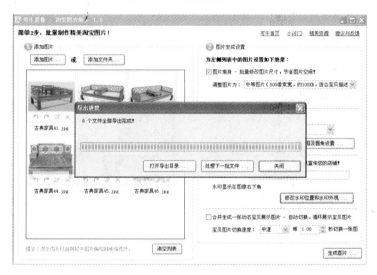

图 6-60　导出图片

6.4　任务四：图像编辑工具——美图秀秀

6.4.1　任务目的

随着数码相机和具有拍摄功能的便携式数字终端产品的日益普及，数码照片成为人们生活中的重要元素。但拍摄出的照片总是不尽如人意，学会处理数码照片逐渐成为越来越多的用户迫切需要掌握的一种技能。美图秀秀是一款简单易用的图像编辑工具。通过本任务的操作，掌握应用美图秀秀处理图片、美化图像的操作，制作个性照片、专属表情，并将其运用到工作和日常生活中。

6.4.2　任务内容

（1）主界面介绍。

（2）图片处理。

（3）美图化妆秀。

6.4.3　任务准备

1．理论知识准备

美图秀秀是一款好用的免费图片处理软件，用户无需任何专业基础，该软件简单易用。美图秀秀独有的图片特效、美容、拼图、场景、边框、饰品等功能，以及每天更新的精选素材，用户仅需很短的时间即可制作出影楼级的专业照片。

2．设备准备

（1）计算机设备。

（2）美图秀秀软件。

6.4.4　任务操作

1．美图秀秀的主界面

（1）用户可以在 http://xiuxiu.meitu.com/（见图 6-61）网站下载软件，并按照提示完成软件的安装。

图 6-61　美图秀秀官方网站

（2）软件安装成功后，双击桌面上的快捷方式图标，进入美图秀秀软件主界面，如图 6-62 所示。

图 6-62　美图秀秀主界面

2. 图片处理

图片编辑是美图秀秀的主要功能之一，具有美化、美容、饰品、文字、边框、场景、闪图、娃娃、拼图等功能，如图 6-63 所示。

图 6-63 图片编辑功能

（1）启动美图秀秀，打开一张要编辑的图片，如图 6-64 所示。

图 6-64 打开图片

（2）单击"抠图笔"按钮，弹出"选择一种抠图样式"对话框，根据图片上的人物与背景颜色的相似程度选择抠图样式，单击"自动抠图"按钮，如图 6-65 所示。

图 6-65 选择抠图样式

（3）使用"抠图笔"在抠图的区域上画线（绿线），即可迅速将人物图像抠取出来，如图6-66所示。

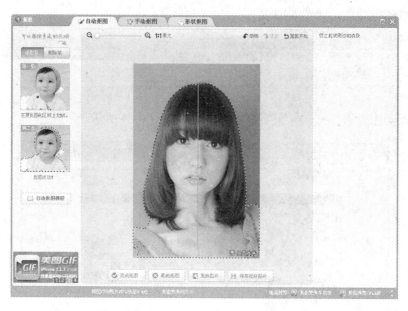

图 6-66　划线抠图

（4）抠图完成后，如果用户对效果不满意，可以选择"取消抠图"选项；如果满意即可单击"保存抠好图片"按钮，保存抠好的图片后，可直接在美图秀秀中打开"抠好的图片"，如图 6-67 所示。

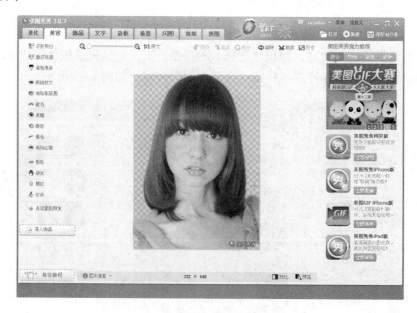

图 6-67　打开抠好的图片

（5）单击"美容"→"磨皮祛痘"命令，设置笔画大小和力度，处理图像中人物脸部的痘痘，如图 6-68 所示。

图 6-68　磨皮祛痘

（6）单击"场景"按钮，在美图秀秀的场景里有个"其他场景"的分类，单击一下该按钮就可以看到右侧的素材栏里出现许多漂亮的素材，如图 6-69 所示。

图 6-69　其他场景素材

（7）选中其中一个场景单击，就会自动生成图片效果。在左侧有个"场景调整"的编辑框，可以在其中移动缩放照片，调整图片显示的区域。如果用户满意单击"确定"按钮，否则继续在右侧的素材栏中随意选择场景，然后再做调整，如图 6-70 所示。

3．美图化妆秀

（1）用户可在美图秀秀官方网站下载美图化妆秀软件，安装程序结束后，双击桌面快捷方式图标，启动程序进入主界面，如图 6-71 所示。

图 6-70　预览图片效果

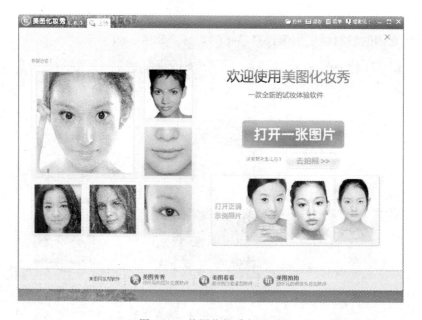

图 6-71　美图化妆秀主界面

（2）单击"打开一张照片"按钮，弹出"打开一张照片"窗口，在此用户可以了解如何打开一张正确角度的照片，如果用户打开一张错误的照片，那么对上妆效果是有一定的影响的。根据"正确照片"的示例，打开一张照片，如图 6-72 所示。

（3）用于试妆的图片，难免会存在一些瑕疵，如光线不足、颜色不够等。美图化妆秀软件采用人脸识别技术，美图化妆秀会根据脸部的位置，在新载入图片的脸部出现 8 个蓝点，此步是对脸型进行圈取，按住蓝点使红色选取线贴近人物整体的脸型，如图 6-73 所示。

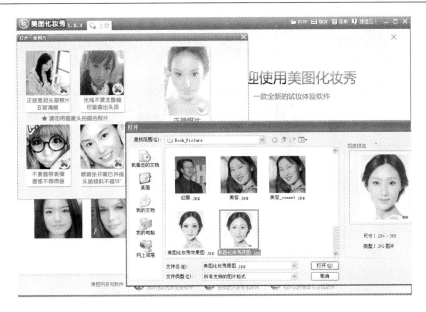

图 6-72 打开一张照片

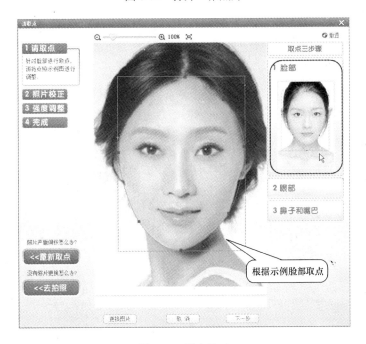

图 6-73 脸部取点

（4）根据右侧的示例图进行调整，对眉毛和眼睛进行圈取，如图 6-74 所示。

（5）对鼻子和嘴唇进行选取贴近，越贴近出来的效果越真实，取点完毕后，单击"下一步"按钮，如图 6-75 所示。

（6）在"照片校正"中，有"自动色阶"、"亮度+饱和度"、"亮度"、"饱和度"四个选项可供选择，先单击选择"自动色阶"，然后再单击"高级选项"按钮，微调色调和亮度，最后单击"下一步"按钮，如图 6-76 所示。

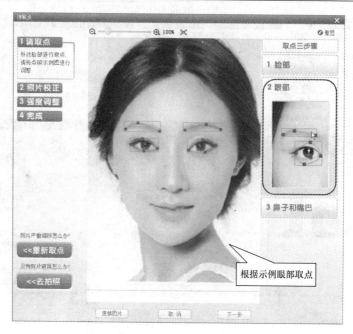

图 6-74　眼部取点

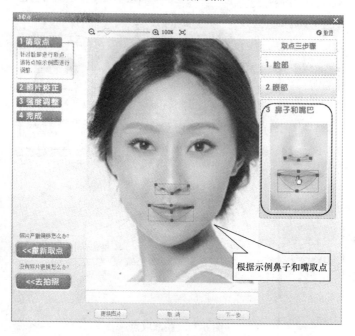

图 6-75　鼻子和嘴取点

（7）对皮肤进行磨皮处理，有轻度、中度、深度和超级磨皮四种强度选项，选择其中一种，单击"完成"按钮，完成照片脸部处理，如图 6-77 所示。

（8）虚拟体验的乐趣就在于不断的惊喜，并且最终筛选出最适合用户自身的妆容效果。单击主窗口右上角的"保存"按钮可打开保存文件窗口，选择照片保存路径、名称及格式，最后单击"保存"按钮即可，如图 6-78 所示。如果上妆后发现眼影、眉毛等局部位置不对，可以返回 "取点校色"步骤，重新取点，纠正上妆效果。

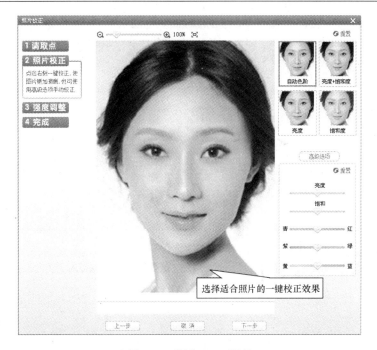

图 6-76 图片 RGB 调整

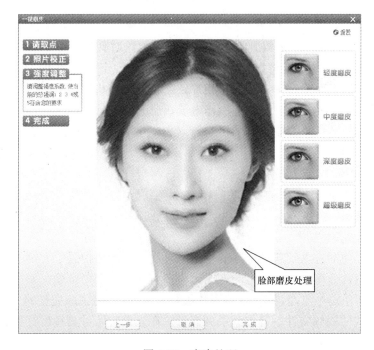

图 6-77 磨皮处理

6.4.5 课后操作题

（1）使用美图秀秀抠图换背景。

（2）使用美图秀秀制作"摇头娃娃"。

（3）使用美图秀秀制作动画闪图。

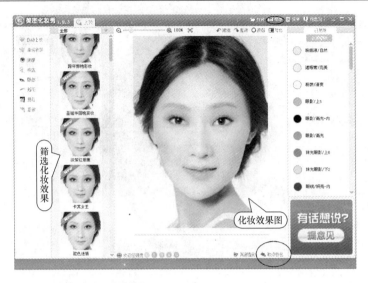

图 6-78　最终效果图

6.5　任务五：电子相册制作工具——家家乐电子相册制作系统

6.5.1　任务目的

随着家庭 DV 的普及，电子相册制作软件已成为数码时代的家庭必备软件。使用电子相册制作软件的各种功能，可以将出行旅游、家庭随拍、宝宝的相片等，制作成有声有色、绚丽动感的电子相册，而不是单调的静态相片。家家乐电子相册制作系统是国内首屈一指的老牌多媒体电子相册制作工具，是家庭制作电子相册的首选软件。通过本任务的操作，掌握使用家家乐电子相册制作系统制作电子相册的方法，并将其运用到工作和日常生活中。

6.5.2　任务内容

（1）主界面介绍。

（2）制作电子相册。

6.5.3　任务准备

1. 理论知识准备

数码相机已经逐渐进入到普通家庭的生活，人们在生活中拍摄了大量的图片，如何制作一本电子相册并将其分享给关心自己的人成为很多人遇到的一个难题。家家乐电子相册制作系统可以为用户解决这个难题，它可以对图片进行分类管理，并生成完整的电子相册或 VCD、SVCD、DVD 格式的视频文件，方便刻录到光盘，在光盘中即可直接运行播放。

2. 设备准备

（1）计算机设备。

（2）家家乐电子相册制作系统。

6.5.4　任务操作

1. 家家乐电子相册制作系统的主界面

（1）用户可以在 http://www.hfjsj.com（见图 6-79）网站下载软件，并按照提示完成软件的安装。

图 6-79　家家乐电子相册制作系统官方网站

（2）软件安装成功后，双击桌面上的快捷方式图标打开软件，系统开始数据初始化，弹出"用户注册"界面，用户可以选择注册使用软件或免费试用使用软件，二者的区别可参见软件底部说明文档，如图 6-80 所示。

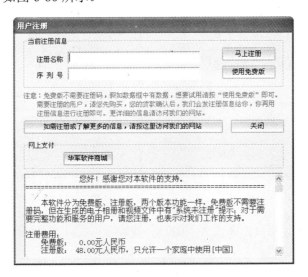

图 6-80　用户注册界面

（3）单击"使用免费版"按钮，进入家家乐电子相册制作系统主界面，如图 6-81 所示。

2．制作电子相册

（1）启动家家乐电子相册制作系统，单击"新建"按钮，弹出制作向导，可以选择做普通的相册、还是做音乐 MTV 相册；选择相册的宽高比例为 4:3 或 16:9，VCD 或 DVD 的图片比例一般是 4:3，高清宽屏一般是 16:9。本任务分别勾选"新建一个电子相册"、"普通相册主题"、"常规 4:3"选项，单击"确认"按钮，如图 6-82 所示。

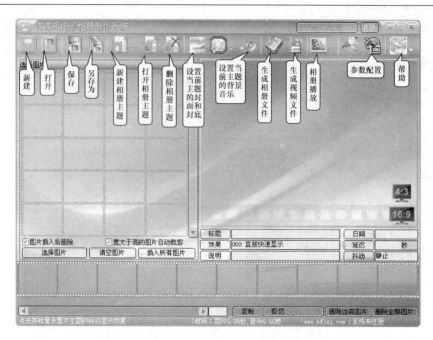

图 6-81　家家乐电子相册制作系统主界面

（2）弹出"参数配置"窗口，在"图片"标签中，可设置默认的图片变换方式、默认图片显示间隔、图片切换延迟及图片的显示抖动方式等，如图 6-83 所示。

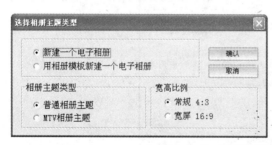

图 6-82　相册向导

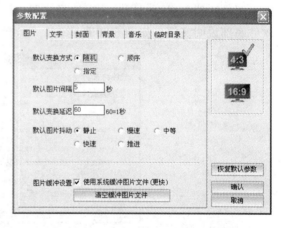

图 6-83　设置"图片"标签页参数

（3）单击"文字"标签页，设置文字的显示效果，一般情况只显示自定义图片文字信息，可设置文字中的标题、说明和 MTV 相册中文字的默认参数（颜色、大小等），如图 6-84 所示。

（4）单击"封面"标签页，设置整个电子相册的封面图片。单击"更换"按钮，选择设置的封面图片，如图 6-85 所示。

（5）单击"背景"标签页，设置相册的背景，可以是纯色或指定的背景图片，如图 6-86 所示。

（6）单击"音乐"标签页，设置相册背景音乐。选择后单击"试听"按钮可以试听音乐的效果，如图 6-87 所示。

（7）单击"临时目录"标签页，设置系统默认的暂存目录，使用默认的参数，如图 6-88 所示。

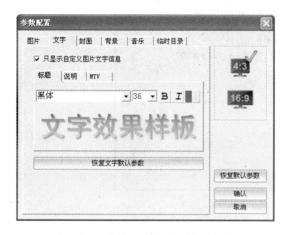

图 6-84　设置"字体"标签页参数

图 6-85　设置"封面"标签页参数

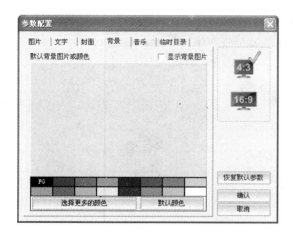

图 6-86　设置"背景"标签页参数

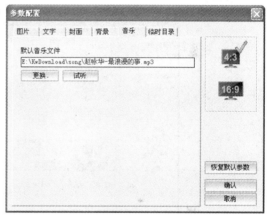

图 6-87　设置"音乐"标签页参数

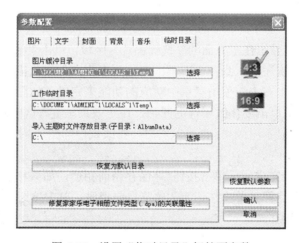

图 6-88　设置"临时目录"标签页参数

（8）参数设置完毕后，单击"确认"按钮，确认所有配置。弹出"新建一个主题"窗口，此时系统要求输入相册的主题名称，输入相册的主题名称后，单击"确定"按钮，如图 6-89 所示。

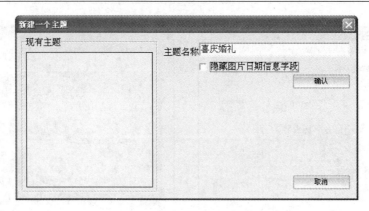

图 6-89　输入主题名称

（9）弹出"请选择图片"窗口，用户选择需要加入的相片，可以一次选择多张相片，如图 6-90 所示。

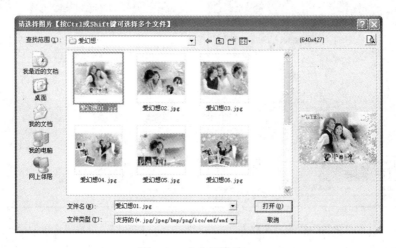

图 6-90　加入图片窗口

（10）选中的相片将显示在主界面的"选择图片"区域，单击"插入所有图片"按钮，将上面选择的图片全部按次序插入到界面下部的时间列表中；如果只需插入或覆盖当前位置的图片，在要使用的图片上右击，使用菜单中对应的功能来完成，如图 6-91 所示。

（11）在时间列表上单击要修改属性的图片，在"效果预览"区显示此图片的所有参数，同时修改的属性在这里显示出效果；也可以右击要修改属性的图片，弹出功能菜单，如图 6-92 所示。

（12）电子相册编辑完成后，单击按钮 ![保存] 保存当前相册，如果相册没有保存过，系统将提示输入文件名及保存路径；单击按钮 ![预览] 预览当前相册；单击按钮 ![生成] 生成电子相册文件，或单击按钮 ![生成视频] 生成视频文件。

6.5.5　课后操作题

（1）使用家家乐电子相册制作系统制作个人电子相册。

（2）使用家家乐电子相册制作系统制作 MTV 电子相册。

（3）使用家家乐电子相册制作系统制作屏幕保护文件。

图 6-91 插入相册的图片

图 6-92 修改相册中图片的属性

6.6 任务六：电子贺卡制作工具——贺卡制作大师

6.6.1 任务目的

过年不送礼，电子贺卡传心意，制作一张个性电子贺卡，简单时尚、绿色环保。制作电子贺卡的工具很多，其中贺卡制作大师是此类工具的代表作。通过本任务的操作，用户可以使用贺卡制作大师制作出精良优美的贺卡。

6.6.2　任务内容

（1）主界面介绍。

（2）制作贺卡。

6.6.3　任务准备

1. 理论知识准备

贺卡制作大师是一款功能强大的音乐贺卡制作软件，上手度高、简单易用，无需专业水平，只需少量的时间，即可做出一张个性化十足的精美贺卡。贺卡制作大师仿照 Windows XP 系统界面，采用向导式操作，支持多种格式的图形文件，并且可以制作 Flash 贺卡，可以生成独立运行的文件，无需借助任何其他软件。

2. 设备准备

（1）计算机设备。

（2）贺卡制作大师软件。

6.6.4　任务操作

1. 贺卡制作大师的主界面

（1）用户可以在 http://www.onlinedown.net/（见图 6-93）网站下载软件，并按照提示完成软件的安装。

图 6-93　贺卡制作大师下载页面

（2）软件安装成功后，双击桌面上的快捷方式图标，启动贺卡制作大师，弹出程序的主界面，如图 6-94 所示。

2. 制作贺卡

（1）启动软件，单击"贺卡图形"按钮，进入到"贺卡图形"标签页。贺卡背景是整张贺卡的主体，选择适当的背景是整张贺卡制作成功的关键。选择图片的路径，打开图片所在的文件夹，选中图片，右侧图片预览区即可显示图片的内容，如图 6-95 所示。

图 6-94　贺卡制作大师主界面

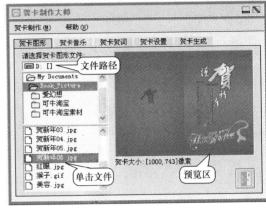

图 6-95　打开贺卡背景图片

（2）单击"贺卡音乐"按钮，切换到"贺卡音乐"标签页，给贺卡添加背景音乐，增加贺卡的喜庆气氛。选择本地硬盘上的音乐文件（持 MID、WAV、MP3 等音乐格式），单击窗口右侧"播放"按钮试听音乐，如图 6-96 所示。

（3）单击"贺卡贺词"按钮，切换到"贺卡贺词"标签页，写上祝福的话语。首先勾选"使用贺词功能"选项，然后在右边的贺词框中输入贺词，并对贺词的字体、颜色进行设置，同时还可以设置贺词是否滚动及滚动的速度，如图 6-97 所示。

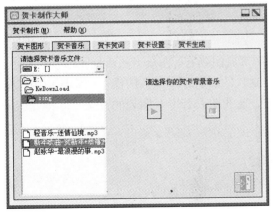

图 6-96　选择贺卡背景音乐

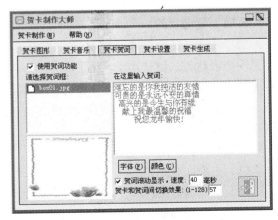

图 6-97　输入贺卡贺词

（4）单击"贺卡设置"按钮，切换到"贺卡设置"标签页，对整个贺卡进行设置。首先设置贺卡移动速度，移动速度的取值范围是 1～999，数值越小移动速度越快，反之则越慢，若选择"贺卡固定在屏幕中央"选项，此设置项无效；其次设置贺卡是否移动及贺卡显示方式，根据实际情况进行设置；最后设置贺卡播放结束后是否打开网址或者启动邮件处理软件给贺卡发送者回信，如图 6-98 所示。

（5）单击"贺卡生成"按钮，切换到"贺卡生成"标签页，生成贺卡。用户单击"预览贺卡"按钮预览贺卡的效果；预览后设置生成贺卡的文件名及文件存放位置，单击"生成贺卡"按钮，生成贺卡文件，如图 6-99 所示。

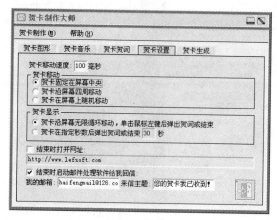

图 6-98 贺卡总体设置

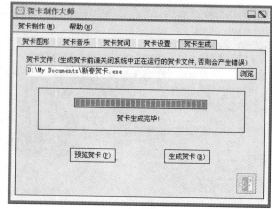

图 6-99 生成贺卡

6.6.5 课后操作题

（1）使用贺卡制作大师自制一张送给家人的贺卡，贺卡音乐使用自制录音。

（2）使用贺卡制作大师自制一张送给朋友的贺卡，贺卡音乐使用自制录音。

（3）使用贺卡制作大师自制一张送给同学的贺卡，贺卡音乐使用自制录音。

6.7 任务七：综合绘图工具——亿图图示专家

6.7.1 任务目的

为了让业务流程能够得以规范，人们一般都会绘制具有合适颗粒度的管理或业务流程图，并且图形表达方式便捷明了，几乎所有的办公领域都会用到它。在众多的流程图绘制软件中，亿图图示专家是目前较为优秀、成熟的流程图绘制软件。通过本任务的操作，掌握使用亿图图示专家创建流程图、网络拓扑图、组织结构图、商业图表等专业图表的方法，并将其运用到工作和日常生活中。

6.7.2 任务内容

（1）主界面介绍。

（2）绘制流程图。

6.7.3 任务准备

1. 理论知识准备

亿图图示专家是一款基于矢量的综合绘图工具，软件包含大量的实例库和模版库，能够方便地创建流程图、网络拓扑图、组织结构图、商业图表、方向图、UML、软件设计图、站点报告、建筑设计等，能够帮助用户方便、快捷地阐述设计思想、创作灵感。亿图图示专家采用全拖拽式操作，可以最大限度地简化用户的工作量。

该软件的特点主要包括以下几点：

（1）人性化设计，操作简便，容易上手。

（2）丰富的实例模板库帮助用户打开思路、不断丰富知识面、积累工作经验。

（3）用户可以自定义绘制的新图形，并可以保存到图形模板库中供日后使用。

（4）生成矢量图形，方便用户任意放大、缩小图表，而不损失图形的质量。

（5）可以输出多种图形格式，方便分享。

2. 设备准备

（1）计算机设备。

（2）亿图图示专家软件。

6.7.4 任务操作

1. 亿图图示专家主界面

（1）用户可以在 http://www.edrawmax.com/（见图 6-100）网站下载软件，并按照提示完成软件的安装。

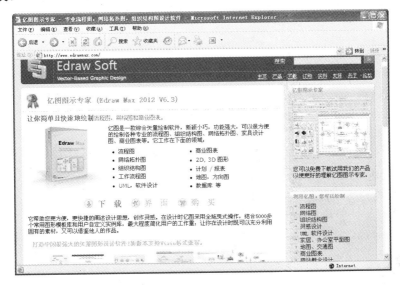

图 6-100 亿图图示专家官方网站

（2）软件安装成功后，双击桌面上的快捷方式图标，启动亿图图示专家，弹出程序的主界面，如图 6-101 所示。

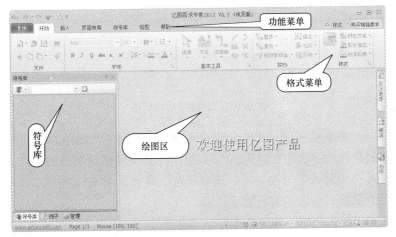

图 6-101 亿图图示专家主界面

2. 绘制流程图

（1）启动亿图图示专家，单击菜单"文件"→"新建"命令，软件列出了 16 种类型的预定义模板，如图 6-102 所示。

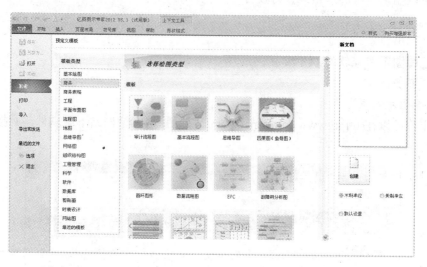

图 6-102　亿图图示专家预定义模板

（2）选择模板类型中"流程图"选项，选择绘图类型为"基本流程图"命令，设置显示单位，单击"创建"按钮，如图 6-103 所示。

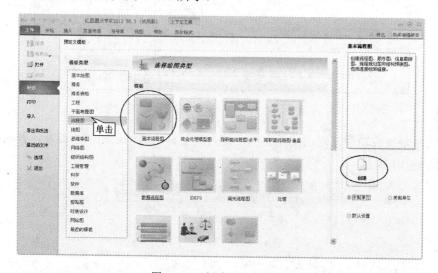

图 6-103　创建基本流程图

（3）选择绘制的图纸类别后，软件自动跳转到绘制界面中，如图 6-104 所示。

（4）进入绘制界面后，软件左侧提供"符号库"，其中包括绘制图的背景、箭头形状、常用符号等选项，单击"背景"滑动菜单，选中任意一幅背景图，只须用鼠标按住拖曳至绘图区域即可完成背景更换，如图 6-105 所示。

（5）单击菜单"插入"→"预定义库"→"商务"→"图表形状"命令，"图表形状"显示选中时，这一类符号将显示在"符号库"中，如图 6-106 所示。

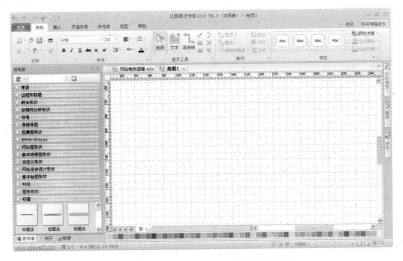

图 6-104 亿图图示专家绘图界面

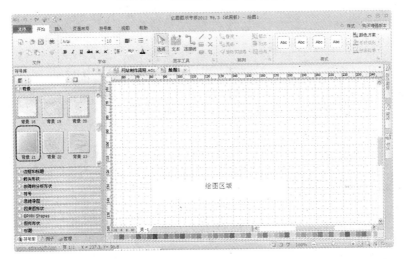

图 6-105 更换背景

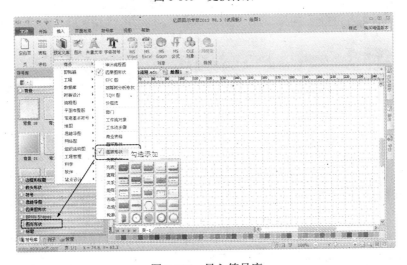

图 6-106 导入符号库

（6）选择"图表形状"中的圆形符号，用鼠标点住拖曳至绘图区域，对图形四个端点小角进行调整即可改变大小，如图 6-107 所示。

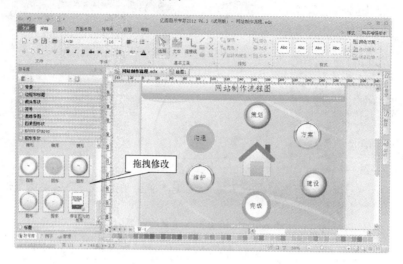

图 6-107　加入图形符号

（7）选择"图形形状"中的圆形符号，用鼠标点住拖曳至绘图区域，对图形四个端点小角进行调整则可改变大小，是把鼠标指针移动到旋转控制柄上则可改变方向。图形绘制完毕后，设置文字选项，输入文字，如图 6-108 所示。

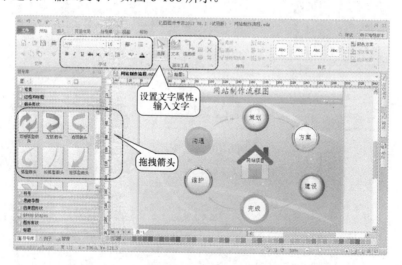

图 6-108　输入文字

（8）选中单个对象，按住 Ctrl 键的同时，用鼠标左键逐一选中需要组合的对象，并右击，在弹出的菜单中选择"组合"→"组合"命令，这样组合在一起的对象，可以随意移动位置、改变大小；选中组合的对象，右击，在弹出菜单中选择 "组合"→"取消组合"命令，则可以取消对象的组合，如图 6-109 所示。

（9）选中绘制的图形，使用菜单中"颜色方案"对图形的颜色进行调整，如图 6-110所示。

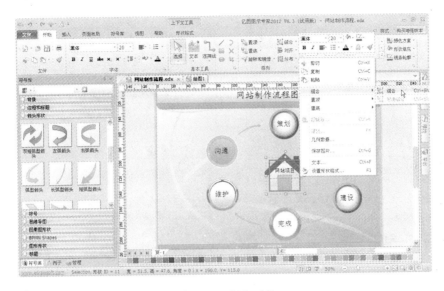

图 6-109 组合对象

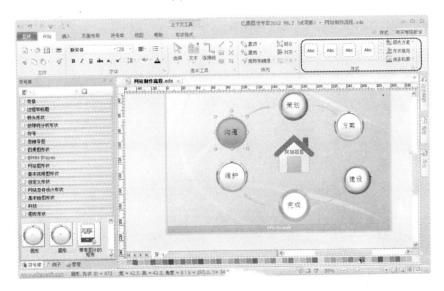

图 6-110 调整对象的颜色

（10）流程图绘制结束后，单击按钮 保存当前绘图，这时只能保存成"亿图图示专家"专有的文件格式；如果需要在不同的电脑和平台上查看和打印文件，需要单击"文件"菜单，再单击"另存为"命令，弹出"另存为"对话框，选择保存类型为"Tag 图形文件格式"，输入文件名，然后单击"保存"按钮，如图 6-111 所示。

6.7.5 课后操作题

（1）使用亿图图示专家"平面布置图"中模板给教室做规划。

（2）使用亿图图示专家"地图"中模板画出自己熟悉区域的"方向图"。

（3）使用亿图图示专家制作"发展中共党员流程图"。

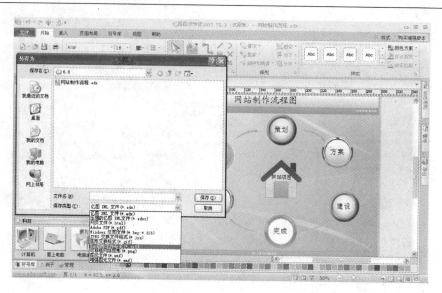

图 6-111　保存绘图

第7章 多媒体工具的应用

随着计算机多媒体技术的普及，计算机多媒体工具已成为工作、学习的闲暇时间必不可少的工具。本章主要介绍多媒体工具的使用，主要包括影音播放工具暴风影音的使用、网络电视工具 PPTV 的使用、在线音乐播放工具酷我音乐盒的使用、多媒体文件转换工具魔影工厂的使用、多媒体文件转换工具暴风转码的使用、音频编辑工具 GoldWave 的使用、屏幕录像工具屏幕录像专家的使用、网络收音机 Cradio 的使用。

7.1 任务一：影音播放工具——暴风影音

7.1.1 任务目的

影音播放是计算机最常用的功能，常用的播放软件很多，暴风影音是最常用的播放软件。通过本任务的操作，掌握影音播放工具暴风影音的安装、使用及相关设置，并能熟练应用于日常办公、学习、生活中。

7.1.2 任务内容

（1）主界面介绍。
（2）影音文件的添加。
（3）视频的设置。
（4）音频的设置。
（5）字幕加载。
（6）播放截图。

7.1.3 任务准备

1. 理论知识准备

暴风影音是中国目前最大的播放软件。它诞生于 2003 年，依靠产品支持格式多、占用资源少、免费下载、易于使用等特点迅速普及开来，成为互联网上最流行的播放器。

2008 年 7 月，全新的暴风影音 2008 第一次涵盖了互联网用户观看视频的所有服务形式，包括：本地播放、在线直播、在线点播、高清播放等；数十家合作伙伴通过暴风影音为上亿互联网用户提供超过 2000 万部/集电影、电视、微视频等内容。截至 2011 年 2 月 8 日暴风影音拥有 104 786 个视频。暴风影音成功地实现了自身服务的全面升级，成为中国最大的互联网视频平台。暴风影音将更加全面的帮助中国 2.4 亿互联网用户进入互联网视频的世界。暴风网际公司也凭借独特的商业模式和对互联网用户强大的影响力获得了产业的认可，先后于 2007 年 2 月和 2008 年 10 月获得来自 IDGVC 和 MATRIX CHINA 共计超过 2500 万美元的融资。在 2006～2008 年连续获得艾瑞网、《互联网周刊》等机构评选的"中国最具影响力和发展潜力的互联网企业"大奖。

2011 年 1 月 12 日暴风影音在北京推出暴风影音 2012 版，以传统影音播放为主的暴风影音，独创"SHD"高清专利技术，开创了 1M 带宽流畅观看 720P 高清在线视频的先例。在随后的时间内，暴风影音又以 1080P 的更高播放画质赢得了众多用户的青睐。

　　暴风影音一直以支持的多媒体文件格式众多著称。支持的格式多达 400 多种，占到所有视频格式的 90%以上，足以满足用户需要。经过 9 年的发展，截至今日，暴风影音总用户数超过 3 亿，成为深受广大用户认可和信赖的播放软件第一品牌，也是继腾讯和迅雷之后，国内第三大客户端软件。

　　2. 设备准备

　　（1）计算机设备。

　　（2）暴风影音软件。

　　（3）互联网接入环境。

7.1.4　任务操作

　　1. 界面介绍

　　（1）用户可以通过网站 http://www.baofeng.com（见图 7-1）下载暴风影音的安装文件，运行安装文件，按照提示进行安装。

图 7-1　暴风影音的网站

　　（2）双击桌面上的快捷图标，进入软件的主界面，具体界面介绍及按键功能如图 7-2 所示。

图 7-2　暴风影音主界面

　　暴风影音的应用比较简单，容易上手，软件功能十分强大，下面我们对它的常用功能进行介绍。

　　2．添加播放文件

　　用户可以通过以下几种方法完成添加播放文件。

　　（1）双击需要播放的视频文件，打开暴风影音软件，开始播放文件。

　　（2）单击菜单"文件"→"打开文件"命令，通过浏览的方式选择需要打开的文件，此选择功能可以与 Shift 键及 Alt 键配合使用。

　　（3）单击"播放列表"中的"添加"　＋　按钮，添加需要播放的文件。

　　（4）单击快捷工具中的"打开文件"　▲　，添加需要播放的文件。

　　（5）通过菜单"文件"→"打开碟片/DVD"命令，打开 DVD 光碟进行播放。

　　（6）双击"在线影院"中的视频文件开始播放在线视频（需要网络连接环境）。

　　3．播放控制

　　（1）播放文件打开后，在主播放窗口显示播放画面，用户可以通过调节下方的进度条以选择播放进度，通过单击"停止"、"上一个"、"下一个"、"播放"、"静音、音量调节"、"全屏"等按钮控制播放的过程，如图 7-3 所示。

图 7-3　控制视频文件的播放

　　（2）通过单击菜单"播放"→"循环模式"命令中的相应选项，可以设置播放列表中文件的播放顺序，根据需要选择"顺序播放"、"单个播放"、"随机播放"、"单个循环"、"列表循环"等方式进行播放，也可以通过单击 ⇄ 按钮，进行播放顺序的设置，如图 7-4 所示。

　　4．视频设置

　　（1）单击菜单"播放"→"显示比例/尺寸"命令中的相应选项，调整当前视频文件的播放比例，可以根据需要选择"原始比例"、"16:9 比例显示"、"4:3 比例显示"、"铺满播放窗口"、"0.5 倍"、"1.0 倍"、"1.5 倍"、"2.0 倍"等模式进行显示，如图 7-5 所示。

　　（2）单击 画 按钮弹出如图 7-6 所示的对话框，通过该对话框可以完成对当前视频文件的亮度、对比度、饱和度、色度的调整。并可以载入预设的视频方案"明亮"、"柔和"、"复古"等。由于一些编码问题或者解码器的兼容问题，会使极少数视频（通常是 AVI）播放的画面出现上下颠倒或偏离 90°的问题，这虽不常见但很烦人。用户可以通过单击"翻转

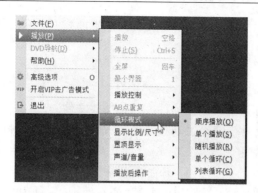

图 7-4　设置播放列表

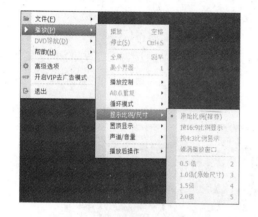

图 7-5　设置视频播放的比例

文件十分有用。

180°"按钮或"翻转 90°"按钮进行调整。用户还可以通过该面板进行视频的位置及大小的设置。

5. 音频设置

单击 音 按钮，弹出如图 7-7 所示的音频设置面板，通过该面板可以完成对当前视频文件的声道控制、声音延迟、音量再放大等。通过设置"音量放大"可以使声音在现有的基础上再放大，最高值为 2 倍。通过"声道选择"选择当前声道为左声道或右声道，该选择对于双语言或双声道配音的视频文件尤为重要。"声音延迟"可以设置声音与当前视频的延迟差，对于一些声音与视频不同步的

图 7-6　设置视频播放属性

图 7-7　设置音频播放属性

6. 加载字幕

有些视频文件没有字幕，影响观看效果，用户可以下载字幕文件。字幕文件通常有两种

形式，一是 SRT 文件，直接下载 SRT 文件待用，二是 IDX 和 SUB 文件。由于这两个文件需要配套使用，所以通常已被打包，以 RAR 的形式存在。下载时直接下载 RAR 文件，使用前解压。也有没被打包的，这时就需要下载 IDX 和 SUB 两个文件。

　　用户可以通过单击字按钮进行字幕的加载及设计，弹出如图 7-8 所示的面板，应用该面板可以完成字幕的加载、字幕的字体、边框、字幕的提前及延后、字幕的位置等的设置。

　　7．播放截图

　　（1）用户在观看视频文件时，遇到非常喜欢的画面时，想将它截取下来保存或者设置为壁纸。暴风影音可以轻松地解决这个问题，画面播放过程中可以应用快捷键 F5 进行截屏，将其保存为 BMP 或 JPG 格式。用户还可以通过组合按键 Alt+F5 完成连拍操作，连拍的结果文件如图 7-9 所示。

图 7-8　字幕的设置

图 7-9　连拍效果

　　（2）单击菜单中的"高级选项"命令调出"常规设置"面板，通过"截图设置"中的相应选项设定图片保存的保存路径、保存格式、连拍的截图设置、截图方式设置等，如图 7-10 所示。

　　8．左眼增强

　　当播放在线视频文件时，可以通过"左眼键"增强视频的播放效果，"左眼键"和 TrueTheater 技术类似，原理都是通过对视频画面的色彩、亮度、饱和度、色度、纹理轮廓进行实时分析，计算并产生一个增强版的画面，而这一技术其实也与 Nvidia 多年前的一

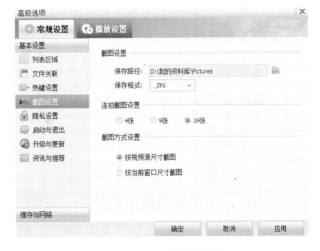

图 7-10　调节截图设置

项视频增强技术相似，可以说是视频增强领域中的高端版本。左眼增强按钮设置面板及增

强效果如图 7-11 所示。

图 7-11　在线视频左眼增强

7.1.5　课后操作题

（1）应用暴风影音播放视频文件。

（2）调整播放过程中的音频及视频效果。

（3）截取播放过程中的视频图像。

（4）应用左眼增强效果观看在线视频。

7.2　任务二：网络电视工具——PPTV

7.2.1　任务目的

网络电视以其快捷方便的特点获得了越来越多用户的认可，通过网络电视，用户可以实时地观看视频节目，通过本任务的操作，掌握网络电视工具 PPTV 的安装、使用及设置，并能在日常办公、学习、生活中熟练应用该工具。

7.2.2　任务内容

（1）PPTV 的主界面介绍。

（2）应用 PPTV 观看在线视频。

（3）PPTV 的设置。

（4）图像的抓取。

（5）视频文件下载。

7.2.3　任务准备

1．理论知识准备

随着网络的飞速发展及网络带宽的不断提高，通过互联网看电视已成为广大网络用户业余时光的休闲娱乐项目之一。网络电视的软件一般都采用 P2P 技术，具有上万个视频可供观看及下载。随着技术的不断提高，网络电视不仅可以实时播放，而且可以实现即时点播等功能。目前常用的网络电视软件有 PPTV 网络电视平台、PPS 网络电视平台、QQ 直播.QQLive、沸点网络电视等。

PPTV 网络电视是 PPLive 旗下产品，是一款 P2P 网络电视软件，其有对海量高清影视内容的"直播+点播"功能。可在线观看电影、电视剧、动漫、综艺、体育直播、游戏竞技、财经资讯等丰富的视频娱乐节目。P2P 传输，越多人看越流畅、完全免费，是广受网友推崇的上网装机必备软件。

2. 设备准备

（1）计算机设备。

（2）PPTV 软件。

（3）互联网接入环境。

7.2.4　任务操作

1. 软件的下载及安装

（1）PPTV 软件可以通过网站 http://www.pptv.com 相关页面下载，如图 7-12 所示。

图 7-12　PPTV 的下载页面

（2）软件下载完成后，可以通过双击安装文件，按照提示进行安装，软件安装成功后，双击桌面上的 PPTV 图标，进入 PPTV 主界面，软件的界面及基本功能如图 7-13 所示。

2. 软件的基本使用

（1）观看视频节目。PPTV 的视频播放包括网络直播与点播两种方式，用户可以根据需要进行选择。直播一般包括体育直播、电视频道直播等，点播包括电视剧和电影等。双击 PPTV 软件的频道选择区域中喜欢的视频节目，此时软件需要进行节目缓冲，根据网络情况不同，缓冲的时间不同。当缓冲为 100%时，节目开始播放。播放过程中，可以通过"播放"、"停止"、"上一个"、"下一个"、"静音 "、"音量控制"、"全屏"按钮进行控制，并可以根据网络情况，选择视频的清晰度，如图 7-14 所示。

（2）收藏视频节目。如果想在频道列表中收藏节目，用户可以在当前视频上右击，显示如图 7-15 所示的菜单，选择"加入收藏"，即可把用户喜欢的节目加入到收藏夹。用户下次可以直接在"收藏"中找到这个节目，而不用费力地搜索了。用户还可以通过"最近观看"

切换到最近观看的视频列表，该功能也很方便实用，如图 7-16 所示。

图 7-13　PPTV 软件的主界面

图 7-14　观看直播视频节目

（3）视频搜索。用户也可以直接应用查找功能来搜索视频节目。在搜索栏中输入所需搜索视频节目的关键字，如图 7-17 所示。单击 🔍 或直接回车（Enter）弹出搜索结果，搜索结果为包含此关键字的所有频道的相关内容。

（4）收看多路电视节目。

1）PPTV 默认收看一路节目，用户可以通过设置，完成多路节目的收看。进入设置面板，将"基本设置"功能中"只允许运行一个 PPTV"的复选框去掉，如图 7-18 所示。

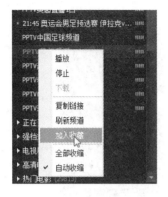

图 7-15　收藏电视频道

图 7-16　最近观看的视频列表

图 7-17　电视节目搜索

图 7-18　允许多个 PPTV 软件运行

2）此时用户就可以运行多个 PPTV 视频窗口，如图 7-19 所示。

（5）视频截图。用户在观看视频文件时，遇到非常喜欢的画面时，想将它截取下来并保存，可以通过单击 截图 按钮或组合键 Ctrl+A，完成视频的截取。用户可以在设置面板中对截图的保存位置、保存格式、快捷键进行设置，如图 7-20 所示。

（6）文件下载。

1）用户在观看视频文件时，遇到经典影片时需要永久保存，单击 下载 按钮，弹出如图 7-21 所示的对话框，对文件名、保存路径等进行设置，并单击"确定"按钮。

2）用户可以通过设置面板，完成下载路径及下载任务数的设置，如图 7-22 所示。

（7）色彩调节。观看视频时，可以通过 色彩调节 进行视频的亮度、对比度、饱和度的调整，如图 7-23 所示，根据需要拖动滑动条进行调整，调整结束后单击"确定"按钮。

7.2.5　课后操作题

（1）下载及安装 PPTV 软件。

（2）通过 PPTV 观看电视节目。

（3）通过 PPTV 观看点播节目。

图 7-19　屏幕上运行两个 PPTV 软件

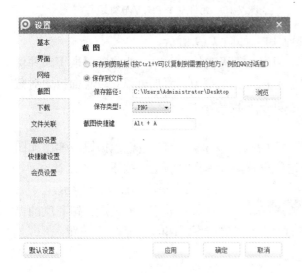

图 7-20　设置截图选项

图 7-21　新建下载任务

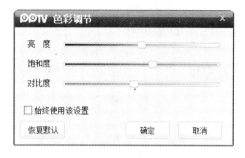

图 7-22　设置下载属性　　　　　　　图 7-23　视频的色彩调节面板

7.3　任务三：网络音乐播放——酷我音乐盒

7.3.1　任务目的

通过本任务的操作，掌握网络音乐播放——酷我音乐盒的安装、使用及设置，并能在日常办公、学习、生活中熟练应用该工具。

7.3.2　任务内容

（1）酷我音乐盒主界面介绍。

（2）应用酷我音乐盒添加歌曲。

（3）应用酷我音乐盒进行播放的设置。

（4）应用酷我音乐盒实现音乐的下载。

（5）酷我音乐盒的歌词及 MV 功能。

7.3.3　任务准备

1．理论知识准备

酷我音乐盒是一款融歌曲和 MV 搜索、下载、在线播放、歌词同步显示等功能为一体的音乐资源聚合器、播放器。作为国内首创的多种音乐资源聚合、播放软件，它具有以下特点：

（1）100 万首海量歌曲及 MV 资源，每周更新 80 张以上国内外音乐专辑。

（2）一点即播的试听享受，将网络资源变成自己的资源。

（3）支持 P2SP 歌曲下载，下载迅速、便利。

（4）海量歌词库支持，歌词自动搜索、同步显示，完美配合。

（5）资源组织形式灵活多样，各大榜单、新专辑，按歌手分类歌曲等，点点鼠标轻松找歌曲。

（6）绚丽的歌手明星秀，更可以自行打制图片秀，带给用户真正的视觉享受。

（7）MTV 伴唱模式，练歌、K 歌轻松搞定。

（8）软件小巧、亲切、易于操作。

从绚丽全屏模式到超酷迷你模式，多样、灵活的选择。

2. 设备准备

（1）计算机设备。

（2）酷我音乐盒软件。

（3）互联网接入环境。

7.3.4　任务操作

1. 下载及安装

用户可以通过 http://www.kuwo.cn（见图 7-24）网站上的链接进行下载，下载后按照提示进行安装。并双击屏幕上的快捷图标，运行软件。

图 7-24　酷我音乐盒网站

2. 基本页面介绍

双击图标，进入到软件主界面，软件功能区划分及按钮的应用如图 7-25 所示。

3. 歌曲的添加及删除

酷我音乐盒为用户提供了多种发现音乐的途径，无论是有着明确的音乐需求，还是只想随便听听，酷我音乐盒都可以满足用户的需求。这些途径包括：首页推荐、排行榜、歌手、分类、歌曲搜索等。

（1）通过首页推荐添加。用户可以通过单击 首页 按钮，切换到歌曲首页推荐页面，如图 7-26 所示。用户可以选择推荐的歌曲，通过单击 按钮播放歌曲，或通过单击 ╋ 按钮将歌曲添加到播放列表。

（2）通过排行榜添加。用户可以通过单击 排行榜 按钮，切换到排行榜页面，如图 7-27 所示。用户可以根据需要选择推荐排行榜。例如"百度新歌榜"、"百度热歌榜"、"百度中文金曲榜"等，这些榜单与各大网站同步，用户只需选择喜欢的歌曲，并通过单击 播放 按钮，就可以播放歌曲，或通过单击 添加 按钮将歌曲添加到播放列表。

（3）通过歌手列表添加。如果对某一位歌手情有独钟，那么可以通过单击 歌手 按钮切换到歌手分类页面，轻松地找到与这位歌手相关的音乐资源。该页面根据歌手的姓氏拼音进行排列，用户可以查找歌手，并选择该歌手相关的音乐资源。通过单击 播放 按钮，播放歌曲，或通过单击 添加 按钮将歌曲添加到播放列表，如图 7-28 所示。

图 7-25　酷我音乐盒主界面

图 7-26　首页推荐窗口

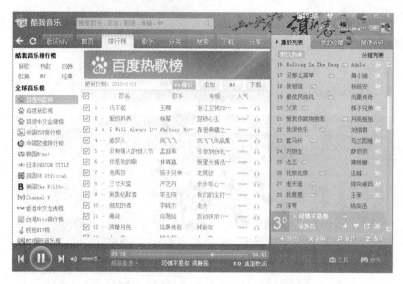

图 7-27　排行榜窗口

图 7-28　歌手列表窗口

（4）通过分类列表添加。歌曲的添加还可以按照分类方式进行，如果用户对哪个类型的歌曲感兴趣，就可以通过单击 分类 按钮，进入到歌曲分类页面，选择喜欢的歌曲类型，并在给出的类型中选择自己喜爱的歌曲，勾选歌曲并通过单击 播放 按钮，播放歌曲，或通过单击 添加 按钮将歌曲添加到播放列表，如图 7-29 所示。

（5）通过搜索方式添加。用户可以通过查找的方式搜索喜欢的歌曲，通过单击 搜索 按钮，切换到歌曲搜索页面。在搜索框中直接输入想要查找的歌名、歌手名、MV 或专辑名，并选择查找范围（全部音乐、歌词、专辑、MV）进行搜索，如图 7-30 所示。

（6）添加本地歌曲。酷我音乐盒软件不仅可以播放网络歌曲，也可以添加本地歌曲进行播放。用户可以单击 ＋添加 按钮，添加本地歌曲文件或本地歌曲目录，如图 7-31 所示。

图 7-29　歌曲分类窗口

图 7-30　歌曲搜索窗口

图 7-31　添加本地歌曲

（7）歌曲的删除。用户可以通过单击 ✕ 删除 按钮，完成删除选中的歌曲、重复的歌曲、错误歌曲、清空当前列表等操作。在进行"删除选中歌曲"操作前，用户可以通过 Crtl 键或 Shift 键，选择连续的多个歌曲，如图 7-32 所示。

4．歌曲的播放设置

（1）基本播放控制。用户可以单击如图 7-33 中播放控制区域中的按钮来完成歌曲的播放、停止、上一首、下一首、静音、音量控制、进度控制等操作。

图 7-32　删除选中歌曲

（2）播放音质设置。用户可以单击如图 7-33 中的"音质选择"按钮，选择当前音乐的音质效果。音质效果包括"流畅音质"、"高品音质"、"超频音质"、"完美音质"四种，用户根据当前的网络速度情况进行选择，"完美音质"效果最好，但只有 VIP 用户才可以享用，"流畅音质"效果最差，适合于网速带宽较低的用户。

（3）EQ 设置。单击如图 7-33 中的"EQ"按钮打开均衡器面板，如图 7-34 所示。用户可以进行环绕、平衡、音质效果等的设置，并可以单击"配置"按钮，载入预设的 EQ 设置。

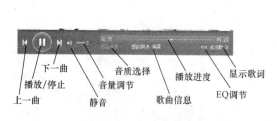

图 7-33　播放控制面板

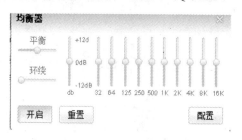

图 7-34　EQ 设置面板

（4）循环方式设置。单击"循环"按钮，打开循环方式设置，用户根据需要可以设置当前的播放方式为"单曲循环"、"顺序播放"、"循环播放"、"随机播放"，如图 7-35 所示。

图 7-35　循环方式设置

图 7-36　创建播放列表

（5）播放列表的建立。单击"分组列表"按钮，然后单击"创建列表"按钮，新建播放列表。根据个性需要可以建立"流行"、"摇滚"、"儿童"等列表，如图 7-36 所示，并将音乐添加到相应的列表中。

5. 歌曲的下载

（1）使用酷我音乐盒不仅可以在线欣赏音乐，还可以将音乐文件下载到本地以收藏保存，用户可以在选定的歌曲上右击，在弹出的菜单中选择"下载"命令,如图 7-37 所示。

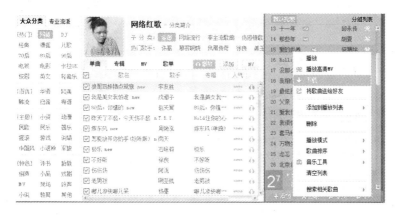

图 7-37　下载选中的音乐

(2)在弹出的对话框中选择歌曲资源的种类及品质,并选择保存位置,如图 7-38 所示,最后单击"立即下载"按钮。

(3)歌曲开始下载后,用户可以通过单击"下载"标签,切换到"下载管理"栏目,如图 7-39 所示。其中的"正在下载"按钮用于查看正在下载的歌曲任务。选中正在下载的任务后,用户可以暂停任务、删除任务等。

(4)用户可以在"选项设置"中进行下载的设置,如图 7-40 所示。包括下载任务数量设置、下载目录设置、是否下载歌词、下载习惯设置、添加本地文件的习惯设置。

图 7-38　设置下载歌曲的品质及位置

图 7-39　音乐文件正在下载

图 7-40　设置下载属性

6. 歌词 MV 功能应用

歌词及高清晰度、流畅的在线 MV 播放是酷我音乐盒的一大特色功能。大多数热门歌曲都有相应的 MV 资源，用户可以通过以下方式查看歌词及欣赏酷我音乐盒中丰富的 MV 资源。

（1）单击 歌词MV 按钮切换到"歌词 MV"页面，此时用户可以查看当前歌曲的歌词，如图 7-41 所示。

图 7-41　查看歌词

（2）单击 MV 按钮切换到当前歌曲的 MV 播放页面，如图 7-42 所示，单击 原唱 伴唱 按钮可以完成原唱及伴唱的切换，实现卡拉 OK 功能。

图 7-42 MV 播放页面

（3）单击如图 7-42 中的 ▣K歌 按钮打开音乐盒的姐妹软件"酷我 K 歌"，如图 7-43 所示，应用该软件可以实现点歌、录歌等更高级的卡拉 OK 功能。

图 7-43 酷我 K 歌页面

7.3.5 课后操作题

（1）下载及安装酷我音乐盒。

（2）应用酷我音乐盒播放网络音乐。

（3）应用酷我音乐盒下载网络音乐。

（4）应用酷我音乐盒的 MV 歌词功能。

7.4 任务四：多媒体文件转换工具——魔影工厂

7.4.1 任务目的

日常生活中，经常会遇到不同格式的多媒体文件，如何在手机、MP5 中播放合适的文件，如何在显示器、电视上播放效果较佳的视频，这些都需要应用到多媒体文件转换工具。通过本任务的操作，掌握多媒体文件转换工具——魔影工厂的使用，并能在日常办公、学习、生活中熟练应用该工具。

7.4.2　任务内容

（1）魔影工厂的主界面介绍。

（2）文件转换的基本流程。

（3）应用魔影工厂实践操作举例。

7.4.3　任务准备

1．理论知识准备

魔影工厂是一款性能卓越的免费视频格式转换器软件，它是在全世界享有盛誉的 WinAVI 视频转换器的升级版本，专为中国人而开发，更加贴近中国人的使用习惯。魔影工厂支持几乎所有流行的音、视频格式，用户可以随心所欲地实现各种视频格式之间的互相转换，转换的过程中还可以随意对视频文件进行裁剪、编辑，支持批量转换多个文件，使用户轻松摆脱无意义的重复劳动。魔影工厂拥有领先的转换速度，并且增加了对多种移动设备的支持功能，充分满足用户对音、视频转换的各种需求。

魔影工厂具有以下几个特点。

（1）一目了然的操作界面，看到就会用，操作简便的转码工具，计算机新手也一样轻松使用。

（2）精简的操作方式，一键完成视频转码，即使不了解视频规格也可以使用，只要找对手机型号就可以轻松地进行转换。

（3）从 PC 到移动设备无缝覆盖，完美试听享受。

2．设备准备

（1）计算机设备。

（2）魔影工厂软件。

（3）互联网接入环境

7.4.4　任务操作

1．软件的主界面

用户可以在网络上下载软件的安装程序，按照提示进行安装，安装完成后，双击桌面上的快捷方式，进入魔影工厂的主界面。如图 7-44 所示，魔影工厂主界面提供了强大的功能系统，具体功能介绍如下。

（1）"添加文件"按钮，将需要转换的视频文件添加进魔影工厂。

（2）"最近转换"按钮，查看上一次使用的视频格式。

（3）"常见设备"按钮，将文件转换为流行的移动设备格式。

（4）"手机视频"按钮，查看内置的手机型号。

（5）"苹果系列"按钮，将文件转换为苹果系列产品格式。

（6）"MP4"按钮，将文件转换为 MP4 播放器格式。

（7）"DVD/VCD"按钮，将文件转换成 DVD/VCD 视频格式。

（8）"常见视频文件"按钮，将文件转换成常见的视频文件格式。

（9）"高清视频文件"按钮，将文件转换成高清视频文件格式。

（10）"游戏主机"按钮，将文件转换成游戏机文件格式。

（11）"常用音频文件"按钮，将文件转换成常见的音频文件格式。

（12）"手机铃声"按钮，将文件转换成手机铃声格式。

（13）"产品主页"按钮，进入魔影工厂的官方网站。

（14）"选项"按钮，调出系统设置选项。

（15）"帮助"按钮，单击可以进入帮助页面。

（16）"关于"按钮，单击可以查看软件版本信息。

图 7-44　魔影工厂主界面

2．软件的基本应用

（1）单击主窗口中间的"添加文件"按钮，打开添加音、视频文件窗口，用户可以添加需要转换的一个或多个音视频文件（可以通过 Ctrl 或 Shift 键选择多个文件），单击"打开"按钮，如图 7-45 所示。

图 7-45　添加音视频窗口

（2）用户选择好待转换的文件后，可以在弹出的窗口中选择要转换的音、视频的格式类型，此窗口下的所有转换类型在魔影工厂的主界面均有显示，选择好类型后，单击"确定"按钮，如图 7-46 所示。

图 7-46　选择要转换的格式

（3）在弹出的窗口中，选择文件的输出路径及文件的转换模式，如图 7-47 所示，并单击"开始转换"按钮。

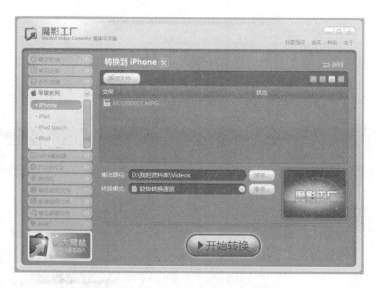

图 7-47　添加音视频到主界面中窗口

（4）弹出开始转换界面，经过一段时间转换后文件转换完成。用户可以通过单击"打开输出文件夹"查看转换好的文件，单击"完成"，视频转换结束，如图 7-48 所示。

3. 实践操作举例

现在手机已经成为人们必不可少的生活用品，手机不仅具有通话功能，越来越多的用户开始应用其视频播放、音乐播放、游戏、上网等多媒体功能。可是互联网上所获得的多媒体资源的格式，不一定是手机兼容的播放格式。下面我们应用两个操作实例，学习应用魔影工厂来转换手机兼容的视频及音乐文件。

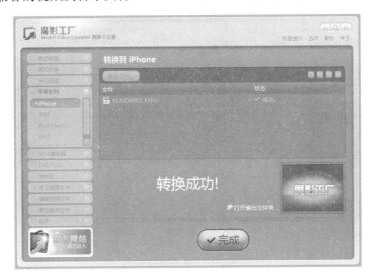

图 7-48　文件转换完成

（1）为手机转换视频文件。

1）首先根据自己的手机型号在"手机视频"中选择需要转换的手机格式类型，这里采用通用的手机视频格式"3GP"作为转化的目标文件格式类型。单击"通用手机 3GP"按钮，如图 7-49 所示，在弹出的对话框中选择需要转码的文件。

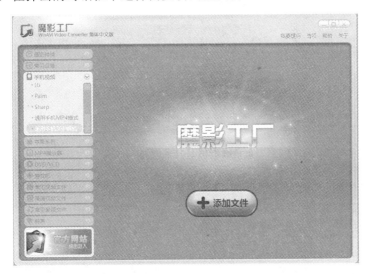

图 7-49　选择通用的手机 3GP 模式

2）待转换文件选择完成后，单击"打开"按钮，弹出如图 7-50 所示的页面，选择文件的输出路径，并单击"高级"按钮，进行视频转换的高级设置。

3）根据需要对视频的转换选项进行调整，包括编码器、解码器、视频调整、音频调整、字幕调整等，如图 7-51 所示。设置完成后单击"确定"按钮，返回到图 7-50 所示的页面，单击"开始转换"按钮完成视频的转换。

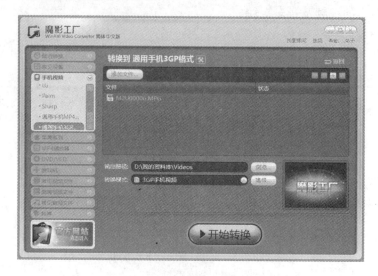

图 7-50　选择待转换文件

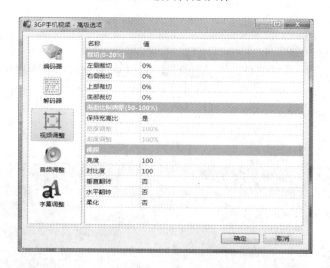

图 7-51　调节转换高级选项

（2）为手机转换铃声文件。

1）首先设置需要转换的铃声的格式类型，这里我们采用通用的手机铃声格式"MP3"作为转化的目标文件的格式类型。单击"MP3 铃声"按钮，如图 7-52 所示，在弹出的对话框中选择需要转码的文件。

2）转码文件选择完成后单击"打开"按钮，弹出图 7-53 所示的页面，选择文件的输出路径，并单击"高级"按钮，进行音频转换的高级设置。

3）根据需要对音频的转换选项进行调整，包括编码器、解码器、音频调整等，如图 7-54 所示。设置完成后单击"确定"按钮，返回到如图 7-53 所示的页面，单击"开始转换"按钮完成音频的转换。

图 7-52　选择 MP3 铃声制作

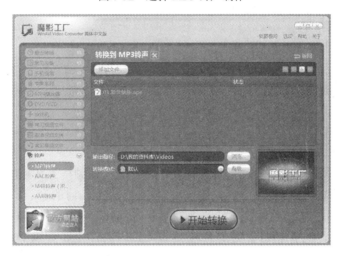

图 7-53　选择文件输出路径

图 7-54　设置音频转换属性

7.4.5　课后操作题

（1）应用魔影工厂将 RMVB 格式转换为 AVI 格式。

（2）应用魔影工厂将 WMV 格式转换为 RMVB 格式。

（3）应用魔影工厂将 RMVB 格式转换为 MP4 可以播放的视频格式。

（4）应用魔影工厂将 RMVB 格式转换为苹果系列可以播放的视频格式。

7.5　任务五：多媒体文件转换工具——暴风转码

7.5.1　任务目的

日常生活中，经常需要播放不同格式的多媒体文件，如何在手机、MP5 中播放合适的文件，如何在显示器、电视上播放效果较佳的视频，这些都需要应用到多媒体文件转换工具。通过本任务的操作，掌握多媒体文件转换工具——暴风转码的使用，并能在日常办公、学习、生活中熟练应用该工具。

7.5.2　任务内容

（1）暴风转码主界面的介绍。

（2）添加待转换文件。

（3）暴风转码的输出设置。

（4）应用暴风转码进行视频编辑。

7.5.3　任务准备

1．理论知识准备

暴风转码是暴风影音最新推出的一款免费的专业音、视频格式转换的全新产品，可以实现所有流行的音、视频格式文件的格式转换。可将计算机上任何的音、视频文件转换成 MP4、智能手机、iPod、PSP 等掌上设备支持的视频格式文件。对于市场上一直难以解决的 RMVB 格式的转换，暴风转码有非常优秀的表现。暴风转码软件主要有以下五个特色。

（1）专注于掌上设备。暴风转码提供了掌上设备视频文件转换的终极解决方案，能够帮助用户将各种音、视频文件转换后存放在手机、iPod、PSP、MP4 等掌上设备上进行播放。实现不带笔记本电脑，也可以随时享受影音的乐趣。

（2）5 倍加速的转换。暴风转码在速度上的表现可谓超乎想象，转换文件的整体速度比文件播放速度直接快 5 倍，在眨眼的瞬间已经完成格式转换。

（3）支持海量视频格式。暴风转码采用暴风影音的专业解码核心，同暴风影音一样具有"万能"的特点，所有市场上流行的格式文件都能转换自如，不用担心计算机上的格式不能顺利实现转换了。

（4）傻瓜式操作。暴风转码的开发者们为用户考虑周全，经过潜心的开发，提供给用户完善且简单得近乎傻瓜式的操作流程，即使您是计算机初学者，也可以轻松使用、得心应手。

（5）创新的实时预览。暴风转码创新的实时预览功能，占用极少的系统资源，让用户进行文件转换的同时预览影片。可以抢先预览精彩的片断，也不会造成转换的文件不是自己所需要的。

2．设备准备

（1）计算机设备。

（2）暴风影音软件。

（3）互联网接入环境。

7.5.4　任务操作

1．主界面介绍

在暴风影音网站下载软件，安装结束后进入暴风转码的主界面，如图 7-55 所示。暴风转码的界面设计得相当出色，不但将常用功能一个不少地融入其中，而且看上去也一点不显杂乱。软件分为"文件添加"、"输出设置"、"视频编辑"三大部分，具体按钮功能用户可以参考图中的注释。

2．添加待转换文件

执行转换前要先添加待转换的文件，这一步也是相当简单的。只要在暴风转码主页面上单击左上角的"添加文件"按钮，并通过对话框选择具体的文件路径即可（可以按住 Ctrl 键、Shift 键进行多个文件的选择），如图 7-56 所示，并单击"打开"按钮。

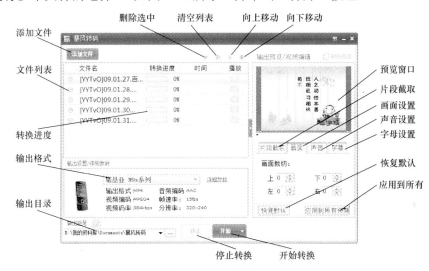

图 7-55　暴风转码主界面

图 7-56　选择待转换视频

3. 输出设置

（1）视频文件选择好后，软件将自动弹出"输出格式"对话框。暴风转码所支持的格式还是相当丰富的（据官方介绍有 400 多种），其中不乏有诺基亚、摩托罗拉、索爱、三星、LG 这样的一线手机厂商，以及苹果、蓝魔、OPPO、艾诺等流行 MP4 播放器，而且通过右侧选好具体型号后，软件会自动显示出该设备的实际照片以供用户对照。此外，暴风转码还内置了一些 PSP 及 MP3 的常用型号，及家用计算机等常用播放格式，足以满足大多数用户的需求，如图 7-57 所示。

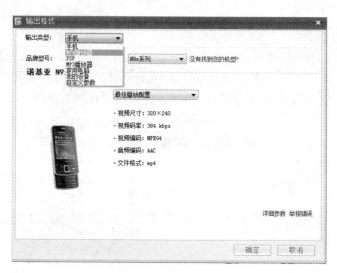

图 7-57　开始选择设备型号

（2）输出格式选择完毕后，用户可以将"输出目录"修改到手机存储卡上、MP4 的相关位置、当前计算机的相关位置等，如图 7-58 所示。

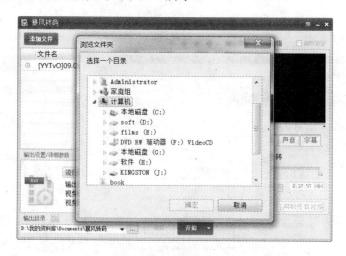

图 7-58　选择输出目录

4. 视频编辑

由于录制水平的差异，不少视频短片都有着这样或那样的毛病，比如视频声音太小、片头片尾过长等。而要想从根本上解决这些问题，必须要借助专业的视频编辑软件。如今有了暴风转码的帮助，这类小问题可以在"视频编辑"得到解决。

（1）片段截取。切换到"片段截取"标签，勾选"选择片段进行转换"，用户可以选择多媒体文件的起始点及结束点，完成视频片段的截取，如图 7-59 所示。

（2）画面裁切。切换到"画面"标签，用户可以完成对画面的裁切，通过设置"上"、"下"、"左"、"右"中的数值，切除多余的视频界面，通过视频预览窗口可以看到裁切后的效果，如图 7-60 所示。

图 7-59　片段截取

图 7-60　画面裁切

（3）声音设置。切换到"声音"标签，完成放大声音等操作，并可以通过播放，预览声音改变后的效果，如图 7-61 所示。

（4）字幕设置。暴风转码可以在视频中加入字幕，.str、.ass、.ssa、.idx+sub 等各种流行格式均可以被支持。切换到"字幕"标签，选择字幕位置，并设置字幕字体、字号等，如图 7-62 所示。

图 7-61　声音设置

图 7-62　字幕设置

5．开始转换

当以上工作均准备完毕后，就可以单击"开始"按钮开始转换了。转换过程中将自动开启影片预览（当然是与转换速度一致，有点快进的感觉），如果不需要也可以关闭。转换过程中，用户可以通过单击"停止"、"暂停"按钮进行干预，并可以根据需要设置是否全速转换以及是否转换后关机操作，如图 7-63 和图 7-64 所示。

图 7-63　视频转换界面

图 7-64　设置转换选项

7.5.5　课后操作题

（1）将自己录制的手机短片转换为 RMVB 格式，并进行简单编辑。

（2）应用暴风转码将 WMV 格式转换为 RMVB 格式。

（3）应用暴风转码将 RMVB 格式转换为 MP4 可以播放的视频格式。

7.6　任务六：音频编辑工具——GoldWave

7.6.1　任务目的

通过本任务的操作，掌握音频编辑工具——GoldWave 的使用，并能熟练应用该工具完成音量调节、格式转换、音乐截取、声道分离、声音录制、降噪处理、音乐降调、抓取 CD 音轨等操作。

7.6.2　任务内容

（1）GoldWave 的主界面介绍。

（2）音量调节操作。

（3）格式转换操作。

（4）音乐截取操作。

（5）声道分离操作。

（6）声音录制操作。

（7）降噪处理操作。

（8）音乐降调操作。

（9）抓取 CD 音轨操作。

7.6.3 任务准备

1. 理论知识准备

GoldWave 是一个功能强大的数字音乐编辑器，它可以对音频内容进行播放、录制、编辑及转换格式等处理。

软件的体积小，功能却不弱。可打开的音频文件格式相当多，包括 WAV、OGG、VOC、IFF、AIFF、AIFC、AU、SND、MP3、MAT、DWD、SMP、VOX、SDS、AVI、MOV、APE 等，用户也可以从 CD 或 VCD 或 DVD 或其他视频文件中提取声音。内含丰富的音频处理特效，从一般特效如多普勒、回声、混响、降噪到高级的公式计算特效（利用公式在理论上可以产生任何用户想要的声音）。

GoldWave 的特性如下：

（1）直观、可定制的用户界面，使操作更简便。

（2）多文档界面可以同时打开多个文件，简化了文件之间的操作。

（3）编辑较长的音乐时，GoldWave 会自动使用硬盘，而编辑较短的音乐时，GoldWave 就会在速度较快的内存中编辑。

（4）GoldWave 允许使用很多种声音效果，如倒转（Invert）、回音（Echo）、摇动、边缘（Flange）、动态（Dynamic）和时间限制、增强（Strong）、扭曲（Warp）等。

（5）精密的过滤器（如降噪器和突变过滤器）帮助修复声音文件。

（6）批转换命令可以把一组声音文件转换为不同的格式和类型。该功能可以转换立体声为单声道，转换 8 位声音为 16 位声音，或者是支持的文件类型的任意属性的组合。如果安装了 MPEG 多媒体数字信号编解码器，还可以把原有的声音文件压缩为 MP3 格式的文件，在保持出色的声音质量的前提下使声音文件的尺寸缩小为原有尺寸的十分之一左右。

（7）CD 音乐提取工具可以将 CD 音乐拷贝为一个声音文件。为了缩小尺寸，也可以把 CD 音乐直接提取出来并存为 MP3 格式。

（8）表达式求值程序在理论上可以制造任何声音，支持从简单的声调到复杂的声调的过滤器。内置的表达式有电话拨号音的声调、波形和效果等。

2. 设备准备

（1）计算机设备。

（2）GoldWave 软件。

（3）互联网接入环境。

7.6.4 任务操作

1. 下载安装

可以在华军软件园下载软件的汉化版，下载完后成按照提示进行安装。安装完成后双击

图 7-65　自动生成用户的配置文件

桌面的快捷方式打开软件，第一次启动时会出现一个错误提示，单击"是"按钮即可，如图 7-65 所示。然后自动生成一个当前用户的预置文件。

2. 界面介绍

（1）软件的主页面包括两大部分，其中左侧为文件编辑窗口，包括菜单、按钮栏、工作区三个区域，右侧为控制器窗口，可以进行控制播放、录音、编辑等操作，如图 7-66 所示。

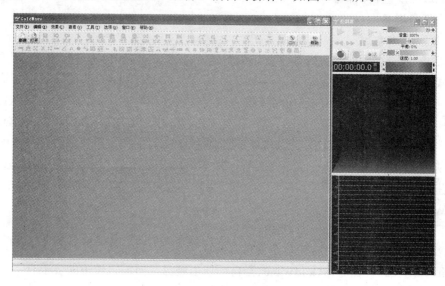

图 7-66　软件运行的主界面

（2）当打开音频文件进行编辑时，左右窗口均被点亮，如图 7-67 所示，如果是立体声，GoldWave 会分别显示两个声道的波形，绿色部分（上）代表左声道，红色部分（下）代表右声道。而此时设备控制面板上的按钮也变得可以使用了。

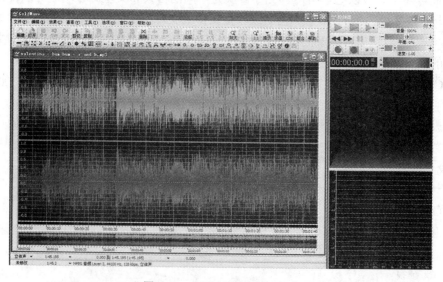

图 7-67　打开文件后的主界面

（3）控制器面板的按钮的主要功能如图 7-68 所示。其中播放"控制按钮 1、2、3"可以分别控制三种不同的播放方式，用户可以通过单击"控制属性设置"按钮，打开控制属性设置面板，自定义播放按钮的功能，可以定义这个按钮播放全部、选中

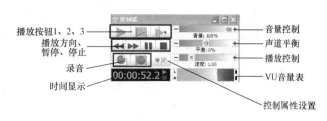

图 7-68　控制器面板

的波形、未选中的波形等，并可以设置循环播放次数及调整快放和倒放的速度，如图 7-69 所示。

图 7-69　控制属性设置面板

3. 操作举例

（1）调整音量。

1）打开文件后，单击菜单"效果"→"音量"→"更改音量"命令，如图 7-70 所示。

2）弹出如图 7-71 所示的对话框后，输入"–12"以降低音量，用户可以根据需要进行载入预设方案、播放预览等操作。

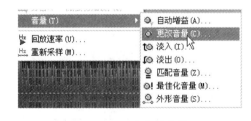

图 7-70　更改音量菜单

图 7-71　更改音量面板

3）设置完成后，单击"确定"按钮，回到窗口中，这时可以发现波形变小了，如图 7-72 所示。

4）单击菜单"文件"→"另存为"命令，以 MP3 格式保存，如图 7-73 所示。除了可以调整音量外，还可以设置淡入、淡出效果等。

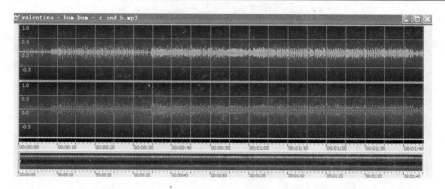

图 7-72　音量更改后的波形图

图 7-73　声音文件另存为对话框

（2）格式转换。音乐格式常见有 MP3、WMA、WAV、RM 等，它们各有优点，因而可以用于不同的场合中。下面我们应用 GoldWave 软件进行音乐格式的转换。文件打开后，单击菜单"文件"→"另存为"命令，在弹出的对话框中选择文件保存的类型如图 7-74 所示，并设置文件保存的音质，如图 7-75 所示，完成文件格式的转换。

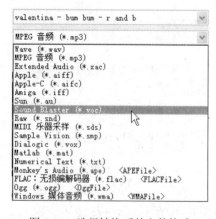

图 7-74　选择转换后的文件格式

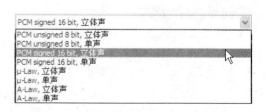

图 7-75　设置转换后的音质

（3）音乐截取。在日常应用中，有时需要应用音乐中的片段，音乐的截取在 GoldWave 中可以通过以下操作完成。

1）打开音乐文件时，这时候音乐是全部被选中的，用户可以单击以选择开始点；这样选择点前方就变为灰色，如图 7-76 所示。

2）在选择的结束点处右击，在弹出的菜单中，单击"设置结束标记"，如图 7-77 所示。

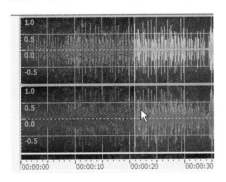

图 7-76　选择音乐开始点　　　　　　　　图 7-77　设置音乐结束点

3）这样选取就确定了，其他部分都是灰色的，如图 7-78 所示。

4）单击菜单"文件"→"选定的部分另存为"命令，如图 7-79 所示。在弹出的对话框中设定文件名，保持格式不变并保存文件。

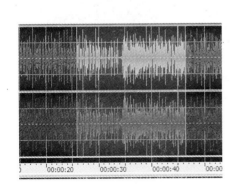

图 7-78　音乐被部分选择　　　　　　　　图 7-79　菜单项"选定的部分另存为"

5）如果要精确截取某一段音乐，在控制面板播放音乐后，单击"暂停"按钮暂停音乐，单击菜单"编辑"→"标记"→"放置开始标记"命令，如图 7-80 所示。然后继续播放，到预定位置后，同样，再单击"放置结束标记"命令，这样也可以选择声音段落。

6）如果已经知道了播放的确切时间，单击菜单"编辑"→"标记"→"设置标记"命令，将起始和结束时间填上就可以了，如图 7-81 所示。

（4）声道分离。如果音乐是立体声的，那么两个声道可以单独存下来，声道分离可以通过以下操作完成。

1）单击菜单"编辑"→"声道"→"左声道"命令，如图 7-82 所示。

2）这时候在中间的面板中，只选中了上面的绿色波形，下面的红色波形是灰色的，如图 7-83 所示。

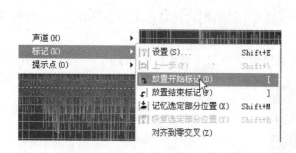

图 7-80　菜单项"放置开始标记"

图 7-81　设置标记面板

图 7-82　设置左声道

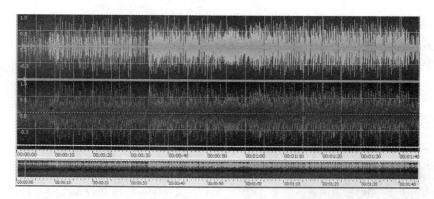

图 7-83　左声道被选中

3）单击菜单"文件"→"选定部分另存为"命令，保存当前左声道的文件。

（5）声音录制。

1）单击菜单"文件"→"新建"命令，弹出"新建声音"对话框。这时，可以设置声道数、采样频率、初始化长度、是否载入预置方案，如图 7-84 所示。设置完成后，单击"确定"按钮。

2）单击菜单"选项"→"控制器属性"命令，弹出控制属性设置面板，在第三个标签"音量"上单击，选择输入设备为麦克风，并设置音量，如图 7-85 所示。

3）将麦克风插到计算机上，红色插头插到红色插孔中，在 GoldWave 右侧控制面板上，单击红色圆点的"录音"按钮，然后对着麦克风说话就可以进行录音了。

（6）降噪处理。在应用话筒等录音时往往会有一定的背景噪音，在 GoldWave 中可以通过降噪命令，过滤掉大部分噪声。

1）打开一个刚刚录制好的音频文件，如图 7-86 所示，用户可以发现在两个音波之间有一些锯齿状的杂音。

图 7-84　新建声音面板

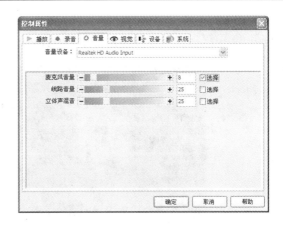

图 7-85　设置控制属性

2）用鼠标拖动的方法选中开头的那一段杂音，如图 7-87 所示，然后单击菜单"编辑"→"复制"命令。

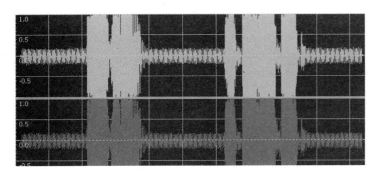

图 7-86　录制文件波形

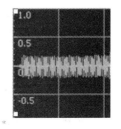

图 7-87　选中杂音部分

3）单击菜单"编辑"→"选择全部"命令，选中所有音波，将对所有音波进行降噪处理。单击菜单"效果"→"滤波器"→"降噪"命令，如图 7-88 所示。

4）弹出如图 7-89 所示的降噪设置面板，在"收缩包络"选项中选择"使用剪贴板"，并单击"确定"按钮，进行处理。

图 7-88　在菜单中选择"降噪"命令

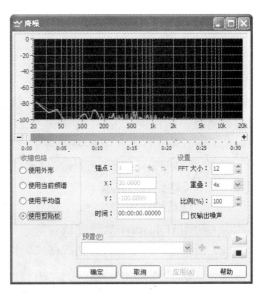

图 7-89　降噪设置面板

5）处理结果如图 7-90 所示，通过窗口中的波形可以发现，那些锯齿杂音都消失了，单击控制器的"播放"按钮，就可以听到是很清晰的语音了。

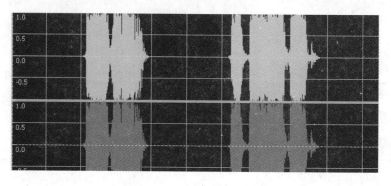

图 7-90　降噪处理后的波形

（7）音乐降调。

1）通过该软件可以将一首歌的音调降低，这样就可以听出里面的高音部分。单击菜单"效果"→"音调"命令，弹出影调调整对话框，如图 7-91 所示。选择"半音"选项，将值调整为"−4"，并勾选"保持速度"，最后单击"确定"按钮。

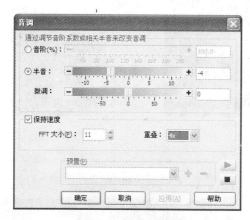

图 7-91　音调设置面板

2）对文件开始处理，如图 7-92 所示。处理完成后，音波变小，播放可以发现声音很低沉。

（8）抓取 CD 音轨。

图 7-92　开始处理音调

1）应用软件可以抓取 CD 盘中的音轨文件，并将其保存为任意格式的音乐文件。将 CD 盘放到光驱中，单击菜单"工具"→"CD 读取器"命令，弹出 CD 读取器窗口，并选择需要抓取的 CD 音轨文件，如图 7-93 所示。选择完成后单击"保存"按钮。

2）在弹出的菜单中设定目标文件夹、另存为的音乐格式，如图 7-94 所示，单击"确定"按钮，完成 CD 音轨的抓取。

7.6.5　课后操作题

（1）应用 GoldWave 软件完成音量调节操作。

（2）应用 GoldWave 软件完成格式转换操作。

（3）应用 GoldWave 软件完成音乐截取操作。

（4）应用 GoldWave 软件完成声道分离操作。

（5）应用 GoldWave 软件完成声音录制操作。

图 7-93 选择音轨文件 图 7-94 保存 CD 文件

（6）应用 GoldWave 软件完成降噪处理操作。

（7）应用 GoldWave 软件完成音乐降调操作。

（8）应用 GoldWave 软件完成抓取 CD 音轨操作。

7.7 任务七：屏幕录制软件——屏幕录像专家

7.7.1 任务目的

在日常工作、学习中，经常需要将计算机屏幕上的操作流程、网络电影、聊天视频等录制下来，这些工作都可以应用屏幕录像专家软件来完成。通过本任务的操作，掌握屏幕录制工具——屏幕录像专家的使用，并能在日常办公、学习、生活中熟练应用该工具。

7.7.2 任务内容

（1）屏幕录像专家界面介绍。

（2）屏幕录像专家的基本设置。

（3）屏幕视频的录制。

（4）录制后的其他操作。

7.7.3 任务准备

1. 理论知识准备

屏幕录像专家是一款专业的屏幕录像制作软件。使用它可以轻松地将屏幕上的软件操作过程、网络教学课件、网络电视、网络电影、聊天视频等录制成 FLASH 动画、ASF 动画、AVI 动画或自播放的 EXE 动画。本软件具有长时间录像并保证声音完全同步的功能。本软件操作简单，功能强大，是制作各种屏幕录像和软件教学动画的首选软件。

2. 设备准备

（1）计算机设备。

（2）屏幕录像专家软件。

（3）互联网接入环境。

7.7.4　任务操作

1．基本页面介绍

用户可以在互联网下载该软件，并完成软件的安装。安装完成后，打开软件，弹出如图7-95所示的页面。软件主界面由主菜单、工具栏、录像模式框、生成模式框、录像文件列表框、帧浏览框等组成。

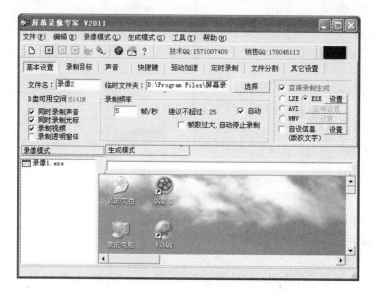

图 7-95　屏幕录像专家主界面

2．录制前的设置

在进行屏幕录像前，需要完成基本设置的设置工作，根据所生成录像格式的特点，采用不同的设置。

（1）设置合适的屏幕分辨率（如果已经是推荐值就不用再设置）。如果制作 LXE/EXE 教程，并打算在其他很多计算机上播放的话，建议将屏幕分辨率设置到 800×600 或 1024× 768，这样在各种分辨率的计算机上才能比较好地播放，而且文件也比较小。为什么这么设置呢？举个例子，比如计算机是宽屏的，1440×900 的分辨率，录制好教程后，放到 800×600 分辨率的计算机上播放，这样画面就会显示不全，而缩放后效果也不好。所以，如果是宽屏的显示器，在这种情况下建议将分辨率改成 800×600，这样录制时虽然画面变形了，但录制好后，将屏幕分辨率改回原来的大小，播放效果和直接在普通 800×600 显示器上录的效果是一样的，到其他计算机上播放也有较好效果。

如果要将制作的教程生成 FLASH 格式，那么推荐用 800×600 的分辨率进行录制，这样生成的 FLASH 文件比较容易在 IE 里画面完整地播放，不用滚动条滚动就可以看全整个教程的画面。

（2）"基本设置"面板。切换到"基本设置"标签，如图 7-96 所示。此页面可以完成文件名设置、设置临时文件夹、设置录制频率、录制视频文件、录制透明窗体、文件输出格式及格式选项、版本文字信息设置等操作。

图 7-96　基本设置面板

1）设置录像文件的文件名。软件会根据编号自动产生文件名，当然也可以自定义文件名，如果文件名和临时文件夹中的文件同名，则在开始录制时候，软件会发现并停止录制，要求修改文件名。

2）设置存放录像的临时文件夹。软件缺省的临时文件夹为软件的"LS"文件夹。建议临时文件夹最好能够有大于 500M 的临时空间，以保障有足够的空间存放录像文件，当前的剩余空间会自动显示出来。用户如果想改变临时文件夹，单击"选择"按钮并进行设置就可以了。软件的"录像文件列表框"中显示的是临时文件夹中的录像文件。

3）设置录制的频率。录制频率是指每秒录多少个画面，频率越高动画越连续，文件也将越大，录制时占用系统资源也越多。所以录制频率不是越高越好，而是应该在满足要求的情况下使用尽量低的频率。如果选中"自动"，那么软件会根据计算机的系统性能产生一个比较合适的录制频率。当然也可以自己设置此值，但是最好不要超过建议值，频率设置得太高会使系统速度大大减慢。一些特殊情况下，如果确实需要录制比较高的帧数，可以将"帧数过大，自动停止录制"前面的选中标记去掉，这样软件将被强制按照输入的帧数进行录制。录制软件操作动画、网上教程等时一般将录制频率设置成 5 左右就有很好的效果了，没有必要设置得太高，甚至设置为 2 都可以。录制电影、聊天视频等一般设置到 15 左右会有比较好的效果。

4）录制视频文件选项。如果要录制屏幕上的视频内容（比如电影、聊天视频、网络电视）等，需要选中"录制视频"，同时要确保先打开屏幕录像专家，再打开要录制的软件。如果操作顺序正确就可以录制到画面，否则会录制到黑屏。如果已经严格按照上面的顺序打开软件，还是录制不到视频的话，可以到"其他设置"页，选中"启用特殊设置确保能够录到视频"，这样可以确保能够录到视频。注意使用此方法会牺牲一些性能还可能会造成一些游戏软件无法运行，所以只有在没有办法的情况下才使用。

5）录制透明窗体。如果发现录制过程中有一些半透明窗体没有被录下来，需要选中"录制透明窗体"选项，那么这些特殊窗体都会被录下来。

6）文件输出格式及格式选项，用户可以根据输出需要选择输出的文件格式，格式包括 LXE、EXE、AVI、WMV 格式。当选择 LXE 或 EXE 文件格式时，可以单击"设置"按钮，弹出如图 7-97 所示的页面，完成打开位置、图像压缩、声音压缩等选项设置。当选择 AVI 文件格式时，可以单击"压缩"按钮，弹出如图 7-98 所示的页面，完成压缩格式的设置。当选择 WMV 文件格式时，可以单击"设置"按钮，弹出如图 7-99 所示的页面，完成相关设置。

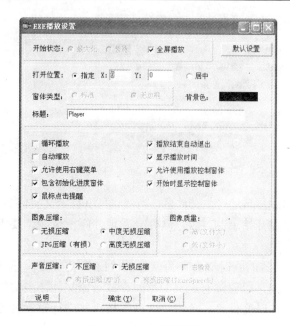

图 7-97　EXE 播放设置

7）版本文字信息设置。如想在录制的视频中加入版权信息，可以选择"自设信息"复选框，并单击"设置"按钮，完成信息的显示位置、信息的显示内容及显示字体设置等，如图 7-100 所示。

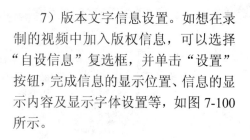

图 7-98　视频压缩设置

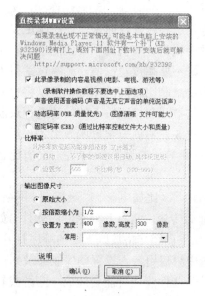

图 7-99　直接录制 WMV 设置

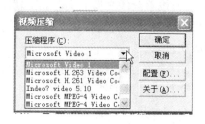

图 7-100　设置自设信息

（3）"录制目标"面板。切换到"录制目标"面板进行设置，如图 7-101 所示。在本页面中可以设置录制的目标，录制目标有三种方式：全屏、窗口、范围。如果要选定全屏，直接单击"全屏"单选框就可以。

1）如果要使用"窗口"方式，单击"窗口"单选框，然后移动鼠标，当前被选中的窗口就会显示出来，选定窗口后，单击鼠标就可以了，被选定的窗口会在"帧浏览器"中显示出来。如果原本选择的是窗口模式，然后要改变选定的窗口，那么只要单击"选择窗口"按钮，再移动鼠标来选择窗口，如图 7-102 所示。选择窗口后，如果需要进一步细调，可以切换到"范围"方式，这时初始的范围就是已选窗口的范围，在这个基础上可以进行进一步细调。选择窗口时，有的窗口可能无法被选中，比如新版的 QQ 窗口。如果有这种情况出现，请用下面介绍的"范围"方式。

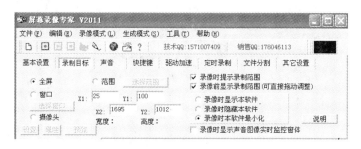

图 7-101 录制目标设置面板

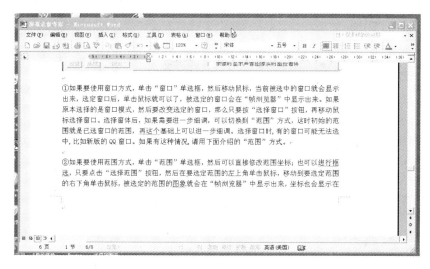

图 7-102 选择录制的窗口

2）如果要使用"范围"方式，单击"范围"单选框，然后可以直接修改范围坐标；也可以进行框选，只要单击"选择范围"按钮，然后在要选定范围的左上角单击鼠标，移动到要选定范围的右下角再单击鼠标，被选定的范围的图像就会在"帧浏览器"中显示出来，坐标也会显示在范围坐标框内。

3）如果是直接从摄像头录制视频，单击"摄像头"选项，软件会弹出摄像头设置属性窗体。在设置窗体中，除非明确知道某项设置的作用，否则不要去修改，直接按"确定"或"关闭"。分辨率一般用 320×240，计算机性能好的话可以用 640×480，如图 7-103 所示。

（4）"声音"面板。切换到声音设置选项卡，如图 7-104 所示。声音设置一般选"16 位"和"11025"，如果觉得录制出的声音音质不够好，可以选"22050"，

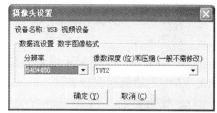

图 7-103 摄像头设置

选择声音来源为"麦克风"，并调节音量。单击"试录"按钮，看是否能正常录到声音，录音音量是否合适。一般试录 10s 左右就可以了，停止后就会自动播放录到的声音。如需要录制"鼠标点击声音"，可以选择"自动添加鼠标点击声音"选项。

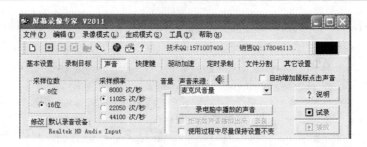

图 7-104　声音设置面板

3. 开始录制

以上设置完成后，按 F2 键开始录像，屏幕右下角显示 闪动图标，再次按 F2 键停止录制，并返回主窗口。在录制过程中，按 F3 键可以暂停录制，再次按 F3 键继续录制。如果要重新修订快捷键，可以切换到"快捷键"面板，进行修改，如图 7-105 所示。

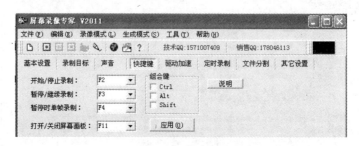

图 7-105　快捷键设置面板

4. 录制后的其他操作

录制完成后，得到的 LXE/EXE 录像文件将出现在软件界面左侧的录像文件列表中，双击就可以进行播放。录制完成后还可以通过以下流程进行处理：

（1）单击菜单"文件"→"浏览临时文件夹"命令，可以打开这个 LXE/EXE 文件所在的文件夹，可以将此文件直接复制到其他计算机上播放。

（2）单击菜单"编辑"→"修改 LXE/EXE 播放设置"命令，将声音压缩并转成 MP3 格式，压缩后可以使文件再减小一倍。

（3）如果录制过程中，声音有失真的地方，可以选中此文件，单击菜单"编辑"→"LXE/EXE后期配音"命令进行重新配音。

（4）如果想去掉此录像的头、尾部分，可以选中此文件，使用菜单"工具"→"LXE/EXE截取"功能来完成。

（5）如果要生成 WMV 格式的教程，可以选中此文件，使用菜单"编辑"→"LXE/EXE转成 WMV"功能来完成。

（6）如果要生成 FLASH 格式的教程，可以选中此文件，使用菜单"编辑"→"LXE/EXE转成 FLASH"功能来完成。

7.7.5　课后操作题

（1）应用屏幕录像专家软件，录制一段 Word 操作视频，并存为 EXE 文件。

（2）应用屏幕录像专家软件，录制一段 PPTV 网络电视视频播放内容，并存为 AVI 文件。

7.8 任务八：网络收音机——CRadio

7.8.1 任务目的

互联网时代，我们不但可以使用收音机来收听广播节目，而且还可以通过网络收音机收听更多的广播节目。通过本任务的操作，掌握网络收音机——CRadio 的使用，并能在日常办公、学习、生活中熟练应用该工具。

7.8.2 任务内容

（1）网络收音机——CRadio 界面介绍。

（2）网络收音机——CRadio 选台播放。

（3）网络收音机——CRadio 实时录音。

（4）网络收音机——CRadio 定时录音。

7.8.3 任务准备

1. 理论知识准备

CRadio——龙卷风网络收音机是一款倾心制作的免费的电台收听软件。收集了全球几千个广播电台，包括中央电台，各省市电台，台湾电台，香港电台，澳门电台，及各国家电台。网络财经、娱乐、社会新闻，外语电台、流行歌曲、摇滚乐、爵士乐、民乐、交响乐等应有尽有。

龙卷风网络收音机功能强大，可以收听电台、可以播放本地媒体文件。内置录音、定时录音、定时播放、定时关机、断线自动重连、语音报时、在线更新、皮肤切换、多国语言、热键操作等。

2. 设备准备

（1）计算机设备。

（2）网络收音机——CRadio 软件。

（3）互联网接入环境。

7.8.4 任务操作

1. 下载安装

用户可以通过访问 http://www.cradio.cn 页面，如图 7-106 所示，下载网络收音机——CRadio 软件。

2. 界面简介

运行下载的安装文件，按照提示完成软件的安装，并打开软件，如图 7-107 所示。软件的界面很简单，区域 1 为显示区，显示当前的播放信息，区域 2 为播放控制区，可以通过单击数字（当前显示为 1-10，通过单击 « » 按钮切换到其他预置页）播放预置的电台节目，通过单击 MP3 按钮切换到音乐播放模式，并可以进行录音、播放、音量控制等操作。区域 3 为电台列表，可以通过列表、查找、增加新电台等方式选择播放的电台。

3. 选台播放

用户在如图 7-107 所示区域 3 中通过列表来选择想要播放的电台，双击打开该电台，并可以应用"添台"、"填组"添加新的电台，应用"修改"、"删除"对当前列表进行编辑，通过应用"查找"快速找到想要的电台，应用"预置"完成电台预置的编辑。如图 7-108 所示为添加新组，如图 7-109 所示为添加新的电台，如图 7-110 所示为对电台快捷序号进行重新预置（重新预置时可以在电台列表中选择电台名）。

图 7-106　网络收音机——CRadio 网站首页

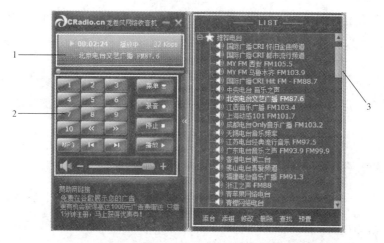

图 7-107　网络收音机软件的主界面

图 7-108　添加新组

图 7-109　添加新的电台

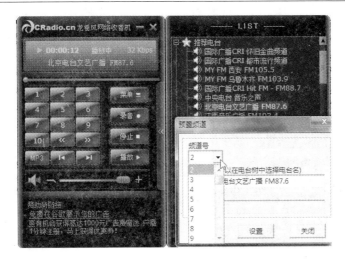

图 7-110　对电台快捷序号重新预置

4．实时录音

用户在收听电台的时候可以对当前节目进行实时的录音，单击 录音 按钮，打开如图 7-111 所示的对话框，完成文件名、文件存放位置、文件格式、录音设备等属性设置后，单击"开始"按钮，开始录音。

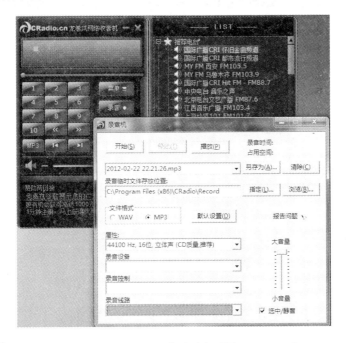

图 7-111　实时录音面板

5．定时播放/录音

（1）通过简单的设置，该软件可以实现定时播放及定时录音功能，单击 菜单 按钮，并单击"定时播放/录音"，如图 7-112 所示。

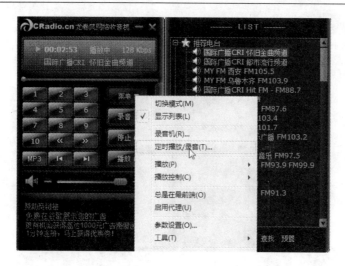

图 7-112　运行定时播放/录音

（2）打开如图 7-113 所示的对话框，用户可以设定"动作"下拉列表选择"录音"或"播放"、并可以完成频率、开始时间、结束时间等的设置。如果有同一时段设定"播放"及"录音"两个操作，则表示该时段开始播放并录音。

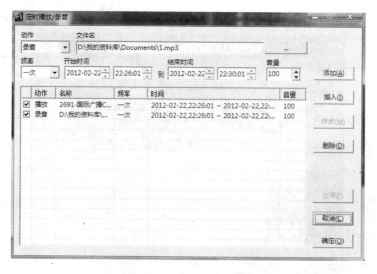

图 7-113　定时播放及录音设置

7.8.5　课后操作题

（1）应用 CRadio——龙卷风网络收音机收听喜欢的广播节目。

（2）应用 CRadio——龙卷风网络收音机完成对播放节目的录音操作。

（3）定时启动 CRadio——龙卷风网络收音机，并完成录音操作。

第8章　网络通讯与传输工具

随着计算机及网络的飞速普及，网络应用已经是日常学习生活中非常重要的一部分，本章主要介绍常用的网络通讯工具及文件传输工具，如 FTP 服务搭建工具 Serv-U、上传下载工具 CuteFTP、下载工具迅雷、即时通讯工具 MSN、电子邮件工具 Foxmail、网络电话工具 Skype、移动聊天工具飞信。

8.1　任务一：FTP 服务器搭建工具——Serv-U

8.1.1　任务目的

在日常工作学习中，用户可以通过 FTP 服务器进行文件的共享、复制、移动等操作，如何设置 FTP 服务器一直都是一个困扰用户的问题，可以通过 Serv-U 软件，非常简单地解决这个问题。通过本次任务的操作，学习 FTP 服务器搭建工具——Serv-U 的安装、使用，并能在日常办公、学习、生活中熟练应用该工具。

8.1.2　任务内容

（1）软件的下载与安装。

（2）域的建立。

（3）用户的建立。

（4）软件基本设置。

8.1.3　任务准备

1. 理论知识准备

Serv-U 是目前众多的 FTP 服务器软件之一。通过使用 Serv-U，用户能够将任何一台 PC 设置成一个 FTP 服务器，这样，用户或其他使用者就能够使用 FTP 协议，通过在同一网络上的任何一台 PC 与 FTP 服务器连接，进行文件或目录的复制、移动、创建和删除等操作。这里提到的 FTP 协议是专门被用来规定计算机之间进行文件传输的标准和规则，正是因为有了像 FTP 这样的专门协议，才使得人们能够通过不同类型的计算机，使用不同类型的操作系统，对不同类型的文件进行相互传递。

2. 设备准备

（1）计算机设备。

（2）Serv-U 软件。

（3）网络连接环境。

8.1.4　任务操作

1. 软件的下载与安装

用户可以在互联网上下载软件 Serv-U 6 的汉化版本，并按照提示完成安装。Serv-U 默认安装在 C:\Program Files\Serv-U 目录下，运行桌面上的快捷方式图标可以打开软件。安装完成后会弹出向导设置对话框，单击"取消"按钮取消向导，这里主要应用手工方式建立域和账号，如图 8-1 所示。

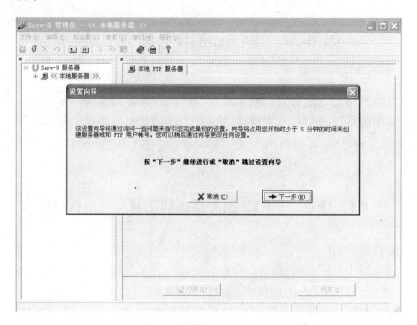

图 8-1　Serv-U 设置向导页面

2．域的建立

（1）首先需要创建一个域（每个域名都是唯一的标识符，用于区分文件服务器上的其他域）。右击"域"选项，在弹出的菜单中选择"新建域"命令，如图 8-2 所示。

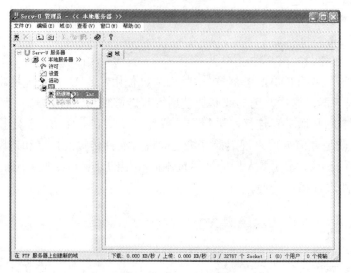

图 8-2　单击"新建域"

（2）输入域的 IP 地址，用户可以通过下拉列表选择本机的主机地址"10.2.1.236"或本机测试回送地址"127.0.0.1"，或者留空使用任意的 IP 地址（动态 IP 地址），如图 8-3 所示。

（3）为新建的域添加描述名称，可以使用 IP 名称或域名等，这里应用的是"ftp.360down.com"，如图 8-4 所示。

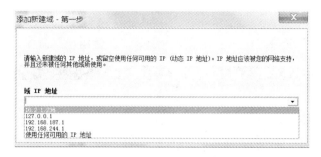

图 8-3　输入域的 IP 地址

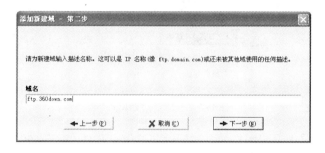

图 8-4　添加域名描述

（4）输入 FTP 的端口号，端口号可以选择 1～65 535 的任意数字，默认值为 21，建议使用 21，如图 8-5 所示。

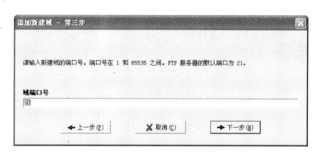

图 8-5　端口号设置

（5）下一步设置存储域信息的位置。建议对于小的域选择"存储于.INI 文件"选项，如果域的用户数大于 500 则建议选择"存储于计算机注册表"选项。单击"下一步"按钮，完成域的设置，如图 8-6 所示。

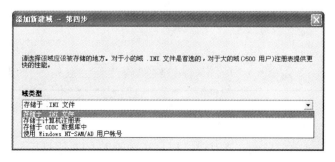

图 8-6　设置域存储的位置

3. 账户的建立

（1）右击"用户"选项，在弹出的菜单中选择"新建用户"命令，如图 8-7 所示。

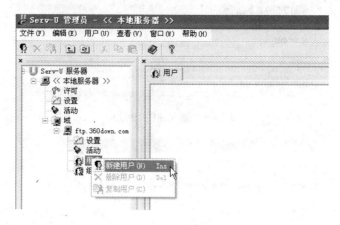

图 8-7　单击"新建用户"

（2）在弹出的菜单中设置用户名，这里设置的用户名是"admin001"，如图 8-8 所示，单击"下一步"按钮。

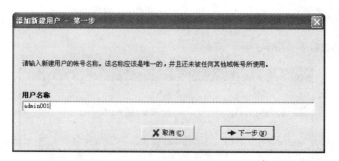

图 8-8　设置用户名

（3）在弹出的窗口中设置密码，如不需要密码可以留空，单击"下一步"按钮，如图 8-9 所示。

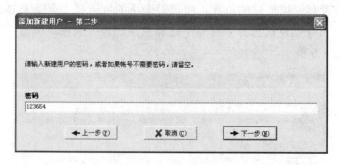

图 8-9　设置密码

（4）设置用户登录的主目录，该目录是用户正确输入 FTP 信息后被立即放置的路径，用户可以通过浏览的方式选择该路径，如图 8-10 所示。

图 8-10　设置登录的主目录

（5）设置是否锁定用户于主目录，如果锁定，则该用户只能在设定的目录中操作，如果不锁定，用户不仅可以在自己的目录操作，还可以在其他目录操作，这里建议选择"是"，并单击"完成"按钮，如图 8-11 所示。

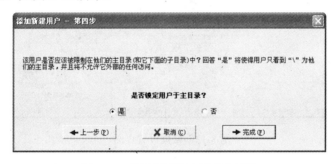

图 8-11　设置是否锁定用户主目录

4．常用设置

（1）对账号的设置。切换到如图 8-12 所示账号设置页面，完成对账号的主目录、密码、权限等设置。权限可以设置为组管理员、域管理员、系统管理员、只读管理员及没有权限。其中域管理员可以远程通过 Serv-U 访问所设置的域，对域进行维护和更改；系统管理员有权限管理服务器上的所有域，是最高权限。

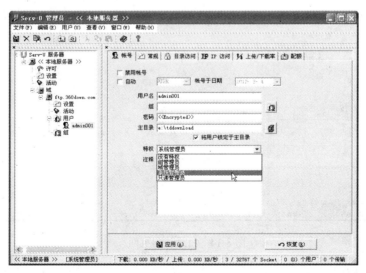

图 8-12　账号管理页面

（2）常规设置。切换到如图 8-13 所示常规设置界面，该页面可以设置是否需要安全连接、是否隐藏"隐藏"文件、同一 IP 允许的访问数、用户是否可以更改密码、最大上传下载速度、最大用户数等，按照用户需要完成设置。

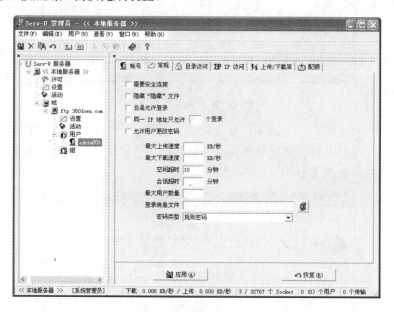

图 8-13　常规设置页面

（3）目录访问。切换到如图 8-14 所示目录访问设置页面，对选择的目录进行权限设置，，用户可以设置文件的读取、写入、追加、删除、执行权限，可以设置目录的列表、创建、移除权限，并可以设置子目录是否继承上一级目录。

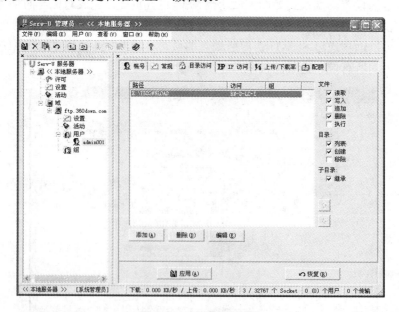

图 8-14　目录访问页面

（4）IP 访问设置。切换到图 8-15 所示 IP 访问设置页面，设置 IP 的访问规则。设置哪些

IP 地址被允许访问，哪些 IP 地址被拒绝访问，并可以通过通配符进行设置。

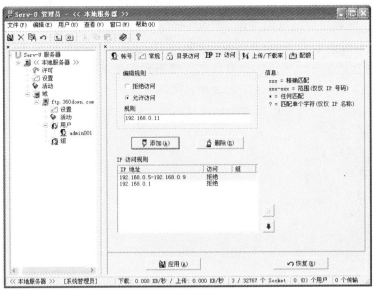

图 8-15　IP 访问设置页面

8.1.5　课后操作题

（1）应用 Serv—U 完成服务器的建立。

（2）在建立的服务器中创建三个用户，并设置他们的权限。

8.2　任务二：上传下载工具——CuteFTP

8.2.1　任务目的

CuteFTP 软件是一款十分专业也是最常用的 FTP 上传下载软件，该软件不仅可以应用到日常的文件传输中，同时也可以应用到站点上传中。通过本次任务的操作，掌握 FTP 上传下载工具 CuteFTP 的安装、使用及设置，并能在日常办公、学习、生活中熟练应用该工具。

8.2.2　任务内容

（1）CuteFTP 的安装。

（2）CuteFTP 的使用。

（3）CuteFTP 的设置。

8.2.3　任务准备

1．理论知识准备

文件传输的方法有很多，一般用户可以采用 FTP 文件传输方式、P2P 文件传输方式。FTP（File Transfer Protocol）原本是在 Interne 上最早用于传输文件的一种通信协议，通常也把采用这种协议传输文件的应用程序称为 FTP。FTP 经过不断的改进和发展，已成为 Internet 上普遍应用的重要信息服务工具之一。从根本上说，FTP 的功能是在 Internet 上各种不同类型的计算机系统之间按 TCP/IP 协议传输各类文件。FTP 同 Internet 的大多数应用软件一样采用 Client/Server（客户/服务器）模式，包含支持 FTP 服务器的服务器软件和作为用户接口的

FTP 客户机软件。使用 FTP 的用户能够使自己的本地计算机与远程计算机（一般是 FTP 的一个服务器）建立连接，通过合法的登录手续进入该远程计算机系统。这样，用户便可使用 FTP 提供的应用界面，以不同方式从远程计算机系统获取所需文件，或者从本地计算机对目标计算机发送文件。分布在 Internet 上的 FTP 文件服务器简称为 FTP 服务器（FTP Server），其数量已达数千个，内容极其广泛，涉及现代人类文明的各种领域，这些服务器能为用户查寻文件和传送文件服务。对于在各种不同领域工作的人来说，FTP 是一个开放的非常有用的信息服务工具，可用来在全世界范围内进行信息交流。

2．设备准备

（1）计算机设备。

（2）CuteFTP 软件。

（3）互联网接入环境。

8.2.4　任务操作

1．应用向导模式构建 FTP 站点

用户可以在华军软件、非凡软件站等网站下载该软件。软件下载后，双击文件安装包程序执行安装，按照提示输入磁盘目录并逐步完成安装，这时在系统桌面上会自动创建一个快捷方式图标，双击图标即可打开软件。

（1）输入 CuteFTP 注册码或进入连接向导。第一次启动 CuteFTP，会进入欢迎界面，提示输入注册码（如果不注册，每次退出后，CuteFTP 都会弹出官网窗口提示购买软件）或单击“继续试用”按钮（继续试用可以免费应用该软件 30 天），如图 8-16 所示。

（2）输入连接名称，并设置主机地址或 IP 地址。

1）设置连接名称，该名称便于以后识别站点。输入名称后，单击“下一步”按钮，如图 8-17 所示。

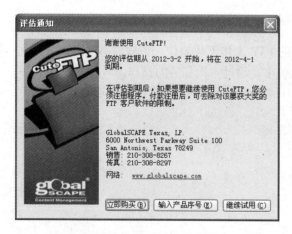

图 8-16　CuteFTP 欢迎界面

图 8-17　设置连接名称

2）设置 CuteFTP 连接向导创建连接，主机地址是 IP 地址或 URL 格式，可以应用 8.1 节中 Serv-U 软件建立的 FTP 服务器地址，这里应用的 FTP 地址是“ftp://10.2.1.236”，如图 8-18 所示。这个地址也可是来源于 ISP 的虚拟主机约定地址（可以实现网页文件的上传），设定完成后单击“下一步”按钮。

（3）设置 FTP 账户名和密码。FTP 账户名和密码也是 FTP 提供商为用户提供的连接账号，如果不清楚，可以向网站或 FTP 提供商索取。这里应用的用户名是 Serv-U 软件中设置的用户名。用户还可以勾选是否匿名登录及是否显示密码等复选框，如图 8-19 所示。

图 8-18　设置主机地址　　　　　　　　　　图 8-19　设置用户名及密码

（4）等候连接完成，并设置本地文件夹。设置默认的本地文件夹，这里设置的是本地目录，是用户下载文件及选择本机上传文件的默认目录，可以通过浏览的方式选择，这里设置为"E:\web"。设置完成后，单击"下一步"按钮，如图 8-20 所示。

（5）连接完成。如果上面连接 FTP 服务器出现错误，请单击"上一步"按钮，并检查 FTP 登录地址、FTP 账户和密码是否拼写错误，还要确认 FTP 服务器现在是否正常并接受登录。如设置无误，单击"完成"按钮，如图 8-21 所示。

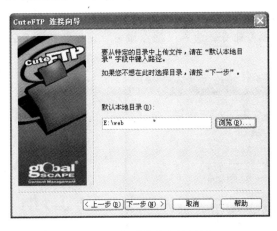

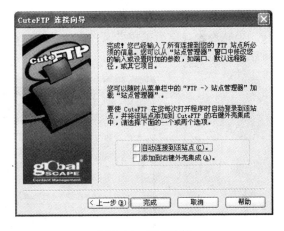

图 8-20　设置默认本地目录　　　　　　　　　图 8-21　完成连接

2. 界面简介

如果信息设置正确，弹出 CuteFTP 主界面窗口，如图 8-22 所示。CuteFTP 的主界面分为四个工作区。

（1）本地目录窗口：显示本机当前默认的上传下载目录，可以通过下拉菜单设置为本地其他目录。

图 8-22　CuteFTP 界面

（2）服务器目录窗口：用于显示 FTP 服务器上的目录信息，在列表中可以看到的内容包括文件名称、大小、类型、最后更改日期等。窗口上面显示的是当前所在的路径。

（3）登录信息窗口：FTP 命令行状态显示区，通过登录信息能够了解到目前的操作进度和执行情况等，如登录、切换目录、文件传输大小、是否成功等重要信息，以便确定下一步的具体操作。

（4）信息提示窗口：显示"队列"的处理状态，可以查看到准备上传的目录或文件队列列表，此外配合"Schedule"（时间表）的使用还能达到自动上传的目的。

3. 应用站点管理器的方式构建 FTP 站点

构建 FTP 站点不仅可以使用向导模式，同时可以使用站点管理器的方式。具体操作为：在当前状态下，单击菜单"文件"→"站点管理器"命令，进入"站点设置"窗口，如图 8-23 所示，其主要按钮功能如下：

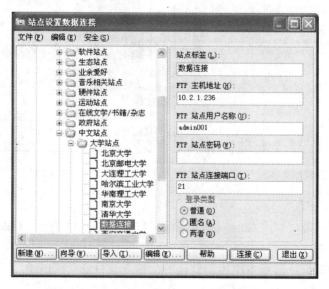

图 8-23　应用站点管理器的方式建立站点

（1）"新建"：创建/添加一个新的站点。

（2）"向导"：使用向导模式创建新的站点，与前边介绍相同。如果对 FTP 软件还不是很熟悉，可以选择"向导"来辅助创建新的站点。

（3）"导入"：允许用户直接从 CuteFTP、WS-FTP、FTP Explorer、LeapFTP、Bullet Proof 等 FTP 软件导入站点数据库，这样就不用一个一个地设置站点，减少了录入庞大数据库的时间和无意义的录入错误。

（4）"编辑"：对用户已经建立的站点进行一些更改功能的设置。

设置完成后，单击"连接"按钮，建立站点连接，如设置正确，就可以成功与服务器建立连接。

4. 文件的传输

应用 CuteFTP 软件，用户可以将文件传输到 FTP 服务器上，或将服务器的内容下载到本地目录中，具体操作如下：

（1）在本地目录窗口中选择需要上传的文件，并右击，在弹出的菜单中选择"上传"选项，或单击工具栏上的"上传"按钮，如图 8-24 所示。

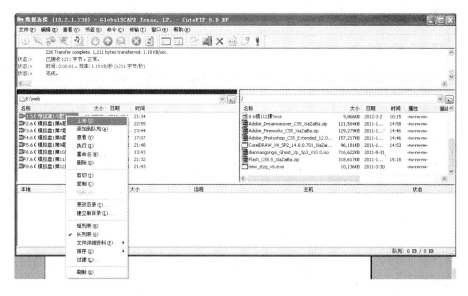

图 8-24　文件的上传

（2）用户还可以在本地目录窗口中选择需要上传的文件，并直接拖动文件到服务器目录窗口中，也可以完成文件的上传。

（3）在服务器目录窗口中选择需要下载的文件，并右击在弹出的菜单中单击"下载"命令，或者单击工具栏上的"下载"按钮，如图 8-25 所示。

（4）用户还可以在服务器目录窗口中选择需要下载的文件，直接拖动文件到本地目录窗口中即可。

8.2.5　课后操作题

（1）应用 CuteFTP 软件将文件上传到到 FTP 服务器。

（2）应用 CuteFTP 软件将服务器上的软件下载到自己的计算机。

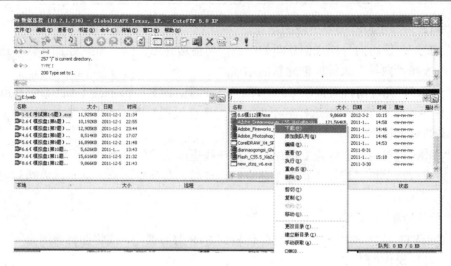

图 8-25   文件的下载

8.3   任务三：下载工具——迅雷

8.3.1   任务目的

通过本次任务的操作掌握文件下载工具迅雷 7 的安装方法，了解界面工具的使用，能够搜索资源并建立下载任务，掌握批量下载的方法。

8.3.2   任务内容

（1）迅雷 7 的下载和安装。

（2）使用迅雷 7 建立下载任务。

（3）使用迅雷 7 批量下载。

（4）导入未完成的任务。

8.3.3   任务准备

1．理论知识准备

网络的资源非常丰富，如学习资料、经验技巧、软件、音乐、影视等，只要用户通过搜索引擎就能够找到很多资源。但如何能够快速有效地把想要得到的资源放到自己的机器里呢，这需要掌握一定的技巧。

图 8-26   另存的方式下载

办公过程中需要下载一些文档资料等，用户可以通过右击目标文件选择"目标另存为"命令的方式保存文件，如图 8-26 所示。

这种本地下载方式对于一些规格比较大的文件，下载的速度及稳定性都十分不好，此时用户可以使用下载工具完成其下载工作。常用的下载工具有很多，如迅雷、网际快车、网络蚂蚁等。迅雷 7 作为"跨时代"的产品，跳过了 6.0 版，从 5.9 版直接升级到 7.0 版，是一款新型的基于多资源、超线程技术的下载软件。作为"宽带时期的下载工具"，迅雷针对宽带用户做了特别的优化，能够充分利用宽带上网的特点，带给用户高速下载的全新体验。同时，迅雷推出了"智能下载"的全新理念，通过丰富的智能提示和帮助，让用户真正享受到下载的乐趣。

2. 设备准备

（1）计算机设备。

（2）互联网接入环境。

（3）迅雷 7 软件。

8.3.4　任务操作

1. 迅雷 7 的下载和安装

迅雷 7 的运行平台是 Windows XP/Vista/Windows 7/2000/2003。人们可以在很多网站上找到迅雷 7 的下载资源，如迅雷官方网站、太平洋电脑网等。双击下载后的安装文件，打开安装程序，阅读"安装协议"，选择"安装目录"，单击"下一步"后，等待安装完成。安装完成后，可以通过双击桌面上的快捷方式图标打开迅雷 7。

2. 建立下载任务

进行下载首要的任务是找到需要下载的资源，用户可以通过迅雷进行搜索也可以通过浏览器进行搜索。下面首先介绍使用迅雷的搜索方法。

（1）打开迅雷 7 主界面，如图 8-27 所示，在左侧窗口"我的应用"中单击"狗狗搜索"命令，弹出一个新的界面，如图 8-28 所示，在文本框中输入需要查找资源的关键字，然后单击 "搜索" 按钮。本次操作以下载软件 Snagit 为例进行介绍。

图 8-27　迅雷主页面

（2）"狗狗搜索"会在最短的时间内，将网络上与此关键字有关的下载资源整理出来，如图 8-29 所示，并以列表的形式呈现在用户的面前。单击用户所需要资源的名称，进入下载页。

（3）进入迅雷搜索的最终下载页，在页面中单击"普通下载"按钮即可，如图 8-30 所示。

（4）在弹出的新建下载任务框中，选择保存目录，最后单击右下方的"立即下载"按钮，如图 8-31 所示。（ 注：保存目录为该文件下载后的储存位置，可以通过"浏览"来选取合适的保存位置）

（5）任务建立完成，在任务列表中可查看下载状态。这样就完成了一个任务的建立操作。

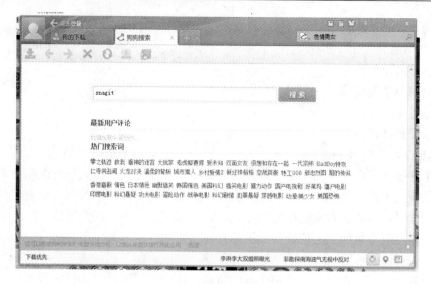

图 8-28　狗狗搜索引擎

图 8-29　搜索的结果

图 8-30　使用迅雷下载

图 8-31　新建下载任务

（6）下载状态：分为下载、暂停、失败、完成、上传五种，其中上传的状态只有在完成的 bt 任务中才会有显示。

1）文件名：该文件下载完成后的保存名。

2）分类：文件的保存分类，不同的分类会因为不同的设置而储存到不同的目录中。

3）播放：即边下载边播放功能，当文件下载到10%左右后，可以单击此图标，实现该功能。

4）大小：所下载的文件大小。

5）资源：即连接资源与候选资源。图中的21/89，包括原始下载地址在内共有89个资源，而实际连接上了21个资源。

6）速度：文件下载过程中的即时速度。

7）剩余时间：保持某时刻的下载速度，完成该任务还需要的下载时间。

8）进度：下载任务完成的程度。

如果使用浏览器搜索到需要下载的资源后，也可以用迅雷7进行下载，迅雷7不但可以进行普通文件的下载，还可以进行"bt"文件及"电驴"文件的下载。例如，用户要下载电影《龙门飞甲》，下载步骤如下：

（1）在Google搜索引擎的文本框中输入"龙门飞甲迅雷下载"，单击"搜索"按钮后可以看到很多链接。

（2）单击其中一个链接打开网页，找到资源文件的相关链接，如图8-32所示。单击其中一个链接之后将会弹出一个对话框，如图8-33所示，单击"普通下载"按钮即可。

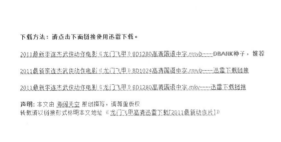

图8-32 查找到的下载资源

图8-33 选择迅雷下载

（3）在弹出的窗口中选择文件的保存路径，如图8-34所示。

3. 建立批量下载任务

批量下载功能可以方便地创建多个包含共同特征的下载任务。例如，网站A提供了10个从http://www.a.com/01.zip 到 http://www.a.com/10.zip 这样的地址，如果一个一个的建立任务，操作烦琐，这里介绍如何建立批量任务，从而解决此类连续剧集下载任务的建立而带来的麻烦。

（1）打开迅雷7主界面，单击下载任务窗口中的"新建"工具按钮，如图8-35所示。在这个对话框中单击最下面的"按规则添加批量任务"。

（2）在"新建批量任务"框中填写相关信息。例

图8-34 迅雷7下载bt文件

如，上面提到的10个地址中，只有数字部分不同，如果用"(*)"表示不同的部分，这些地

址可以写成：http://www.a.com/（*）.zip，这个地址就是需要填入"新建批量任务"框中的 URL。通配符长度指的是这些地址不同部分数字的长度，例如，从 01.zip～10.zip，通配符长度是 2，从 001.zip～010.zip 时通配符长度就是 3，如图 8-36 所示。（注：在填写从×××～×××的时候，虽然是从 01～10 或者是 001～010，但是，当设定了通配符长度以后，就只需要填写成从 1～10）

图 8-35　新建批量任务　　　　　　　　　　图 8-36　批量任务设置

（3）填写好信息后，单击"确定"按钮，会出现"选择要下载的 URL"对话框，检查地址，确定无误后，单击"确定"按钮就可以将这些下载任务一次性添加到任务列表中，如图 8-37 所示。

4. 导入未完成下载

（1）单击迅雷 7 主界面上的"主菜单"按钮，在菜单中选择"文件"→"导入未完成下载"命令，如图 8-38 所示。

图 8-37　批量任务结果

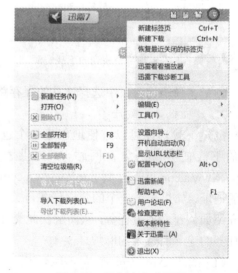

图 8-38　导入未完成下载

（2）通过浏览本地文件，找到保存之前未下载完成的任务文件。需要浏览的文件为用户之前保存此文件的文件夹，对应的文件内容如下图所示，对应的文件名称以 TD 作为扩展名，如图 8-39 所示。

（3）选择文件单击"打开"按钮，就可以继续
之前未完成的下载任务，如图 8-40 所示。

图 8-39　浏览未完成任务　　　　　　　　　图 8-40　选择未完成任务

5. 迅雷 7 的设置

安装迅雷 7 后，为了让迅雷 7 更好的为自己服务，需要进行一些基本的设置。在迅雷 7
的主界面上单击主菜单按钮，切换到"配置中心"页面。"配置中心"默认页面包括六项设置：
任务数显示、开机启动、自动登录、下载完成提示、下载失败提示及磁盘缓存。按照要求完
成修改后，单击"保存更改"按钮。首先进行常规设置，如图 8-41 所示。常规设置包括以下
几点。

图 8-41　常规设置

1）开机启动运行：勾选此项，则每当用户开启电脑时，迅雷会一并启动，否则需要手动
开启迅雷。

2）启动老板键：勾选此项，当老板来的时候使用组合键 Alt+D 迅雷将自动隐藏。

3）启用"离开模式"：是一种仅 Windows 7、Vista 操作系统默认支持的节能技术，开启
"离开模式"后，计算机进入"睡眠"状态时，显卡、声卡等设备被关闭，而 CPU、内存、
硬盘、网卡仍运行，使迅雷可以在降低计算机功耗的情况下继续进行，让下载更低碳、更环
保，即 Windows 进入睡眠状态，迅雷依然可以下载资源。

4）模式设置：用户可以根据需要选择"下载优先模式"、"智能上网模式"或者"自定义
模式"三种。在使用迅雷 7 下载时，如果用户又想同时浏览网页的话，建议将下载模式设置

为"智能上网模式"。

用户可以通过相关设置完成迅雷的安全设置，如图 8-42 所示。

图 8-42　迅雷安全设置

（1）下载安全：迅雷可以检查下载的资源是否安全，勾选"下载后自动杀毒"项就可以不用担心有病毒对计算机造成损害了。可以通过单击"自动检测"按钮进行关联设置用户使用的杀毒软件。每完成一个下载任务，对该文件自动进行病毒查杀。

此外还可以对迅雷的外观及消息提示进行设置。

（2）我的下载。在"我的下载"中可以进行八种设置，分别是常用设置、任务默认属性、监视设置、BT 设置、eMule 设置、代理设置、消息设置和下载加速设置，如图 8-43 所示。

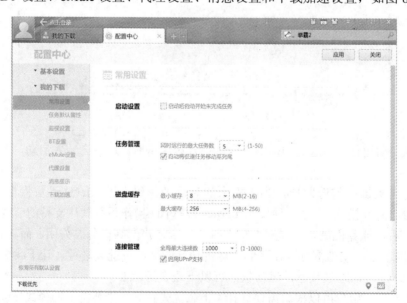

图 8-43　迅雷中"我的下载"窗口

1）在"常用设置"中可以进行以下几项的设置：

① 启动设置：勾选此项，当启动迅雷后就会自动开始未完成任务的下载。

② 任务管理：可以设置同时运行的最大任务数，最多是 50 个任务。

③ 磁盘缓存设置：此设置是根据电脑配置的具体情况而定，磁盘缓存越大，越能有效保护硬盘，但占用的内存相对越大。（磁盘缓存：在迅雷设置中的磁盘缓存是一种写缓存，它的主要作用是：当有数据需要写入硬盘时，将此数据先保存于系统为写缓存分配的内存空间，当保存的数据达到一定程度后，再将数据保存到硬盘中。这样的过程减少了硬盘的时间操作，避免了因为重复读写操作而损坏硬盘，同时也减少了数据的写入时间）。

2）在"任务默认属性"中可以设置如下三项内容：

① 常用目录：下载资源设定存储的位置。可以自动使用上次使用的目录，也可以通过"浏览"重新选取目录位置。

② 其他设置：设置新建的下载任务是否立即执行。

③ 线程设置：线程是程序中一个单一的顺序控制流程，在单个程序中同时运行多个线程完成不同的工作，称为多线程。线程数的多少，自然会影响到下载速度的多少，这样看来，下载线程数应该设置的越高越好，这样的理解是错误的。假设从服务端传送数据到用户端，把用户端和服务端比作两个小岛，线程数比作连接两个小岛之间的桥梁，架桥越多，单位时间内传送的数据越多，但如果桥梁架设超过双方所能承受的数量时，用户端将无法接受其他服务端的数据，而服务端将无法为其他用户端传送数据，因此，线程数的多少，要根据服务端和用户端的具体情况而定。目前网络中的服务端，一般为用户提供的连接线程数在 1～10 个，用户可以根据不同的服务端限制，来修改迅雷的原始下载线程数。根据下载资源的热门程度，其候选资源数量的不同，该任务下载可用的线程数也会不同，一般可以设置在 35～50 之间，这样的设置不会导致电脑的连接数过多，而无法从事其他网络活动。

3）在"BT 设置"中，用户可以将 BT 种子文件与迅雷相关联。

4）消息提示的设置（见图 8-44）：

图 8-44　迅雷中消息提示的设置窗口

①下载完成后提示：在屏幕右下角显示出一个小对话框，显示出面板提示信息；而声音提示，是根据用户所选取的声音文件决定的。

②下载失败后提示：当一个下载任务无法正常完成时，会在屏幕右下角显示出一个面板提示信息。

8.3.5 课后操作题

（1）使用"狗狗搜索"查找 WinRAR 软件，并应用迅雷 7 下载。

（2）应用迅雷 7 建立批量下载任务。

（3）设置迅雷 7 的磁盘缓存为 4MB，最多的任务数为 8 个，默认保存目录为 d:\downloads。

8.4 任务四：即时通讯工具——MSN 的应用

8.4.1 任务目的

通过本任务的操作，掌握网上信息交流工具 MSN 的下载、安装方法，并能熟练应用该工具进行文字聊天、语音对话、视频会议等，以及掌握传输文件的方法。

8.4.2 任务内容

（1）MSN 的安装。

（2）MSN 的注册登录。

（3）MSN 添加联系人。

（4）管理组。

（5）视频聊天。

（6）文件传输。

8.4.3 任务准备

1. 理论知识准备

MSN 与 QQ（TM）都是国内常用的即时聊天软件，MSN Messenger（简称 MSN）是微软公司推出的即时消息软件，凭借该软件自身优秀的性能，目前其在国内外已经拥有了大量的用户群。使用 MSN Messenger 可以与他人进行文字聊天、语音对话、视频会议等即时交流，还可以通过此软件来查看联系人是否联机。MSN Messenger 界面简洁，易于使用，是与亲人、朋友、工作伙伴保持紧密联系的绝佳选择。使用已有的一个 Email 地址，即可注册获得免费的 MSN Messenger 登录账号。微软已经发布了 MSN Messenger（也称为".NET Messenger"）和 Windows Messenger 两种 MSN Messenger 客户端。微软向大多数 Windows 用户推荐使用 MSN Messenger，包括 Windows XP 系统在内，Windows Messenger 被绑定在操作系统中。

2. 设备准备

（1）计算机设备。

（2）MSN 软件。

（3）互联网接入环境。

8.4.4 任务操作

1. 下载安装

在 MSN 官方网站 http://www.windowslive.cn/中可以下载安装程序。运行下载的安装程序，在首先弹出的窗口中选择"进入安装"按钮，在随后弹出的窗口中选择需要安装的程序，只要在程序前面的复选框中勾选即可。然后单击"安装"按钮开始继续安装，如图 8-45 所示。安装结束后计算机需要重新启动。

图 8-45　安装 MSN

2．注册登录

MSN 是采用电子邮箱地址进行登录的，如果已经拥有 Hotmail 或 MSN 的电子邮箱就可以直接打开 MSN，输入电子邮箱地址和密码后单击"登录"按钮即可进行登录。如果没有这类账户，请到网站 http://registernet.passport.net 申请一个电子邮件账户，注册方式与注册电子邮箱一致，注册成功后双击桌面图标，在登录对话框中输入"电子邮箱地址"和"密码"，如图 8-46 所示。

3．常用操作

（1）添加新的联系人。在 MSN 主窗口中，单击"添加联系人或群"按钮，在弹出的菜单中单击"添加联系人"选项，输入对方完整的邮箱地址，单击"下一步"按钮后出现发送邀请的对话框，可以输入一些信息以说明身份，对方在登录之后就可以收到邀请了，如图 8-47

图 8-46　MSN 的登录　　　　　　　　　　　　图 8-47　添加联系人操作

所示。对方登录 MSN 后，会收到请求加他为好友的信息，如果同意的话，在线后用户就可以看到他，他同时也可以看到用户。重复上述操作，就可以添加多个联系人。

（2）管理组。在 MSN 主窗口中，单击"添加联系人或群"按钮，在弹出的菜单中选择"创建组"选项，如图 8-48 所示。在弹出的对话框中输入创建组的名称，点击列表中的好友即可将选中的联系人添加到该组中，如图 8-49 所示。右击现有组的名称，在弹出的菜单中可以创建、重命名或删除组以方便用户的查找，如图 8-50 所示。

（3）发送即时消息。在联系人名单中，双击某个联机联系人的名字，在对话窗口底部的小框中键入需要输入的消息，通过 Enter 键即可发送消息。在对话窗口底部，可以看到其他人正在键入，如图 8-51 所示。当没有人输入消息时，用户可以看到收到最后一条消息

图 8-48　创建组　　　　　　　图 8-49　组中添加好友　　　　　　图 8-50　管理组

图 8-51　发送即时信息

的日期和时间。每则即时消息的长度最多可达 400 个字符，这里可以通过设置菜单  完成图片的发送、设置字体、聊天背景、发送语音、闪屏等操作。

发送即时信息的上部菜单栏可以完成多方交谈、共享文件夹、视频聊天、语音聊天、共享娱乐、共享游戏、阻止联系人等功能操作，如图 8-52 所示。

图 8-52　即时信息上方工具栏

1）多方交谈按钮 邀请：可以邀请其他人参与到当前会话中来，进行多方交谈。

2）发送文件按钮 文件：单击菜单"文件"→"发送一个文件或照片"命令可以给好友发送文件或照片。在"发送文件"对话框中，找到并单击想要发送的文件，然后单击"打开"按钮，如图 8-53 所示。

3）视频聊天按钮 视频：若要在 MSN Messenger 中进行视频聊天，用户必须在计算机上连接摄像头、麦克风。进行视频聊天前必须要对当前设备进行设置。在 MSN 主菜单中单击"显示菜单"→"工具"→"音频和视频设置"命令，弹出对话框如图 8-54 所示。

4）语音聊天按钮 通话：进行语音聊天，当前计算机中必须安装麦克风、音箱。

图 8-53　发送文件

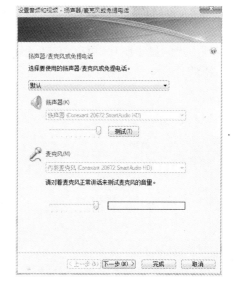

图 8-54　设置语音视频设备

5）共享娱乐、共享游戏按钮 游戏：可以与好友一起进行游戏娱乐活动。

6）阻止联系人：在 Messenger 主窗口中，右击要阻止的人的名字，然后单击"阻止联系人"命令。被阻止的联系人并不知道自己已被阻止，他们的 MSN 上只是显示为脱机状态。

（4）登录电子邮箱。MSN 是应用电子邮箱作为登录用户名的，登录 MSN 后可以通过单击主界面上的 按钮，进入到 MSN 的邮箱进行邮件的收发，如图 8-55 所示。

（5）设置联机状态。在 Messenger 主窗口顶部，单击用户名字右侧的下拉列表，然后单击最能准确描述用户状态的选项，如图 8-56 所示。

（6）更改个人信息。在 Messenger 主窗口中右击用户的名字，在弹出的菜单中选择"更改显示名称"选项，然后选择"个人信息"选项卡，如图 8-57 所示。在这里可以设置以下信息：

图 8-55　MSN 邮箱

1）显示名称：其他人可以看到的用户的名称及个人消息，其他人也可以显示出用户使用 Windows Media Player 正在播放的歌曲信息。

2）显示图片：可以允许或禁止其他人看到用户的显示图片，可以单击"更改图片"按钮随时改变显示图片。

图 8-56　设置聊天人状态

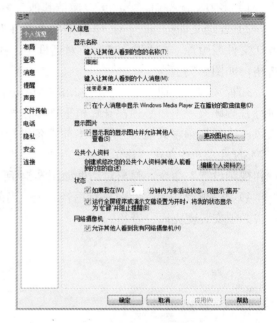

图 8-57　设置个人信息

3）公共个人资料：单击"编辑个人资料"按钮可以进行编辑。

4）状态：设置自动显示"离开"。设置全屏状态或演示文稿状态下显示"忙碌"并阻止提醒。

5）网络摄像机：设置是否允许其他人看到用户有网络摄像机。

8.4.5　课后操作题

（1）注册 MSN，添加联系人并与联系人间发送即时信息。

（2）应用 MSN 完成文件的传送。

（3）对 MSN 进行设置。

8.5　任务五：电子邮件工具——Foxmail

8.5.1　任务目的

通过本次任务的操作，掌握电子邮件工具 Foxmail 的功能。能够熟练使用 Foxmail 进行发送与接收邮件。并合理管理邮件。

8.5.2　任务内容

（1）Foxmail 的安装。

（2）Foxmail 账号的添加。

（3）使用 Foxmail 接收和阅读邮件。

（4）使用 Foxmail 撰写和发送邮件。

（5）使用 Foxmail 回复、转发及重发邮件。

（6）管理 Foxmail 地址簿。

（7）设置 Foxmail 账号密码。

8.5.3　任务准备

1．理论知识准备

日常办公中可以在线完成电子邮件的收发工作，但是每天频繁地登录信箱、收发邮件，无疑是一件很繁琐的事情，用户可以应用电子邮件工具完成这项繁琐的工作。目前常用的电子邮件工具有 Windows Live Mail Desktop、KooMail、梦幻快车 DreamMail、Becky!、Foxmail、Mozilla Thunderbird、Outlook Express、MailWasher 等。

Foxmail 是一个中文版电子邮件客户端软件，支持全部的 Internet 电子邮件功能。Foxmail 以其设计优秀、体贴用户、使用方便、提供全面而强大的邮件处理功能、具有很高的运行效率等特点，赢得了广大用户的青睐。

2．设备准备

（1）计算机设备。

（2）Foxmail 软件。

（3）互联网接入环境。

8.5.4　任务操作

1．安装、启动、退出

（1）Foxmail 的安装。用户可以在华军软件园等网站进行 Foxmail 软件的下载，这里使用的是 7.0 版本。双击安装程序开始安装，按照提示完成软件的安装。建议用户把 Foxmail 安装到系统分区以外的一个独立的文件夹下，如 "D:\Foxmail"，这样重新安装 Windows 系统不必重装 Foxmail，直接运行即可。安装了多个 Windows 操作系统的机器只需要安装一个 Foxmail，即可在多个系统下使用。

（2）Foxmail 的启动。

1）在 Foxmail 安装完毕后，第一次运行时双击桌面上的快捷方式图标，系统会自动启动向导程序，引导用户添加第一个邮件账户。按向导提示信息，输入有效的 Email 地址，如图 8-58 所示。

2）单击"下一步"按钮，可以进行账号的密码设置，如图 8-59 所示。

3）对于一些流行的免费邮箱，如 163、新浪等，Foxmail 会自动填写正确的 POP3 和

图 8-58　注册 Email 地址

SMTP 服务器地址。如果服务器地址填写不正确，就不能正常收、发邮件。要获取免费邮箱正确的服务器地址，一般可以通过登录免费邮箱页面，在帮助中查找 POP3 和 SMTP 的填写方法。单击"下一步"按钮，即可完成 Foxmail 的邮件账号设置，如图 8-60 所示。

图 8-59　输入密码　　　　　　　　　　　　　图 8-60　创建账号完成

4）安装完成后可双击桌面上 Foxmail 的快捷方式图标，进入到主界面，如图 8-61 所示。

图 8-61　Foxmail 主界面

　　在第一次运行 Foxmail 时，会弹出信息窗口，询问是否把 Foxmail 设为默认邮件程序，如果选择"是"，则系统遇到带有"mailto:"URL，或者用鼠标单击一个 E-mail 地址时，自动打开 Foxmail 进行处理。建议用户选择"是"。

　　（3）退出 Foxmail。单击 Foxmail 界面的"关闭"按钮，即可退出 Foxmail 程序。

　　2. 基本功能

　　（1）账户的配置。所谓的用户账号，就是在 Foxmail 中设置收发电子邮件的技术参数，如电子邮箱的服务器地址、邮箱名称、回信签名信息等。在 Foxmail 安装完毕后，第一次运行时，系统会自动启动向导程序，引导用户添加第一个邮件账号的信息。用户在使用过程中如果需要对账户信息进行更改，可以在账户名称上右击，然后在弹出的菜单中选择"属性"命令，在打开的"账号管理"对话框中可以对账号的一些基本设置进行更改，如图 8-62 所示。

图 8-62　账号的属性设置

1）常规：在"常规"选项卡中，用户可以修改账号名称、Email 地址、发信名称等信息。

2）字体：在"字体"选项卡中可以设置发送邮件的字体。

3）信纸：选择 Foxmail 提供的各种精美图案作为信纸，使邮件更美观。

4）服务器：在此选项卡中能够编辑发送和接收邮件的服务器名称，设置每隔多长时间自动接收新邮件。

5）保留备份：可以设置用户的邮箱里保存邮件的数量，如全部保留、收取数量或者不保留备份。

（2）接收和阅读邮件。

1）接收邮件：如果在建立账号过程中填写的信息无误，接收邮件非常简单，只要选中某个账号，然后单击工具栏上的"收取"按钮。如果没有填写密码，系统会提示输入邮箱密码。接收过程中会显示进度条和邮件信息提示，如图 8-63 所示。

2）阅读邮件：单击邮件列表框中的一封邮件，邮件内容就会显示在邮件预览框。拖动两个框之间的边界，可以调整它们的大小。双击邮件标题，将以邮件阅读窗口的形式显示邮件，如图 8-64 所示。

图 8-63　收取邮件

（3）撰写和发送邮件。单击工具栏上的"写邮件"按钮，打开邮件编辑器。在"收件人"一栏填写收信人的 E-mail 地址。"主题"相当于一篇文章的题目，可以让收信人大致了解邮件可能的内容，这里用户可以通过"附件"按钮添加其他文件的附件。写好信后，单击工具栏的"发送"按钮，即可立即发送邮件，如图 8-65 所示。

（4）回复、转发、重新发送邮件。

1）回复：给发送者写回信。首先选择需要回复的邮件，然后单击工具栏中的"回复"按钮，或者是在邮件上右击出现的菜单中选择"回复发件人"命令，弹出邮件编辑器的窗口中

"收件人"框将自动填入邮件的回复地址，编辑窗口中以灰体字显示了原邮件内容，如果不需要，可以将其删除。邮件写完后，选取发送的方式即可。

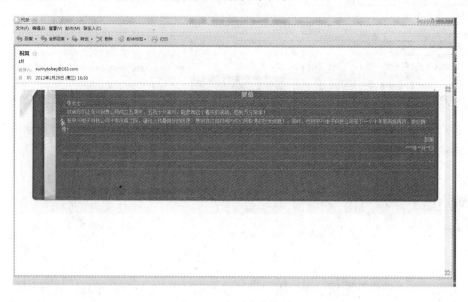

图 8-64　查看当前信件

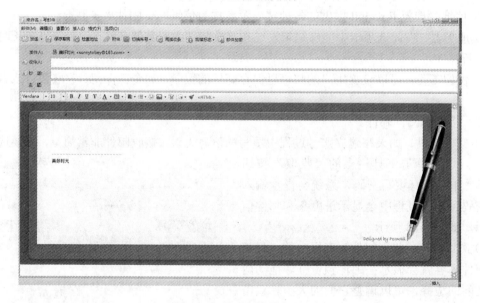

图 8-65　撰写与发送邮件

2）转发：将邮件转发给其他人。当收到了一个邮件后，如想将这个邮件转给其他人，可以使用邮件的转发功能。其具体方法是：在"收件箱"找到要转发的邮件并选中它。然后，单击工具栏中的"转发"按钮 转发 或者在邮件上右击出现的菜单中选择"转发"命令，弹出写邮件窗口，而且编辑框已经包含了原邮件的内容，如果原邮件带有附件的话，也会自动加上，这时还可以修改邮件的内容。在"收件人"中填入要转发到的邮件地址再选取发送的方式即可。

3）再次发送：重新发送一个已发送过的邮件。操作方法与"回复"类似，首先选择需要再次发送的邮件，然后右击该邮件，在出现的菜单中选择"再次编辑发送"命令，即出现邮件编辑器窗口，其中包含了所选的邮件，可以重新加以编辑，最后选取发送的方式即可。

（5）远程管理。用户可以单击"远程管理"按钮，进入邮箱远程管理界面，如图 8-66 所示。在该界面中可以使设置邮件是否收取，邮件是否删除等。

图 8-66　邮箱的远程管理

（6）管理地址簿。用户可以通过单击菜单"工具"→"地址簿"命令进入到地址簿，通过添加卡片的方式加入通讯人地址，如图 8-67 所示。

图 8-67　新建联系人

为了有效地区分和管理众多的联系人，还可以在地址簿中创建分组，每个组中包含相同类型的联系人。例如，创建"同学"组和"朋友"组，添加若干联系人在这两个组中，如图 8-68 所示。

图 8-68　地址簿的设置

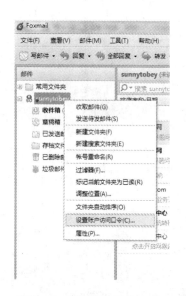

（7）设置用户密码。多用户可使用同一台计算机，每一用户均可为自己的任一账号和邮箱设立口令保护。选择自己的账号之后右击，在弹出的菜单中选择"设置账户访问口令"命令，如图 8-69 所示。在出现的口令对话框中输入适当的口令即可为自己的账号设置密码，如图 8-70 所示。

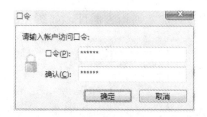

图 8-69　设置账户访问口令

图 8-70　设置用户密码

　　被加密的账户前面将会有一把锁作为标记，表示此账户已经加密。双击该账户，或者使用该账户收发邮件，将出现一个口令对话框，输入正确的口令方可继续执行。如果要清除账户的密码，可以双击该账户，输入正确的口令，然后重新设置账户的口令，在弹出的对话框中不填写任何口令，直接单击"确定"按钮。

8.5.5　课后操作题

（1）应用 Foxmail 收取邮箱中的全部邮件（服务器保存内容）。

（2）应用 Foxmail 完成具有附件的邮件的发送。

（3）管理 Foxmail 的地址簿，将不同的用户账号分别放在不同的组中。

（4）设置账户访问口令。

（5）应用 Foxmail 远程管理邮箱。

8.6　任务六：网络电话工具——Skype

8.6.1　任务目的

通过本任务的操作，掌握网络电话工具 Skype 的功能与特点，能够正确配置 Skype 并进行通话，掌握 Skype 的高级配置方法。

8.6.2　任务内容

（1）Skype 的下载及安装。

（2）Skype 的配置及通话。

（3）Skype 的高级配置。

8.6.3　任务准备

1. 理论知识准备

Skype 是一个非凡的在线通话工具，其使用了点对点（P2P）技术来同其他用户建立连接。Skype 是全球最清晰的网络电话，具备 IM 所需的其他功能，如视频聊天、多人语音会议、多人聊天、传送文件、文字聊天等，且为永久免费。Skype 可拨打全球任何一部座机或手机，购买 Skype 包月电话卡，可以拨打国内、国际长途。

2. 设备准备

（1）计算机设备。

（2）Skype 软件。

（3）互联网接入环境。

8.6.4　任务操作

1. 下载和安装

Skype 的官方网站是 http://skype.tom.com/，用户可以从该网站下载该软件的最新版本 Skype V5.5。文件下载完成后，按照提示完成软件的安装。安装结束时可以根据需要勾选如图 8-71 所示的四个复选框，用户可以在每次启动 Windows 时让 Skype 自动启动，并可以随时从 Skype 程序的"文件"菜单中选择"选项"命令来更改这些设置。

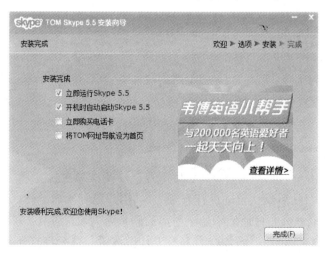

图 8-71　Skype 安装完成

2. 配置及使用 Skype 通话

（1）配置用户名和密码。当用户第一次启动 Skype 时，系统会要求选择 Skype 的用户名和密码。要使用 Skype，必须填写 Skype 用户名和密码字段，用户名可以使用任何名称，但长度至少是 6 个字符。如果该名称已被其他用户使用，则必须尝试其他名称，如图 8-72 所示。

图 8-72　配置 Skype 账号

（2）填写个人档案信息。选择 Skype 用户名和密码后，系统会要求填写个人档案。用户可以决定是否在个人档案中输入信息，如果决定填写个人档案，则其他人可以使用此信息找到用户，如图 8-73 所示。如果用户决定不填写个人档案，或者想要更改某些内容，用户随时可以通过选择 Skype 软件中的"Skype"菜单里的"个人资料"选项来编辑用户的资料。

图 8-73　编辑 Skype 个人信息

（3）添加联系人。

1）使用 Skype 用户名和密码登录（如果用户已经选择了 Skype 用户名和密码，并且连接至互联网，则系统启动后默认自动进行登录）。当用户第一次启动 Skype 时，用户的联系人列表为空。要搜索联系人，将他们添加至用户的联系人列表，应从"联系人"菜单选择"搜索 Skype 用户"选项，或按下"添加联系人"工具栏按钮。系统将打开新的搜索窗口，用户可以在其中按照朋友的用户名来进行搜索，或者按照他们在"个人档案"中列出的任何其他信息来进行搜索。

2）要添加联系人，只需在搜索结果中右击该联系人的 Skype 用户名，然后选择"添加至联系人"选项。当 afternoon6696 用户接收到了添加联系人的请求后，会出现如图 8-74 所示窗口。单击"添加联系人"按钮后就可以成功添加。

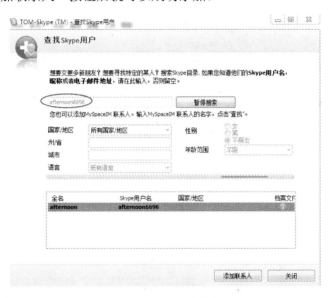

图 8-74　添加联系人

3）当其他用户将用户添加至其联系人列表时，将看到弹出的"验证请求"窗口。如果接受此请求，该用户将视为通过验证；如果拒绝此请求，该用户将不会通过验证（请注意系统不会返回给请求者任何信息）；如果忽略此请求，则该请求将显示在"启动"选项卡中，直至对其进行处理，如图 8-75 所示。在"工具"→"选项"→"隐私"选项卡中，用户可以选择只接收来自通过用户验证的人员的通话或消息。

图 8-75　验证请求窗口

（4）使用 Skype 通话。使用 Skype 网络电话呼叫号码之前，需要购买相应的电话卡，与普通话费相比，Skype 的资费非常便宜。可以选择以下两种方法进行通话：

1）购买 Skype 电话卡之后，在联系人列表中右击要呼叫的联系人姓名，执行"通话"命令，即可在弹出的对话框中拨打对方的电话号码，如图 8-76 所示。

图 8-76　与联系人通话

2）选择一个 Skype 用户名，单击"拨打电话"按钮，在弹出的"拨打电话"对话框中输入要呼叫的电话号码，并单击"呼叫"按钮，如图 8-77 所示。

图 8-77　拨打电话对话框

（5）视频通话。选取联系人后右击鼠标，在弹出的菜单中选中"视频通话"命令，即可发出视频通话请求。如果某人正在给用户致电，用户将听到电话响铃声，并且系统托盘中的 Skype 图标将会闪烁。用户可以在"通话"选项卡中选择是"应答"还是"拒绝"，如图 8-78 所示。

图 8-78　联系人电话拨入

只要决定接听来电，双向视频对话即会开始，并且可以看到通话持续时间。任何一方均可以随时单击挂断按钮（在"通话"选项卡或"快速工具栏"（如果显示）中）结束通话。

在联系人中右击某个联系人之后，弹出菜单中除了"通话"和"视频通话"之外还可以进行发送即时消息、手机短信、发送文件、共享用户的界面、阻止此用户和从联系人中删除等操作。

（6）联机状态。联机状态显示在 Skype 状态栏中。用户可以通过单击状态图标或者通过从"Skype"菜单选择"在线状态"命令来更改联机状态。联机状态可以是以下任何一种：

1）联机——这是登录 Skype 时的默认状态。

2）离开——如果登录到 Skype，但是暂时不使用计算机时激活此状态。

3）没空——如果登录到 Skype，但是长时间不使用计算机时激活此状态。

4）请勿打扰——用户可以使用此状态来表明用户正忙碌。

5）隐身——使用此状态时，用户可以正常使用 Skype，但是其他人将看到用户处于脱机状态。

6）脱机——这表示用户当前未登录 Skype，或者选择显示为"隐身"或"脱机"。

（7）提高音质。要获得可能的最佳音质，建议用户尝试使用具有内置麦克风的耳麦。用户可以在 Skype 附件商店中或大多数计算机零售商处购买耳麦，可以显著提高音质。双方通话使用的设备均影响音质，保证最佳音质的最好方法是在两个通话终端上均使用耳麦。如果没有耳麦，用户仍然有可能提高音质，使用耳机而不是计算机扬声器，并且尝试将麦克风移得离嘴更近或更远。用户还可以使用外置麦克风（请注意大多数笔记本计算机的麦克风质量较差），如果没有麦克风，用户可以使用一副耳机来作为临时解决方法，将耳机接头连接至声卡的麦克风插孔，然后进行尝试。

（8）电话会议。Skype 端对端的超强信息加密技术，完全不会泄露聊天内容。进行 Skype 多人语音通话的操作步骤如下：

1）单击菜单"工具"→"创建语音会议"命令，如图 8-79 所示，或者直接单击 Skype 界面上方的"创建会议"按钮即可添加与会的好友。

2）当弹出好友列表后即可选择要参加会议的好友，选择与会好友并单击"添加"按钮。

3）单击"开始"按钮，即可开始多方语音会议，如图 8-80 所示。单击红色的电话按钮即可以结束通话，最多可支持 10 人同时通话。

图 8-79　创建语音会议

图 8-80　选择参加会议好友

由于 Skype 会议采用对等技术，因此会议主持人（开始会议的人员）务必要具有稳定的互联网连接和一台性能良好的计算机。

3. 高级设置

（1）Skype 的常规设置。打开"工具菜单"单击"选项"命令，弹出如图 8-81 所示窗口，单击"常规"选项卡可以进行常规的设置，如双击联系人发起呼叫、启动 windows 时启动 Skype、设置程序语言、显示在线用户数量、窗口的视觉风格、在联系人列表中显示头像等，并且可以编辑个人资料和更改头像图片。选择"更改您的图片"选项，如果计算机安装了摄像头，在屏幕上就可以看到用户自己，单击拍照按钮即可创建一个图片文件；若要上传一张在计算机上保存的照片，只需单击"浏览"并导入想要的图像，如果没有自己的图像，可以在 Skype 分享站点下载一张 Skype 图片。

图 8-81　Skype 常规设置

（2）隐私设置。

在如图 8-82 所示的窗口中，单击"隐私"选项卡可以进行如下几个隐私的设置。

1）允许来自任何人呼叫或只接受来自联系人列表成员的呼叫。

2）自动接受来自某人的视频及界面分享：可以设置为选择"任何被允许呼叫我的用户"或者"我的联系人列表中的用户"选项。如果不希望自动接受可以选择单选按钮"无"。

3）向以下用户显示我已经启用视频：可以设置为选择"我的联系人列表中的用户"或者"无"选项，设置让哪些人能够知道该用户已经启用了视频。

4）允许即时消息自：可以设置选择"任何人均可以发送即时消息"或者"只接受来自我的联系人列表成员发送的即时消息"选项。

5）保存记录：可以对消息记录进行保存，并可以设置保存的时间长短，包括 1 个月、3 个月、永久保存等选项。也可以单击"清除记录"按钮将所有已保存的记录都清除掉。

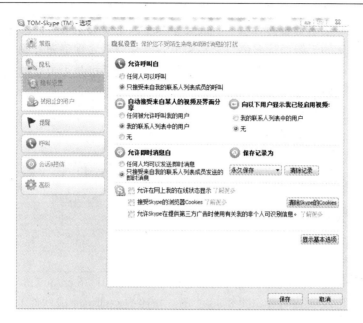

图 8-82　隐私设置

在隐私选项中可以设置被阻止的用户，如果阻止了某个用户，则将无法与该用户进行通话（反之亦然）。对于被阻止的用户，始终显示为脱机状态。在 "被阻止的用户"对话框中可以编辑被阻止用户的列表。

8.6.5　课后操作题

（1）安装与配置 Skype 软件。

（2）添加若干好友为联系人。

（3）创建"同学"和"亲人"两个组，将联系人分别加入这两个组。

（4）与任意联系人进行视频通话，发送信息和文件。

8.7　任务七：移动聊天工具——飞信

8.7.1　任务目的

通过本次任务的操作，掌握移动聊天工具飞信的功能，并能熟练应用该工具进行聊天、电话、发送短信等功能。

8.7.2　任务内容

（1）Fetion2012 的下载及安装。

（2）登录 Fetion2012。

（3）飞信中添加好友。

（4）使用飞信发送消息。

（5）使用飞信进行群发短信。

8.7.3　任务准备

1．理论知识准备

飞信是中国移动的综合通信服务，即融合语音、GPRS、短信等多种通信方式，覆盖三种不同形态（完全实时的语音服务、准实时的文字和小数据量通信服务）的客户通信需求，实现互联网和移动网间的无缝通信服务。它是利用 GPRS 流量实现通讯互聊，与打电话、发短信相比要便宜很多。飞信在任何手机上都可以使用，无论手机是否为智能机，都可以使用。飞信有手机软件版、电脑软件版、Wap 飞信。目前飞信支持语音、文字、表情、群等交友通讯功能。飞信可以按手机号码添加好友，只要知道对方的手机号码就可以添加对方为好友，只需有移动的 SIM 卡就可以开通飞信功能。

2. 设备准备

（1）计算机设备。

（2）Fetion2012 软件。

（3）互联网接入环境。

8.7.4　任务操作

1. 下载和安装

用户可以到飞信官方网站下载其最新版本 http://feixin.10086.cn/download/。其安装比较简单，双击安装包，出现安装向导如图 8-83 所示，按照提示即可完成软件的安装。

2. 登录飞信

与其他即时聊天工具相同，登录飞信也需要进行注册，其主要步骤如下。

（1）启动飞信 2012，在其登录界面中单击最下端的"注册用户"按钮，如图 8-84 所示。

图 8-83　飞信安装向导

图 8-84　注册用户

（2）在弹出的窗口中输入用户所使用的手机号码，如图 8-85 所示，单击"下一步"按钮继续填写相关信息即可完成注册。注册成功后同时获得一个飞信的账号。

（3）运行飞信 PC 客户端，进入登录界面如图 8-86 所示。

（4）在图 8-86 所示的登录界面中输入用户的手机号（也可以是飞信号或邮箱账号）和密码，单击"登录"按钮，开始登录飞信 PC 客户端。登录后即可看到如图 8-87 所示的主界面。

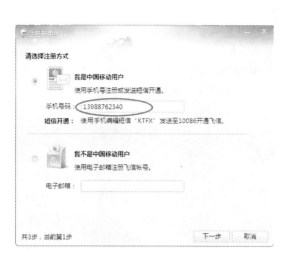

图 8-85　输入手机号码

图 8-86　登录界面

3.　添加好友

使用飞信与他人聊天，同样需要先进行好友的添加，添加好友的步骤如下。

图 8-87　主界面

（1）在主界面的最下面，单击"添加好友"按钮，在"添加好友"对话框中输入对方的手机号码、显示名称和申请人的姓名等信息，如图 8-88 所示。

图 8-88　添加好友

（2）单击"确定"按钮，该好友的手机将收到一条申请添加其为飞信好友的短信，若他同意被添加为飞信好友，在好友列表中将会显示此人的图标，如图 8-89 所示。

4.　发送消息

添加好友之后，用户可以很方便的与好友进行沟通。在登录的主界面中只要双击好友的头像，即可弹出聊天窗口。编辑完信息后单击"发送"按钮，对方的手机即可接到短信。如果对方也在运行飞信程序，其计算机也会收到发送的信息。

图 8-89　好友列表

给好友的计算机发送消息时，还可以进行以下小功能的操作。

按钮：单击该按钮，可以在列表中选择表情图标。

按钮：单击该按钮，可以将屏幕进行截图。

按钮：单击该按钮，可以向对方发送窗口抖动。

按钮：单击该按钮，可以向对方发送图片文件。

按钮：单击该按钮，可以设置消息的字体格式。

5.　短信群发

用户可以使用飞信同时向多个好友发送消息。若要进行消息的群发，只需在好友列表中同时选中多个好友，然后右击，在弹出的菜单中选择"发短信"命令，在弹出的对话框中即可输入消息内容，并单击"发送"按钮即可。

在发送短信的对话框中，用户可以勾选"定时短信"复选框，将输入的消息设置为定时消息，如图 8-90 所示。

6.　其他功能

如果要进行其他功能的设置，都需要从主菜单开始，如图8-91 所示，其主要功能介绍如下。

（1）导入联系人：如果需要将大量的联系人保存在飞信中，用户可以直接从手机导入。首先，将手机连接计算机，然后打开飞信的主菜单，单击"通讯录"→"导入联系人"命令即可。

（2）创建群：用户可以创建群，组织不同的好友加入到不同的群中。打开主菜单，单击"联系人"→"创建群"命令，即可根据意愿在弹出的窗口中创建不同类型的群。

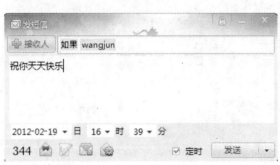

图 8-90　定时发送短信

图 8-91　飞信的主菜单

（3）系统设置：打开主菜单单击"设置"命令，可以进行个人资料、基本设置、状态与提醒、好友与聊天、安全与隐私的高级详细设置。

（4）修改密码：密码使用一段时间后进行重新设置会更加安全。打开主菜单单击"修改密码"命令，用户可以在弹出的网页上按照提示进行密码的重置。

（5）注销和退出：打开主菜单单击"注销登录"命令，即可以使用其他的手机号或者飞信号进行重新登录。当用户想要退出飞信时，单击主界面的关闭按钮是无法完成退出的，需要在主菜单中单击"退出飞信"命令才可以。

8.7.5　课后操作题

（1）安装飞信软件。

（2）添加若干好友为联系人。

（3）给自己发送手机短信、彩信和文件。

（4）使用群发，给多个朋友送去衷心的问候。

第9章 翻译工具的使用

在日常的办公、学习中，经常需要阅读及翻译英、日文文档，如果应用传统的查询方式费时费力，应用计算机翻译工具软件会起到事半功倍的效果。本章将介绍翻译工具谷歌金山词霸、金山快译、灵格斯词霸和百度词典的使用。

9.1 任务一：即时翻译工具——谷歌金山词霸

9.1.1 任务目的

通过本任务的操作，掌握即时翻译工具——谷歌金山词霸的安装、使用及设置，并能在日常办公、学习、生活中熟练应用该工具。

9.1.2 任务内容

（1）谷歌金山词霸的安装。

（2）谷歌金山词霸的屏幕取词翻译。

（3）谷歌金山词霸的词典查词。

（4）谷歌金山词霸的模糊查询。

9.1.3 任务准备

1. 理论知识准备

谷歌金山词霸是金山与谷歌面向互联网翻译市场联合开发的，是适用于个人用户的免费翻译软件。它是金山词霸十二年发展历程中首个完全免费的版本，是首次以联合品牌出现的金山词霸系列产品，是金山词霸最重要的版本之一，该版本集合了对文章、网页翻译等功能。尤为重要的是，它的发布标志着金山词霸完全转型"互联网"。该软件涵盖了当前翻译软件的绝大部分功能，包括十二年来首度提供的全文翻译、整句翻译、网页翻译等功能。可以帮助用户实现英、日文的即时查询。谷歌金山词霸提供 1400 万个词条，80 万个例句，30 万个真人语音。在此次版本中，金山与谷歌一起继续完善自金山词霸 2007 就推出的网络查词功能，保持原有的学习功能，并且将词霸家族旗下的爱词霸网中国第一英语学习社区作为后盾支持。

2. 设备准备

（1）计算机设备。

（2）谷歌金山词霸软件。

9.1.4 任务操作

1. 软件的安装、启动

（1）软件的安装。谷歌金山词霸合作版可以在互联网上非常方便的下载到。它安装方便、简单、快捷。用户可按照提示完成软件的安装。

（2）启动。程序安装完以后，系统会自动在桌面上生成谷歌金山词霸的图标，双击此图标即可启动词霸，启动界面如图 9-1 所示。

2．基本功能

谷歌金山词霸中最基本的两项功能是屏幕取词和词典查词，使用起来非常方便。

（1）屏幕取词。在如图 9-2 所示的对话框中设置屏幕取词的方法如下：

1）启动谷歌金山词霸，单击"显示菜单"按钮 ，执行"设置"→"软件设置"命令。

2）在弹出的"软件设置"对话框中，选择左侧的"取词/划词"选项卡，在右侧窗口的"取词"栏中，分别设置"取词模式"为"Ctrl+鼠标取词"，"取词延时"为 200ms，"取词窗口最大宽幅"为 250 像素。

3）选择"热键"选项卡，在"热键"列表中分别设置相应的快捷键，单击"确定"按钮即可。

图 9-1　谷歌金山词霸主界面　　　　　图 9-2　设置谷歌金山词霸取词/划词

4）在屏幕上任何出现中文、英文、日文的地方，将鼠标移至所要查询的中文、英文或日文单词上，金山词霸将弹出如图 9-3 所示的取词窗口。

窗口中显示出所指单词的解释、音标等多项内容。窗口最上方的按钮作用分别是：① 方便地切换到词典查词模式，给出更多该单词的解释。② 发音按钮，如果词霸可以对这个单词发音，则显示此按钮，单击便可发音。③ 复制该单词的解释。④ 将当前单词加入生词本。⑤ 锁定窗口在当前位置，避免此浮动窗口会随着鼠标的移动而消失。

5）在鼠标取词时，可以在如图 9-4 所示的窗口左下方中设置取词的方法。取词方法有"鼠标取词"、"Ctrl+鼠标取词"、"Shift+鼠标取词"、"Alt+鼠标取词"、"鼠标中键取词"等。

6）用户可通过如图 9-4 所示窗口的右下方"禁用"按钮随时暂停屏幕取词功能。在如图 9-4 所示的左上方点击"选项"菜单可以进行更多的取词设置。

（2）词典查词。谷歌金山词霸的查词窗口打开后，界面如图 9-5 所示。

下面根据词霸的各个组成部分，详细介绍其功能和使用：

1）单词输入框。界面的上部为单词输入框，应用它可以完成单词的输入及查询，如图 9-6 所示。

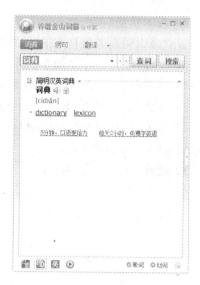

图 9-3　屏幕取词窗口　　　　图 9-4　鼠标取词方法　　　　　图 9-5　词典查词

图 9-6　单词输入框

①"输入栏"，可以输入需要查询的单词。

②"后退""前进"按钮　　　，用户执行了多次查词后，可以单击这两个按钮方便地返回以往的查询，进行前后翻阅切换。

③　查词　按钮，用户输入完成后，按回车键或单击此"查词"按钮，即可获得输入栏中键入词或词组的详细解释。

④　搜索　按钮，对于在词霸中查不到的单词或者对查词结果不满意的单词，词霸连接 Google 进行搜索。

2）在如图 9-6 所示的单词输入框中输入了单词"develop"后，只要点击"词典"选项卡，即可在搜索内容框中显示各个词典中相应的解释，如图 9-7 所示。然后点击"例句"选项卡，则给出"develop"的例句，如图 9-8 所示。

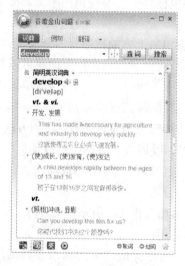

图 9-7　词典查询

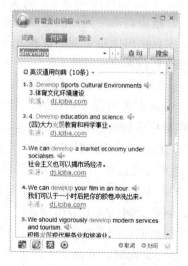

图 9-8　例句查询

（3）模糊查询。词霸的模糊查询功能一直都被用户忽略，其实这是一个很强大的功能。当用户忘记单词的完整拼写时，它可以带给用户很大的方便。谷歌金山词霸的模糊查词功能，为用户提供拼写建议，并进一步完善模糊查询，全面支持"*"、"？"等通配符查询。

"*"可以代替零到多个字母，"？"仅代表一个字母。当用户忘记一个单词中的某个字母时可以用"？"来代替进行查询，此时目录栏会列出所有符合条件的单词，如图 9-9 所示。

如果仅记起单词的开头或结尾的几个字母，那么可以用"*"代替另外的字母来进行模糊查询。

采用这种方法查出的单词很齐全，且单词均按字母排序，用户可以通过索引栏找到要查询的单词。

（4）特色工具。谷歌金山词霸为用户提供两款特色工具小软件，生词本和迷你背单词，帮助用户轻松背单词，克服英语生词难词关，同时提供简体中文、英文、繁体中文和日文四种界面显示。

1）谷歌金山词霸生词本。谷歌金山词霸生词本是一款帮助用户记忆生词的工具软件，是谷歌金山词霸的忠实伴侣。生词本能随时记录用户使用词霸（屏幕取词或词典查询）查找过的单词，把它们加载到生词本中，并进行一系列的记忆测试及复习，帮助用户记忆生词，其界面如图 9-10 所示。可以从工具栏上单击"添加"按钮手动加入生词本。

图 9-9　单词模糊查询

图 9-10　生词本

2）迷你背单词。迷你背单词是一款单词记忆类工具软件，可以滚动显示单词供用户随时记忆，界面小巧，占用系统资源也很小，浮动在窗口前端，是英语学习者的伴侣。使用谷歌金山词霸迷你背单词需要在生词本中有生词的条件下使用。图 9-11 所示为金山迷你背单词的主界面。

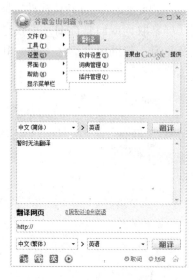

图 9-11　金山迷你背单词

3. 基本设置

在词霸主界面上单击"显示菜单"按钮 ，在弹出的主菜单中选择"设置"命令，如图 9-12 所示，即可打开"设置"窗口，用户可以在其中对词霸系统的许多功能进行设置，个性化自己的词霸。

（1）词典设置。

1）取词词典。谷歌金山词霸会自动安装包含多部词典的词库。用户可根据需要，自行添加取词词典，添加完成后，屏幕取词时显示的取词结果中，则会包含所有被选中的词典中的解释；同时用户也可以通过单击词典设置界面右侧的"最上"、"上移"、"下移"、"最下"按钮来调节词典在取词条中的显示顺序。

2）查词词典。与取词词典的设置一样，用户可以从已安装的词库中选择需要的查词词典进行添加，添加完成后，当查询单词时，主界面显示的查询结果中则会包含所有被选中的词典的解释；同时用户也可以通过单击界面底端的"置顶"、"上移"、"下移"、"置底"按钮来设置词典在目录栏中的显示顺序，如图 9-13 所示。

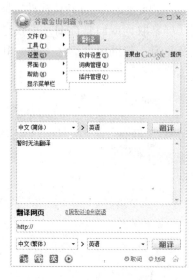

图 9-12　选择设置界面

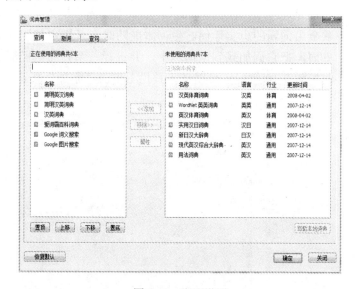

图 9-13　取词设置

（2）阅读样式。对取词界面的阅读样式进行设置，单击"显示菜单"→"设置"→"软件设置"。在"阅读样式"右侧窗口的样式列表中选择喜欢的阅读样式，如图 9-14 所示。

（3）系统设置。

1）常规设置，在这里可以设置启动 Windows 时是否自动运行谷歌金山词霸。

2）语音设置，在这里可以进行朗读设置，包括发音引擎，音量，频率和速度的设置。

3）在线更新，在这里可以进行自动更新和代理服务器的设置。

单击主界面输入框右边的下拉按钮 ，出现了一个下拉列表，列出了之前用户曾查询过的所有单词。而此处所能记忆的单词数量，则取决于用户在"保存的查词历史个数"中所设置的数目。如果设置为 20，那么这里最多能记录下 20 个历史查询。

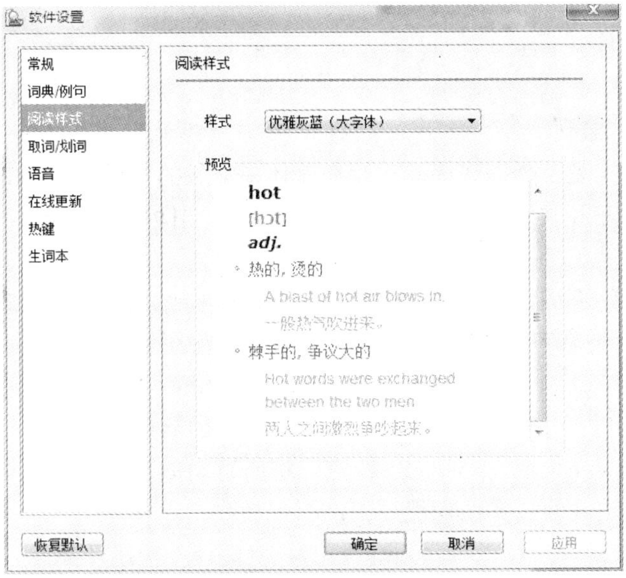

图 9-14 取词界面设置

9.1.5 课后操作题

（1）应用谷歌金山词霸查阅不认识的单词，并对词典进行设置。

（2）应用谷歌金山词霸辅助阅读英文网页。

（3）应用谷歌金山词霸的模糊查词功能查询单词。

（4）应用谷歌金山词霸的迷你背单词功能背单词。

9.2 任务二：翻译工具——金山快译

9.2.1 任务目的

通过本次任务的操作，掌握翻译工具——金山快译的安装和设置。能够用该软件进行中、英、日文之间的翻译。

9.2.2 任务内容

（1）金山快译的安装。

（2）金山快译的使用。

（3）金山快译的设置。

9.2.3 任务准备

1. 理论知识准备

金山快译是一款强大的中日英翻译软件，既为用户提供了广阔的词海，也是灵活准确的翻译家。可针对 WPS 表格、WPS 文字、Microsoft Word、Microsoft Excel、Microsoft PowerPoint、Microsoft Outlook 2000 及以上版本的文档进行翻译，同时支持 IE、TXT 文本。金山快译个人版具有 QQ、RTX、MSN、雅虎通进行六向语言的翻译功能，用户可以同时进行多种语言的聊天，达到无障碍的沟通的目的。

2. 设备准备

（1）计算机设备。

（2）金山快译软件。

9.2.4 任务操作

1. 软件的安装、启动

（1）金山快译的安装。金山快译能运行在简体中文版的 Win 2000/XP/vista（32 位）等多种操作系统环境中。在互联网上很容易找到免费下载的文件。运行金山快译的安装程序，按照提示完成软件的安装。

（2）启动。安装结束后，双击桌面上金山快译的快捷方式，即可启动该应用程序，启动后的应用程序如图 9-15 所示。

图 9-15　金山快译个人版主程序界面

2. 界面介绍

金山快译的界面继承了以往版本简洁、易用的特点，将所有功能都集合在一个较小的浮动工具条上，形成金山快译的主界面。界面功能如下：

（1）翻译：快速翻译按钮。由六项翻译引擎、"翻译"按钮及翻译后"还原"按钮组成，他们共同实现快速翻译功能。

（2）高级：高级翻译。可以进行专业性的多功能翻译。

（3）综合设置。打开快译的设置菜单。在菜单里可以直接调用批量翻译、内码转化、拼写助手及聊天翻译助手的功能。

（4）快译浮动。双击切换成主界面；鼠标离开浮动界面，界面变为半透明状；右击则弹出综合设置菜单。

3. 基本功能

（1）快速翻译。当用户打开 WPS 表格、WPS 文字、Microsoft Word、Microsoft Excel 、Microsoft PowerPoint、Microsoft Outlook 2000 及以上版本的文件时，选择六种翻译引擎后，即可快速方便地得到翻译结果。例如，在记事本中翻译句子"我爱我的祖国"，具体操作步骤如下：

1）在记事本中打开需要翻译的文档。

2）选择翻译引擎语言"中→英"。

3）用户有两种翻译模式可供选择，当用户单击"翻译"按钮后，可选择"译文替换原文"或者"句子对照翻译"进行原译文的对照查看，如图 9-16 所示。用户单击可自由对翻译模式进行展开及缩起。

金山快译中新的引擎可以进行简体中文、繁体中文与英文、日文间的翻译，包括：简体中文→英文、繁体中文→英文、英文→简体中文、英文→繁体中文、日文→繁体中文、日文→简体中文。金山快译的翻译界面一改以往翻译界面的固定化模式，提供多种界面模式；操作

图 9-16　快速翻译

方面将常用功能按钮化，用户不需要再到多层菜单中去选择常用的功能，节省了操作时间。

（2）全文翻译——批量翻译。批量翻译功能可以大大节省操作时间，适合于大量格式相

同的数据文件成批地进行翻译处理,用户不但不用担心处理的时间过长,还可以保证快速翻译。本功能即可支持多个文档翻译,也支持单个文件翻译;此功能可支持 TXT、DOC 以及 WPS 文档的翻译。方法如下:

1)在金山快译的主界面中单击 "综合设置"→"工具"→"批量翻译"按钮,打开批量翻译主界面。

2)单击"添加"按钮选择需要翻译的文档,这时文件将被添加到批量翻译列表中;若要移除文件,可以选中文件,然后单击"移除文件"按钮。用户还可以自己定义译文文件的存储路径。

3)选择翻译列表中需要翻译的文档,如图 9-17 所示。

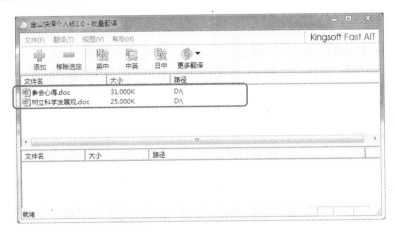

图 9-17 金山快译批量翻译界面

4)用户可选择所要翻译语言的类型,单击语言类型后,弹出"翻译设置"对话框,如图 9-18 所示。用户可设置译文文件的存储路径等,设置完成后单击"进行翻译"按钮,即可开始进行翻译。

(3)高级翻译。金山快译的高级翻译是用于全文翻译的专业工具,主要是指设置专业词典、翻译筛选和中文摘要。

专业词典:用户可以在此功能里进行专业词典的选择,并进行专业领域的翻译。

翻译筛选:用户可以根据需要,选择不同的翻译结果。

中文摘要:对文章的主要内容进行提取,并将提取的中文摘要翻译成英文。

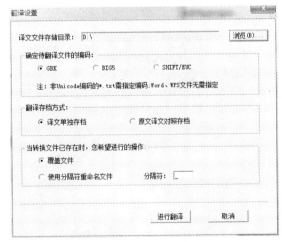

图 9-18 批量翻译设置对话框

如果要进行高级翻译操作,只需要单击主界面中的"高级"按钮,即可打开金山快译的高级翻译界面,如图 9-19 所示。界面由上到下依次为菜单栏、工具栏、内容输入区、内容翻译区和内容显示区。

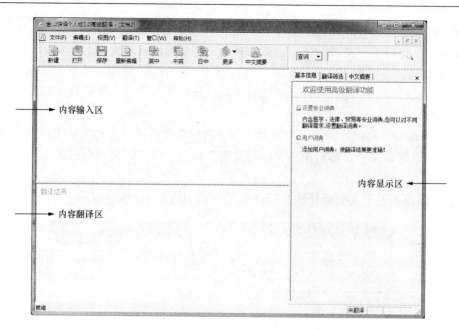

图 9-19　金山快译高级翻译界面

以翻译一篇 word 文档为例，来介绍金山快译的高级翻译功能。

1）单击菜单"文件"→"打开"命令，在弹出的对话框中选取需要翻译的 Word 文件。金山快译则打开了一个 Word 文件，并在内容输入区显示该 Word 文档的内容，如图 9-20 所示。

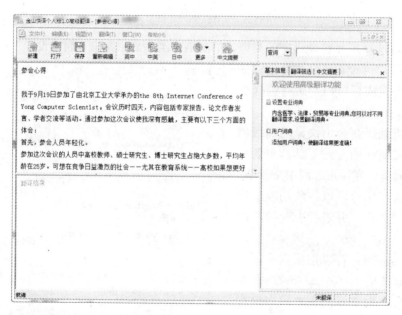

图 9-20　打开 Word 文档

2）单击工具栏上的"中英"按钮，金山快译软件开始对此 Word 文档进行"中文→英文"的全文翻译，翻译结果显示在内容翻译区，如图 9-21 所示。

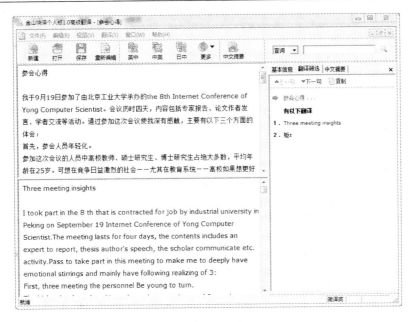

图 9-21 翻译 Word 文档

3）单击内容显示区中的"基本信息"按钮，可以设置专业词典和用户词典。单击"设置专业词典"弹出可选用的专业词库对话框。选择翻译时需要的词库，只需勾选右侧窗口的相应复选框即可，如图 9-22 所示。

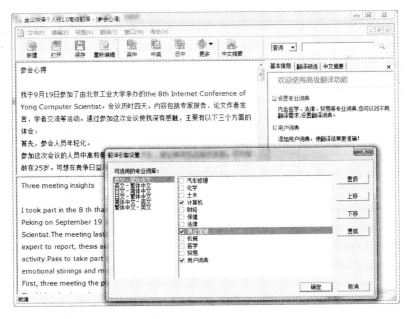

图 9-22 设置专业词典

4）当翻译语句存在多种翻译结果时，将鼠标指针移过翻译的内容，文字即可变成蓝色。单击该内容后，在内容显示区就会弹出更多的翻译结果，可以单击译文并从中选择最优的翻译结果，如图 9-23 所示。

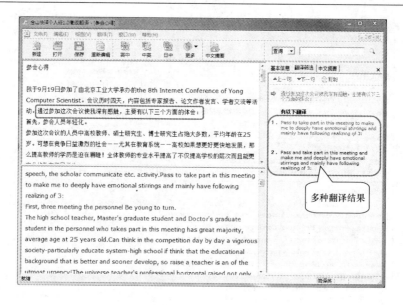

图 9-23　翻译筛选

5）金山快译可以提取中文文档的摘要，并对摘要进行英文翻译。单击"工具"→"中文摘要"按钮后，再单击内容显示区的"中文摘要"，即可查看相应的英文翻译，如图 9-24 所示。

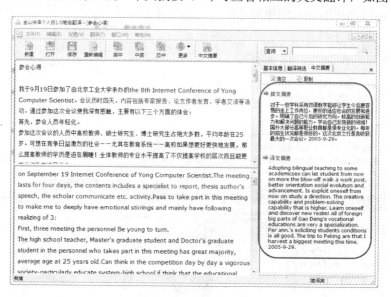

图 9-24　中文摘要

（4）内码转换。汉字除了 GB 2312 编码与 BIG5 编码以外，还有一种 UNICODE 国际编码，其中包括繁体字库与简体字库，但它们为统一的编码。此种编码的字体可以显示在繁体或简体操作系统上。

1）单击"添加文件"，选择所要转换的文件，这时选择的文件将会出现在内码未转化区列表中。

2）选择转换的类型。这里打开的文件为简体，如需要转换成繁体，在转换类型中选择

"简体中文→繁体中文（UNICODE）"。单击"开始转换"按钮后，弹出内码转化设置框，用户可依据需求进行调节并将转换后的文件保存到指定的路径中，如图 9-25 所示。

图 9-25　金山快译内码转换

9.2.5　课后操作题

（1）应用金山快译个人版全文翻译英文文档。

（2）应用金山快译个人版完成文件的内码转换。

9.3　任务三：多国语言翻译工具——灵格斯词霸

9.3.1　任务目的

通过本任务的操作，掌握多国语言翻译工具——灵格斯词霸的安装、查词翻译、取词翻译、文本翻译以及词典设置等高级应用。

9.3.2　任务内容

（1）灵格斯词霸的安装。

（2）灵格斯词霸的查词翻译。

（3）灵格斯词霸的取词翻译。

（4）灵格斯词霸的文本翻译。

（5）灵格斯词霸的词典设置。

9.3.3　任务准备

1．理论知识准备

灵格斯词霸是一个强大的词典查询和翻译工具。它能在阅读和写作方面很好地帮助用户，不是很熟练外语的人在阅读或书写文章时使用该软件可以更加得心应手。它支持全球 80 多个国家语言的词典查询和全文翻译，具有屏幕取词、划词、剪贴板取词、索引提示和真人语音朗读功能。同时，灵格斯词霸还提供了大量语言辞典和词汇表供用户免费下载，是用户快速学习各国语言、了解世界的首选工具。

　2．设备准备

（1）计算机设备。

（2）灵格斯词霸软件。

9.3.4　任务操作

　1．软件的下载与安装

　用户可以在该软件的官方网站上完成下载。双击安装文件，按照所给的提示完成软件的安装。双击桌面的快捷方式图标即可打开灵格斯词霸的主界面，如图 9-26 所示。

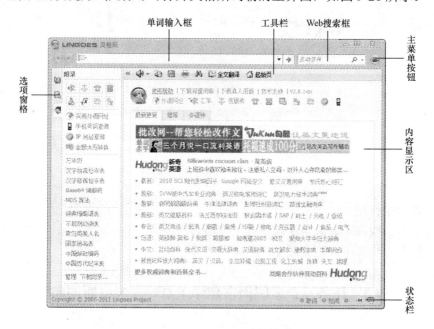

图 9-26　灵格斯词霸主界面

　2．软件简介

　灵格斯词霸的主界面由单词输入框、工具栏、Web 搜索框、选项窗格、内容显示区和状态栏几部分组成，下面分别介绍它们的功能。

（1）单词输入框。用户可以在这里输入需要翻译的中文或英文内容（见表 9-1）。

表 9-1　　　　　　　　　　　　　　　单词输入框各按钮功能

按　钮	功　能	
	前进/后退	前一单词/后一单词查询
	索引提示选项	设定输入单词时采用的词典索引匹配方式
	查词历史列表	打开查询历史下拉列表
	查询按钮	输入完单词后，点击"查询"按钮查询详细解释

（2）工具栏。工具栏中有常用的工具按钮，各个按钮的功能与作用如表 9-2 所示。

表 9-2 工具栏按钮的功能与作用

按　钮		功　能
《	侧边栏展开/隐藏	展开/隐藏侧边栏功能区
🔊▾	朗读	朗读当前单词或选中的文字，点击右边的箭头可以选择用于朗读的声音
	复制	复制当前单词或选中的文字
	保存	保存单词查询结果
	打印	打印单词查询结果
	查找	在查询结果中查找
	文本翻译	打开文本翻译功能
	起始页	显示软件起始页

（3）搜索框。在 Web 引擎中搜索，单击右侧的下箭头可以选择不同的 Web 查询引擎（见表 9-3）。

表 9-3 搜 索 按 钮 的 功 能

按　钮		功　能
🔍▾	Web 搜索	在 Web 引擎中搜索，点击右侧的下箭头可以选择不同的 Web 查询引擎

（4）选项窗格。选项窗格包括索引面板、指南面板和附录面板。

1）索引面板。智能索引能跟随查词输入，在索引词典中同步搜寻最匹配的词条，辅以简明解释，帮用户快速地找到想要的查词输入。如果选中单词，会在内容显示区显示该单词的简明解释，双击单词则会开始查询该单词的详细解释，如图 9-27 所示。

2）指南面板。当查询单词并返回结果后，指南面板会显示当前查询到的词典列表。单击词典名可快速在内容显示区定位该词典内容，如图 9-28 所示。

3）附录面板。打开附录面板，可以查看所有的附录工具。单击工具图标或名称即可运行该附录工具，如图 9-29 所示。

图 9-27　索引面板　　　　图 9-28　指南面板　　　　图 9-29　附录面板

（5）内容显示区。当用户在单词输入框中输入所要翻译的内容后，即可在显示区中得到该单词或词组的翻译结果。

（6）状态栏。状态栏中包括以下一些功能开关（见表 9-4）。

表 9-4　　　　　　　　　　　　状态栏按钮功能

按　　钮	功　　能	按　　钮	功　　能
◉	屏幕取词开关	✈	固定窗口总在最前面
○	划词开关	▤	打开/关闭迷你窗口
○	剪贴板取词开关		

3. 查词翻译

在阅读资料或写文章遇到生词时，Lingoes 提供的查词翻译功能，能够很快地为用户将生词翻译成用户认识的语言，并给出与其相关的资料。操作方法如下：

（1）启动灵格斯软件，进入主界面。

（2）在单词输入框中输入要找的生词如"circuit"，此时灵格斯会利用索引提示组中的词典进行索引提示，并在左边索引栏中显示匹配的单词。

（3）单击单词输入框右侧的 ⇒ 按钮，查询的结果就会显示在右侧的内容显示区中。使用左侧不同的词典进行单词查询会得到不同的查询结果。例如，选择基础英汉词典得到的查询结果如图 9-30 所示。

图 9-30　使用不同词典查询结果

（4）灵格斯也可以将中文翻译成英文。只要在搜索框中输入要进行翻译的中文词语，如输入文字"丰富的"，然后单击右侧的 ⇒ 按钮，即可得到相应的查询结果，如图 9-31 所示。

4. 取词翻译

用户浏览外文资料时，难免会遇到一些生词。灵格斯提供的屏幕取词和划词功能可以翻译屏幕上任意位置的单词。

使用屏幕取词进行翻译，其操作步骤如下：

（1）启动灵格斯软件。

（2）单击操作界面上方的主菜单 ▤▾ 按钮，在弹出的下拉菜单中选择"屏幕取词"命令。

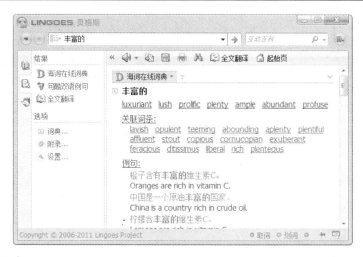

图 9-31　将中文翻译为英文

（3）将鼠标指针放置在需要翻译的生词上方，按住 Ctrl 键并右击，即可给出翻译结果。例如，在"屏幕"这个词的上方按住 Ctrl 键右击会出现如图 9-32 所示的翻译窗口。

进行划词翻译，其操作步骤如下：

（1）单击操作界面右上方的主菜单 按钮，在弹出的下拉菜单中选择"划词翻译"命令。

（2）框选要翻译的生词或句子，在鼠标指针旁边就会显示翻译结果，如图 9-33 所示。

5．文本翻译

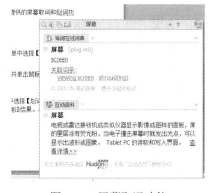

图 9-32　屏幕取词功能

在翻译段落时，用户可以使用灵格斯软件的文本翻译功能。灵格斯内置了优秀的全文翻译模块，借助 Google 翻译、Yahoo 翻译、金山快译等众多翻译引擎，能够为用户提供英、汉、德、法、日、俄等多种不同语言间的相互查询与翻译。其操作步骤如下：

（1）打开灵格斯软件，进入操作界面。

（2）单击界面上的 全文翻译 按钮，打开"全文翻译"界面。

（3）设置"翻译引擎"为"Google 翻译"、源语言为"英语"、"目标语言"为"中文（简体）"。

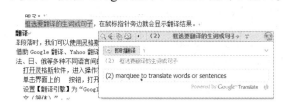

图 9-33　划词翻译

（4）单击 翻译 按钮即可翻译文本，如图 9-34 所示。

如果想把中文翻译成其他国家的语言，可以在"全文翻译"文本框中输入中文段落，选择从"中文（简体）"到"英语"，或者到"日语"等其他语言，点击 翻译 按钮，即可将中文翻译为其他语言。

6．语音朗读

灵格斯使用最新的真人发音引擎及 TTS 合成发音引擎，提供单词和文本的朗读功能。用户在了解外文单词意思的同时还可以掌握正确的发音。设置语音朗读非常简单，需要以下几个步骤：

图 9-34　文本翻译界面

（1）启动灵格斯软件，进入操作界面。

（2）在单词输入框中输入单词，如 "article"。

（3）单击单词右侧的 → 按钮，翻译当前的单词。

（4）单击工具栏上的 按钮，灵格斯将自动朗读该单词。

7. 词典安装

灵格斯强大的翻译功能是以其大量的词典为基础的，用户可以根据需要对词典进行添加或卸载等管理操作。管理词典的方法是这样的：

（1）运行灵格斯软件。

（2）在选项窗格中，单击"词典"按钮，即可弹出"词典管理"对话框。

（3）在"词典安装列表"选项卡中，显示当前所安装的所有词典。用户可以通过启用或者禁用其对应的复选框来选择是否使用相应的词典功能，如图 9-35 所示。

图 9-35　灵格斯中词典的管理

9.3.5　课后操作题

（1）使用灵格斯翻译英语单词"affluent"。

（2）管理词霸所使用的词典。

9.4　任务四：在线翻译工具——百度词典

9.4.1　任务目的

通过本任务的操作，了解打开百度词典的方法。能够使用百度词典进行中英文之间的互译。

9.4.2　任务内容

（1）翻译英文单词。

（2）翻译中文句子。

9.4.3　任务准备

1．理论知识准备

百度词典是百度公司推出的一套有着强大的英汉互译功能的在线翻译系统。包含中文成语的智能翻译,非常实用。百度词典搜索支持强大的英汉、汉英词句互译功能,中文成语的智能翻译，还具有译后朗读功能。

2．设备准备

（1）计算机设备。

（2）计算机接入 Internet。

9.4.4　任务操作

百度词典具有强大的英汉互译功能，及中文成语的智能翻译功能，是日常翻译的实用词典。而且使用方法非常简单，下面介绍使用百度词典翻译中英文的方法。

1．翻译英文单词

（1）打开百度网站主页，单击"更多"链接，如图 9-36 中左图所示。

（2）在打开的页面中单击"词典"链接，如图 9-36 中右图所示。

图 9-36　打开百度词典网页

（3）在打开页面的文本框中输入待查的英文单词"office"，单击"百度翻译"按钮，翻译结果如图 9-37 所示。英文搜索结果页面中包括以下几个部分。

1）音标及发音：提供英音音标和美音音标，点击小喇叭图标播放读音，发音为美音发音；

2）中文翻译词典释义：词条的中文翻译及例句，释义来自译典通；

3）语法标注解释：英文解释中可能遇到语法标注，点击此链接在新页面中打开帮助页面，为用户提供详细的语法标注解释。

2. 翻译中文句子

（1）打开如图 9-37 所示的页面，在"请输入你要翻译的文字"编辑框中输入所要翻译的文字，如"和平的世界"。在下方的下拉列表中选择源语言与目标语言为"中→英"，如图 9-38 所示。

（2）单击"百度翻译"按钮，在新打开的页面中则会显示翻译结果，如图 9-39 所示。

图 9-37 百度词典翻译英文单词

图 9-38 百度词典中输入待翻译的文本

图 9-39 百度词典的翻译结果

9.4.5 课后操作题

（1）使用百度词典翻译中文"成功"所对应的英语单词。

（2）使用百度词典翻译英文"dictionary"所对应的中文单词。

第 10 章　计算机安全工具的使用

随着计算机信息化的飞速发展，计算机已被普遍应用到日常工作及生活中的各个领域。但随之而来，计算机安全也受到前所未有的威胁，计算机安全问题越来越引起人们的关注。计算机病毒无处不在，黑客日益猖獗，这一切都防不胜防。为了保证计算机上的数据、资料不被非法用户盗取和访问，需要使用安全工具软件保障计算机的安全。

本章主要介绍瑞星杀毒软件、瑞星防火墙、木马克星、360 安全卫士等软件的使用。

10.1　任务一：病毒查杀工具——瑞星杀毒软件

10.1.1　任务目的

随着计算机技术、网络技术的迅猛发展，计算机病毒也日益猖獗，病毒防护已成为保障计算机正常工作不可缺少的一部分。瑞星杀毒软件作为国内老牌反病毒软件，在过去十几年里一直是国内安全软件领域的领头羊。通过本任务的操作，掌握瑞星杀毒软件的设置及使用，保护计算机系统免受病毒感染，将其应用到工作和日常生活的安全防范当中。

10.1.2　任务内容

（1）主界面介绍。

（2）手动查杀病毒。

（3）恢复误杀文件。

10.1.3　任务准备

1. 理论知识准备

杀毒软件也称反病毒软件，是用于消除计算机病毒、特洛伊木马和恶意软件、保护计算机安全的一类软件的总称。杀毒软件通常集成监控识别、病毒扫描、病毒清除和自动升级等功能。

杀毒软件的任务是实时监控和扫描磁盘。部分杀毒软件通过在系统中添加驱动程序的方式进驻系统，并且随操作系统而启动。杀毒软件的实时监控方式因软件而异。有的杀毒软件是通过在内存里划分一部分空间，将计算机里流过内存的数据与杀毒软件自身所带的病毒库（包含病毒定义）的特征码相比较，来判断是否为病毒。另外一些杀毒软件则在所划分到的内存空间里，虚拟执行系统或用户提交的程序，根据其行为或结果作出判断。而扫描磁盘的方式，则和上面提到的实时监控的第一种工作方式一样，杀毒软件将磁盘上所有的文件（或者用户自定义的扫描范围内的文件）做一次检查。目前国内常见的杀毒软件包括：卡巴斯基、瑞星杀毒软件、金山毒霸、江民杀毒软件等。

瑞星杀毒软件（Rising Antivirus，简称 RAV），是瑞星软件公司生产的计算机杀毒软件。RAV 采用获得欧盟及中国专利的六项核心技术，形成全新软件内核代码，是目前国内外同类产品中最具实用价值和安全性最高的一个。RAV 依靠"病毒行为分析判断技术"，可以从未知程序的行为方式来判断其是否有害并予以相应的防范，这与目前广泛使用的依赖病毒特征代码对比进行病毒查杀的传统病毒防范措施，无疑是一种根本性的超越。

2. 设备准备

（1）计算机设备。

（2）瑞星杀毒软件。

（3）互联网接入环境。

10.1.4　任务操作

1. 瑞星杀毒软件的主界面

（1）用户可以在 http://www.rising.com.cn/（见图 10-1）网站下载软件。

图 10-1　瑞星杀毒软件网站

（2）软件下载后，双击安装文件，选择安装组件，按照提示进行安装，如图 10-2 所示。

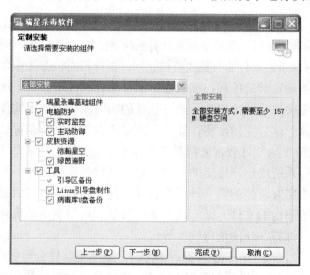

图 10-2　选择安装组件

（3）安装成功后，双击桌面上的快捷方式图标，进入瑞星杀毒软件的主界面，如图 10-3 所示。

图 10-3　瑞星杀毒软件主界面

2. 手动查杀病毒

（1）启动瑞星杀毒软件，单击"自定义查杀"，先确定扫描的文件夹或其他目标，然后在"查杀目标"选项卡中选定查杀目标，如图 10-4 所示。

图 10-4　自定义查杀目标

（2）单击"确定"按钮，开始查杀相应目标，发现病毒便立即清除。扫描过程中可随时单击"暂停查杀"按钮来暂时停止查杀病毒，单击"继续查杀"按钮则继续查杀；单击"停止查杀"按钮停止查杀病毒。若瑞星杀毒软件发现病毒，则会将文件名、病毒名称、处理结果和路径显示在下面的信息栏里，如图 10-5 所示。

（3）查杀结束后，扫描结果将自动保存到杀毒软件工作目录的指定文件中，用户可以通过历史记录来查看以往的查杀病毒结果，如图 10-6 所示。

图 10-5　发现病毒并处理

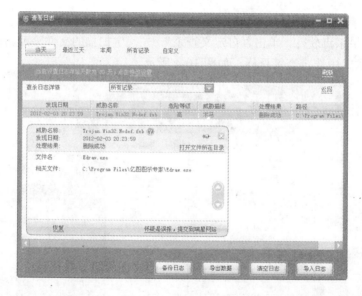

图 10-6　查看日志文件

3.　恢复误杀文件

（1）启动瑞星杀毒软件，单击"查看病毒隔离区"，如图 10-7 所示。

（2）弹出"瑞星病毒隔离区"窗口，工作区中显示文件的名称、病毒名称及隔离时间等，选中误杀的文件，单击"恢复"按钮，并选择存放文件的路径，即可恢复文件，如图 10-8 所示。

10.1.5　课后操作题

（1）首次安装瑞星杀毒软件成功后，启动"快速查杀"功能，进行查杀。

（2）使用瑞星杀毒软件进行手工杀毒。

（3）使用瑞星杀毒软件制作 Linux 引导盘。

图 10-7　查看病毒隔离区

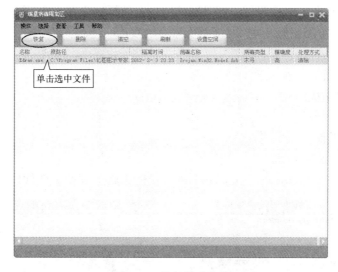

图 10-8　恢复误杀文件

10.2　任务二：防火墙工具——瑞星防火墙

10.2.1　任务目的

目前，各种操作系统及应用程序的漏洞不断出现，且缺乏网络安全防范意识，极易遭到网络攻击，如何构建安全的网络来保障用户自身权益已成为一重要任务。瑞星防火墙是瑞星公司开发的一款优秀的网络防火墙软件，可以在网络与计算机之间建立起一道坚固的屏障，以提高计算机的安全性。通过本任务的操作，掌握瑞星防火墙的设置及使用，并能将其应用到工作和日常生活的安全防范当中。

10.2.2　任务内容

（1）主界面介绍。

（2）瑞星防火墙的配置。

（3）对"Ping"命令传输数据包的过滤。

（4）关闭网络端口。

10.2.3　任务准备

1．理论知识准备

防火墙是一个位于计算机和它所连接的网络之间的软件，防火墙对流经它的网络通信进行扫描，过滤掉一些攻击，以免其在目标计算机上被执行。防火墙还可以关闭不被使用的端口，禁止特定端口的流出通信，封锁特洛伊木马；还可以禁止来自特殊站点的访问，从而防止来自不明入侵者的所有通信。防火墙具有很好的网络安全保护作用，用户根据实际情况可以将防火墙配置成许多不同的保护级别。常见的个人防火墙有瑞星防火墙、天网防火墙等。

瑞星杀毒软件（Rising Firewall，简称 RFW），是瑞星软件公司为解决网络上黑客攻击问题而研制的个人信息安全产品。瑞星防火墙对目前流行的黑客攻击、钓鱼网站、网络色情等做出了针对性的优化，它采用了未知木马识别、家长保护、反网络钓鱼、多账号管理、上网保护、模块检查、可疑文件定位、网络可信区域设置、IP 攻击追踪等技术，且入侵检测规则库随时更新，具有完备的规则设置，可以帮助用户有效抵御黑客攻击、网络诈骗等安全风险，能有效地监控任何网络连接，保护网络不受黑客的攻击。

2．设备准备

（1）计算机设备。

（2）瑞星个人防火墙。

（3）互联网接入环境。

10.2.4　任务操作

1．瑞星防火墙的主界面

（1）用户可以在 http://www.rising.com.cn/（见图 10-9）网站下载软件。

图 10-9　瑞星防火墙网站

（2）软件下载完成后，双击安装文件，按照提示进行安装，如图 10-10 所示。

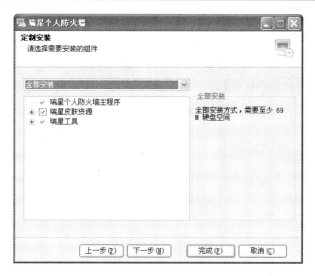

图 10-10　选择安装组件

（3）安装成功后，双击桌面上的快捷方式，进入瑞星个人防火墙的主界面，如图 10-11 所示。

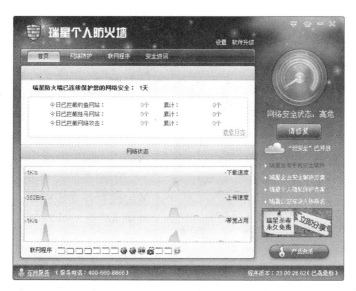

图 10-11　瑞星防火墙主界面

2. 瑞星防火墙的配置

根据计算机的保护级别要求设置瑞星防火墙的安全级别。安全级别越高，访问网络受到的限制越大。拖动防护级别滑动条到相应的位置，设置相应的安全级别。

关于防火墙安全级别的定义及规则。

（1）低级：系统在信任的网络中，除非是规则禁止的，否则全部放过。

（2）中级：系统在局域网中，默认允许共享，但是禁止一些较危险的端口。

（3）高级：系统直接连接互联网，除非规则放行，否则全部拦截。

一般来说没有特殊要求，用户将防火墙安装完成后启用即可，但是要想实现一些特殊操作或关闭系统的特殊端口，需要用户自行配置防火墙。单击"设置"，进入防火墙的配置界面，如图 10-12 所示。

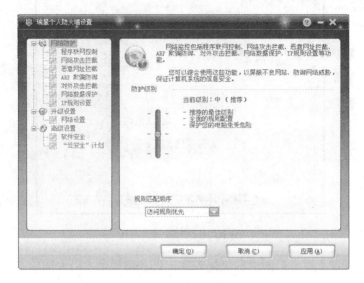

图 10-12　防火墙设置界面

3. 对"ping"命令传输数据包的过滤

进行"ping"命令过滤前，需要了解在局域网中两台的计算机的"ping"操作。计算机 A 通过"Ping"命令传输到计算机 B，并返回数据包报告；配置计算机 B 的防火墙，计算机 A 通过 ping 命令传输到计算机 B，但不能返回数据包报告。实验的网络拓扑图如图 10-13 所示。

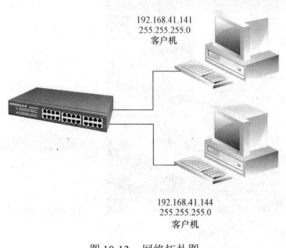

192.168.41.141
255.255.255.0
客户机

192.168.41.144
255.255.255.0
客户机

图 10-13　网络拓扑图

下面开始对"ping"命令传输数据包的过滤进行实际操作，实际操作需要在计算机 A、B 上分别进行，操作步骤如下：

（1）在计算机 A 上单击菜单"开始"→"运行"命令，在打开的对话框中输入命令"cmd"，单击"确定"按钮后即进入命令行窗口。在"命令提示符"窗口中输入"ping 192.168.41.141"（假定此为计算机 B 的 IP 地址），按 Enter 键，可以发现已"ping"对方电脑，数据交换顺畅，如图 10-14 所示。

（2）在计算机 B 上运行瑞星防火墙，单击"设置"按钮，单击"网络防护"→"IP 规则设置"，如图 10-15 所示。

（3）单击"增加"按钮，增加规则。填写规则名称、规则启用条件和处罚规则后的处理方式，如图 10-16 所示。

（4）设置通信的本地与远程的计算机地址，可以指定固定的 IP 地址，也可以设置地址范围，如图 10-17 所示。

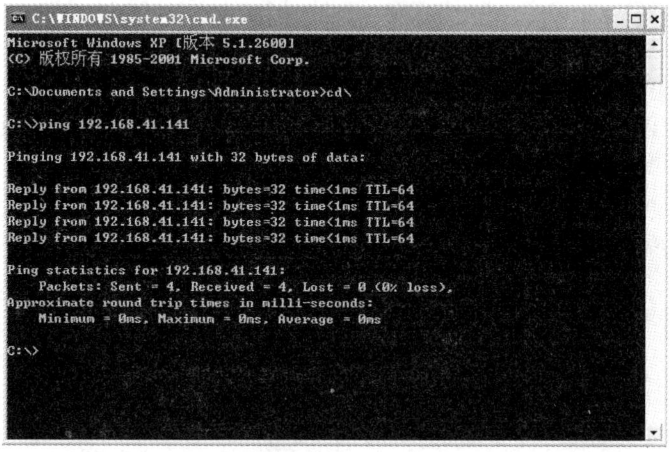

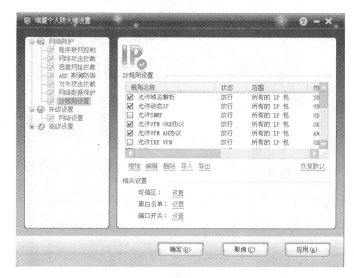

图 10-14　"命令提示符"窗口（返回）

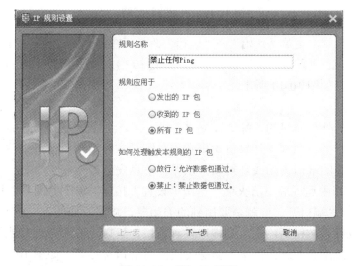

图 10-15　设置 IP 规则

图 10-16　增加 IP 规则

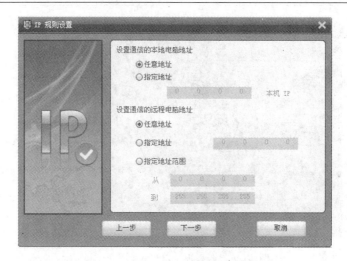

图 10-17 设置本地与远程的电脑地址

（5）设置协议名称，单击"下一步"按钮，完成设置，如图 10-18 所示。

图 10-18 设置协议名称

（6）在计算机上单击菜单"开始"→"运行"命令，在打开的对话框中输入命令"cmd"，单击"确定"按钮后即进入命令行窗口，输入"ping 192.168.41.141"，按 Enter 键，显示 ping 命令连接数据不通，如图 10-19 所示。

4. 关闭网络端口

端口是计算机与外界通讯的"窗口"，各类数据包都会在封装的时候添加端口信息，以便在数据包接受后进行拆包识别。计算机病毒和木马等常常利用端口信息来传播，用户应该把一些危险而又不常用的端口关闭或是封锁，以保证信息安全。

（1）在计算机 B 中运行瑞星防火墙，单击"设置"按钮，单击"网络防护"→"IP 规则设置"，相关设置中"端口开关"就是要用到的关闭端口功能，如图 10-20 所示。

（2）单击"设置"按钮后，进入到端口设置窗口，可以定制多个端口或是端口范围，设定允许该端口通信或是禁止通信，本实验是关闭网络端口"139"，如图 10-21 所示。

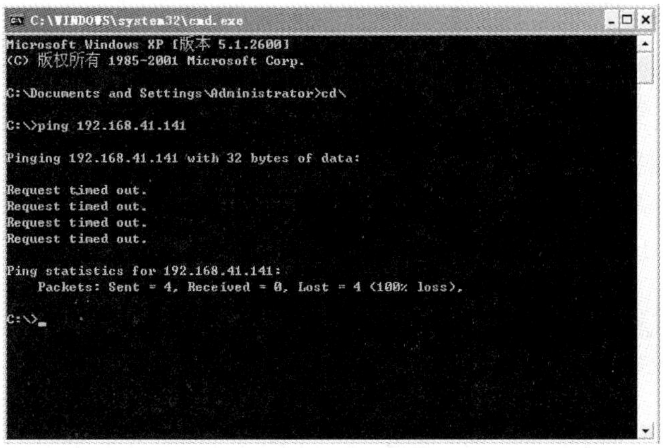

图 10-19　"命令提示符"窗口（拦截）

图 10-20　设置网络端口

图 10-21　封闭网络端口 139

（3）单击"确定"按钮，如图 10-22 所示是设置好的效果图。

（4）对于计算机 A，打开百度网站，输入"Scan Port 端口扫描工具"，并下载软件。该软件是免安装的免费软件，文件解压缩后，单击"Scan Port"图标，运行软件，填写需要搜索计算机的 IP 地址如"192.168.41.141"，设置搜索的端口号，单击"扫描"按钮，扫描结果如图 10-23 所示，结果中网络端口没有显示出来，表示计算机 B 的网络端口"139"已经关闭。

图 10-22　网络端口设置效果图

图 10-23　网络端口扫描结果

10.2.5　课后操作题

（1）设置瑞星防火墙的安全防护级别。

（2）启动瑞星防火墙的 ARP 防火墙功能。

（3）应用瑞星防火墙查看系统状态，并对其进行分析。

（4）关闭系统中不常用的端口。

10.3　任务三：木马专杀工具——木马克星

10.3.1　任务目的

随着网民规模的快速增大，网民信息需求的增加，以及各种网络应用的快速发展，网上银行、游戏密码等有价信息正成为木马攻击的首选目标。木马克星是强力查杀木马病毒的系统救援工具，对各类流行的顽固木马查杀效果极佳。通过本任务的操作，掌握木马克星的设置及使用，防护计算机免受木马侵害。

10.3.2　任务内容

（1）主界面介绍。

（2）木马克星的设置。

（3）扫描内存。

（4）扫描硬盘。

（5）扫描游戏木马。

10.3.3　任务准备

1．理论知识准备

木马克星是一款适合网络用户的安全软件，它采用动态监视网络与静态特征字扫描的技术，具有扫描内存、硬盘、监控网络、查看系统的功能。安装木马防火墙后，任何黑客试图与本机建立连接时都需要经过确认，这样不仅可以查杀木马，还可以防范黑客。木马克星采用的监视硬盘技术，不占用 CPU 负荷，操作智能，占用的系统资源更少，查杀的木马更多，还可以每天在线升级木马库。

2．设备准备

（1）计算机设备。

（2）木马克星。

10.3.4　任务操作

1．木马克星的主界面

（1）用户可以在 http://dl.pconline.com.cn/（见图 10-24）网站下载软件。

图 10-24　木马克星下载页面

（2）软件下载完成后，双击安装文件，按照提示进行安装，如图 10-25 所示。

（3）软件安装成功后，双击桌面上的快捷方式，进入木马克星的主界面，如图 10-26 所示。

2．木马克星的设置

（1）配置软件的基本设置，提高软件的使用效率。启动软件，单击菜单"功能"→"设置"命令，如图 10-27 所示。

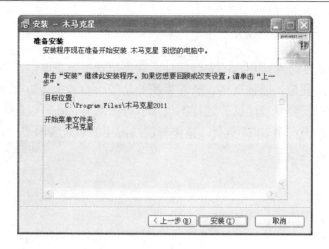

图 10-25　木马克星安装界面

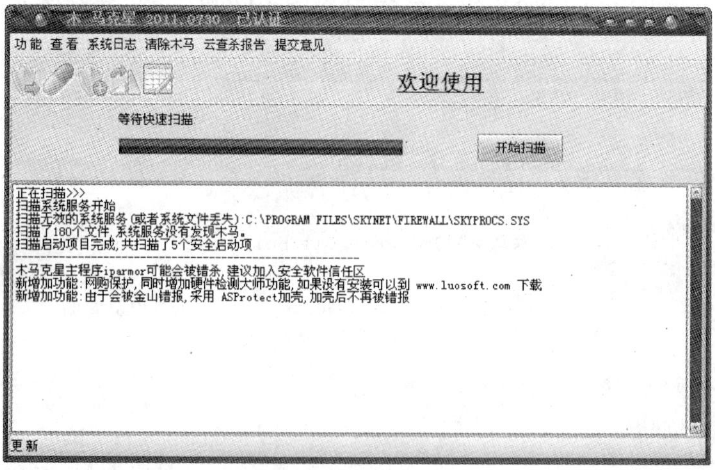

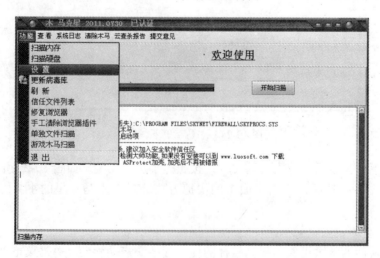

图 10-26　木马克星主界面

图 10-27　软件设置

（2）弹出设置对话框，在"公共选项"选项卡中，勾选其中的选项，图 10-28 所示为效果图。

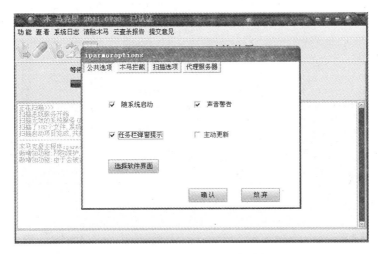

图 10-28　"公共选项"选项卡

（3）单击"木马拦截"，在"木马拦截"选项卡中，选择保护项目的内容，图 10-29 所示为效果图。

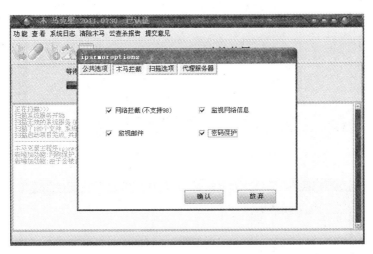

图 10-29　"木马拦截"选项卡

（4）单击"扫描选项"，在"扫描选项"选项卡中，设置硬盘扫描的文件类型及扫描的模式，图 10-30 为效果图。

（5）单击"木马拦截"，在"木马拦截"选项卡中，使用默认值即可，还可以设置代理服务器的地址与端口，如图 10-31 所示。

3．扫描内存

（1）扫描内存中是否有木马程序驻留。启动软件，单击菜单"功能"→"扫描内存"命令，如图 10-32 所示。

（2）扫描结束后，显示扫描日志，直观地显示当前内存中是否有木马，如图 10-33 所示。

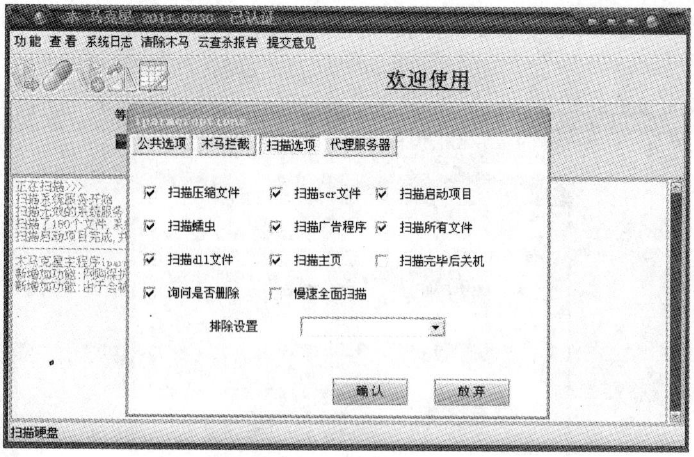

图 10-30　"扫描选项"选项卡

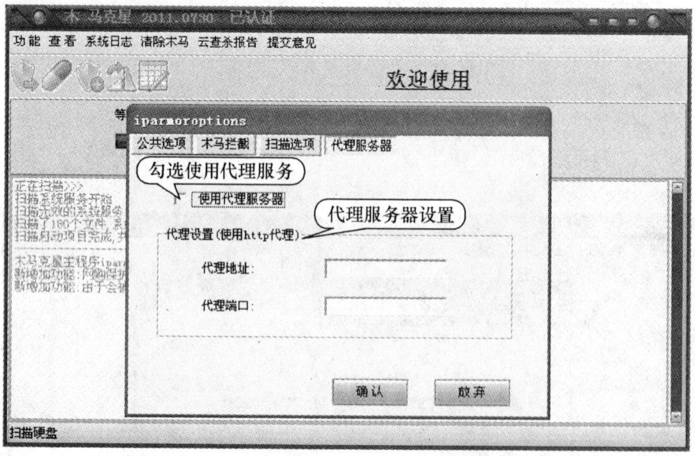

图 10-31　"代理服务器"选项卡

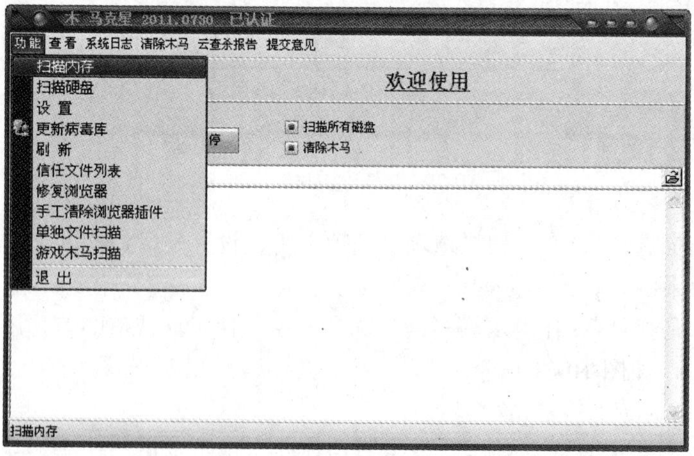

图 10-32　扫描内存

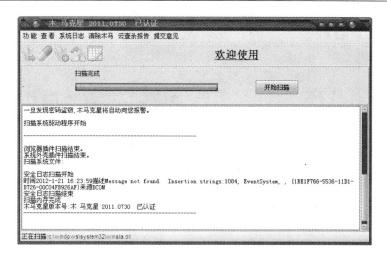

图 10-33　内存扫描结果

4. 扫描硬盘

（1）扫描硬盘中的文件是否被木马程序感染。启动软件，单击菜单"功能"→"扫描硬盘"命令，如图 10-34 所示。

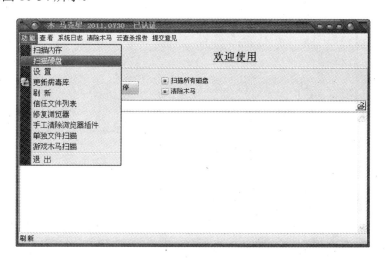

图 10-34　扫描硬盘

（2）用户可以选择是否"扫描所有磁盘"，或自定义要进行扫描的硬盘分区、文件夹；还可选择是否"清除木马"，设置完毕后，单击"扫描"按钮，如图 10-35 所示。

（3）软件自动开始扫描，扫描结束后，将列出扫描结果，用户勾选其中被感染的文件，单击"清除木马"按钮，如图 10-36 所示。

（4）如果用户对文件做了错误操作，想要恢复清除的文件，单击菜单"查看"→"隔离区（恢复文件）"命令，如图 10-37 所示。

（5）弹出处理文件状态、显示文件路径、发现时期及处理的结果。选中相应的文件，右击选择"恢复此行文件"命令，如图 10-38 所示。

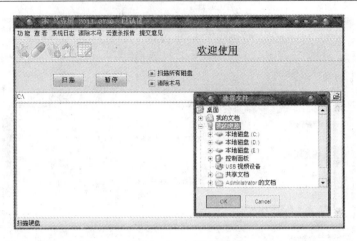

图 10-35　扫描硬盘

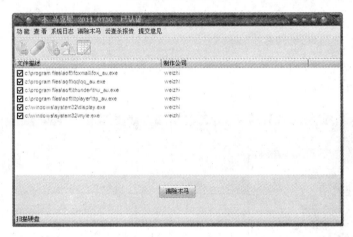

图 10-36　扫描结果

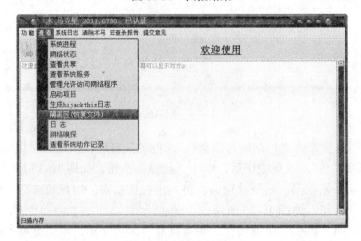

图 10-37　软件隔离区

5．扫描游戏木马

（1）检测本机游戏是否被木马感染。启动软件，单击菜单"功能"→"游戏木马扫描"命令，如图 10-39 所示。

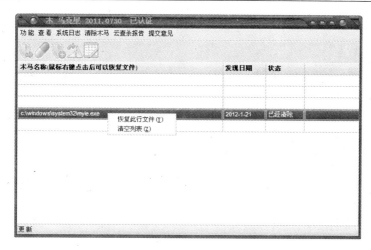

图 10-38　恢复误删除文件

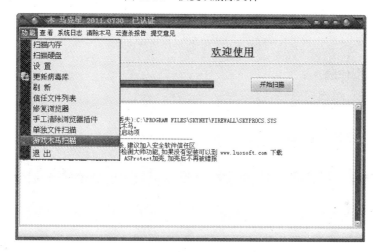

图 10-39　游戏木马扫描

（2）弹出"请输入游戏文件名"对话框，选中要扫描的游戏文件，单击"打开"按钮，如图 10-40 所示。

图 10-40　"请输入游戏文件名"对话框

（3）软件开始扫描，扫描结束后，给出后扫描游戏文件的路径及扫描结果，如图 10-41 所示。

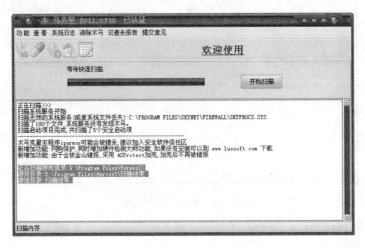

图 10-41　扫描游戏的结果

10.3.5　课后操作题

（1）使用木马克星扫描内存。

（2）使用木马克星扫描硬盘。

（3）使用木马克星扫描木马程序。

10.4　任务四：计算机安全管理工具——360 安全卫士

10.4.1　任务目的

网络带来了上网冲浪快乐的同时，也有恶意插件、流氓软件缠身的烦恼，这不但影响到系统的性能，还可能造成敏感信息的泄露。木马或者病毒程序通常利用系统漏洞绕过防火墙等防护软件，达到攻击和控制用户个人计算机的目的。通过本次任务的操作，掌握 360 安全卫士的设置及使用，消除计算机的网络安全隐患。

10.4.2　任务内容

（1）主界面介绍。

（2）计算机体验检测。

（3）木马查杀。

（4）清理插件。

（5）计算机垃圾文件清理。

（6）木马防火墙的设置。

（7）流量防火墙的设置。

（8）应用 360 网盾锁定 IE 主页。

10.4.3　任务准备

1. 理论知识准备

360 安全卫士是一款由奇虎公司推出的完全免费（奇虎官方声明："永久免费"）的安

全类上网辅助工具软件，是当前功能最强、效果最好、最受欢迎的上网必备的安全软件。

360 安全卫士拥有查杀木马、清理插件、修复漏洞、计算机体检等多种功能，并独创了"木马防火墙"功能，依靠抢先侦测和云端鉴别技术，可全面、智能地拦截各类木马，保护用户的账号、隐私等重要信息。目前木马威胁之大已远超病毒，360 安全卫士运用云安全技术，在拦截和查杀木马的效果、速度以及专业性上表现出色，能有效防止个人数据和隐私被木马窃取，被誉为"防范木马的第一选择"。360 安全卫士自身非常轻巧，同时还具备开机加速、垃圾清理等多种系统优化功能，可大大加快计算机运行速度，内含的 360 软件管家还可帮助用户轻松下载、升级和强力卸载各种应用软件。

2. 设备准备

（1）计算机设备。

（2）360 安全卫士。

10.4.4　任务操作

1. 360 安全卫士的主界面

（1）用户可以在 http://www.360.cn/（见图 10-42）网站下载软件。

图 10-42　360 安全卫士网站

（2）软件下载完成后，双击以安装文件，按照提示进行安装，如图 10-43 所示。

（3）安装成功后，双击桌面上的快捷方式，进入 360 安全卫士的主界面，如图 10-44 所示。

2. 计算机体检

"体检"功能可以全面的检查计算机的各项状况。体检完成后会提交一份优化计算机的意见，用户可以根据自己的需要对计算机进行优化。

启动 360 安全卫士，单击"立即体检"按钮，软件自动开始进行体检，图 10-45 显示的是体检结果。

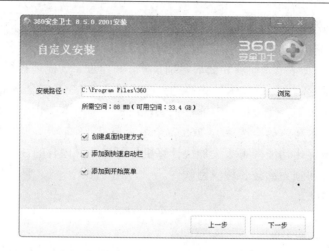

图 10-43　360 安全卫士安装界面

图 10-44　360 安全卫士主界面

3．木马查杀

利用计算机程序漏洞侵入后而窃取文件的程序被称为木马。"木马查杀"功能可以找出计算机中疑似木马的程序并在用户允许的情况下删除这些程序。它的扫描方式有三种："快速扫描"、"全盘扫描"和"自定义扫描"。

启动 360 安全卫士，单击"查杀木马"→"快速扫描"命令，软件开始扫描，扫描结束后若出现疑似木马，用户可以选择加入信任区或立即处理，如图 10-46 所示。

4．清理插件

插件是一种由遵循一定规范的应用程序接口编写出来的程序。过多的插件会拖慢计算机的速度。"清理插件"功能就是检查计算机中安装了哪些插件，可以根据网友对插件的评分以及用户自己的需要来选择清理哪些插件，或保留哪些插件。

（1）启动 360 安全卫士，单击"清理插件"→"开始扫描"命令，360 安全卫士开始检查计算机，如图 10-47 所示。

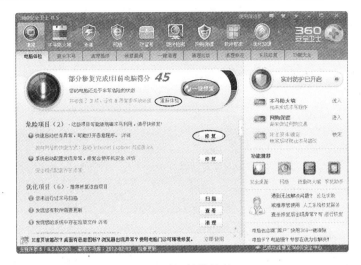

图 10-45　体检结果

图 10-46　查杀木马结果

图 10-47　"清理插件"功能

（2）扫描结束后显示需要处理的插件，用户可以选择加入信任区或立即清理，如图10-48所示。

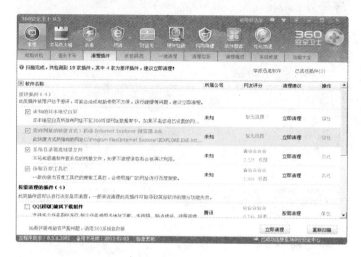

图 10-48　清理插件

5．电脑垃圾文件清理

垃圾文件是指系统工作时所过滤加载出的剩余数据文件，系统使用时间越久，垃圾文件就会越多。

启动 360 安全卫士，单击"一键清理"，然后勾选出需要清理的垃圾文件种类并单击"一键清理"按钮，软件便开始清理垃圾文件，如图10-49所示。

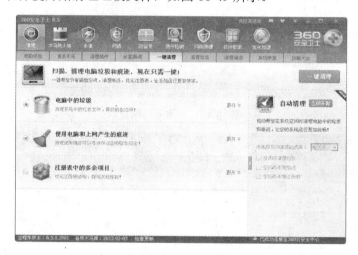

图 10-49　清理垃圾文件

6．木马防火墙的设置

"木马防火墙"功能就是全方位的保护用户计算机不被木马入侵。

启动 360 安全卫士，单击"木马防火墙"，弹出"360 木马防火墙"窗口，在此"360 木马防火墙"已经根据计算机的需要和网络环境自动开启所需要的防护。用户可以根据需要选择关闭全部或其中部分防护功能，并设置计算机遭遇木马风险时的提示模式。如果是局域网中的计算机用户，则要开启"局域网防护"功能，如图 10-50 所示。

图 10-50　开启"局域网防护"

7. 流量防火墙的设置

"流量防火墙"功能集成了流量管理、网速保护和网络连接查看及网速测试功能，能实现实时监控网络流量状况、限制上传速度及针对不同需求（看网页、下载、游戏等）调整流量分配比例。

启动 360 安全卫士，切换到"功能大全"页面，单击"网络优化"中的"流量防火墙"，弹出"360 流量防火墙"窗口，单击"无限制"，并键入限制数值，如图 10-51 所示。

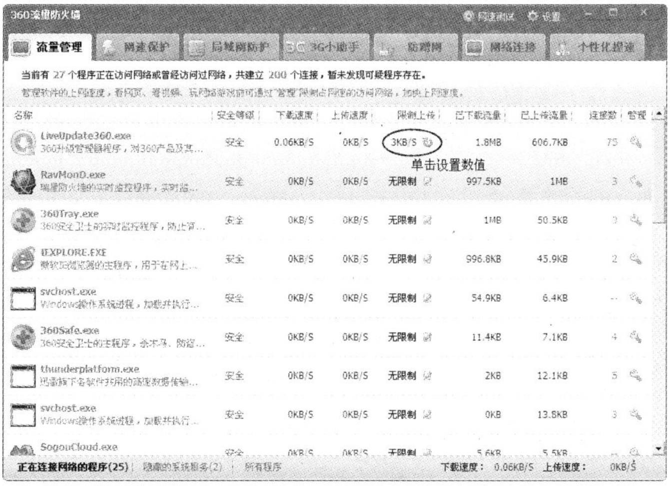

图 10-51　限制上传速度

8. 应用 360 网盾锁定 IE 主页

（1）启动 360 安全卫士，单击"网盾"，弹出"360 网盾"窗口，然后单击"锁定 IE 首页设置"下方的"锁定"按钮，弹出"IE 主页锁定"对话框，并选择一种锁定方式，如图 10-52 所示。

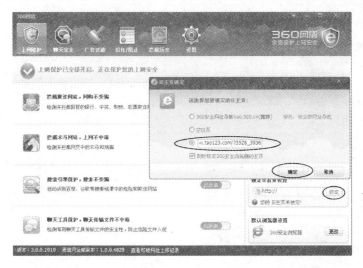

图 10-52　锁定 IE 主页

（2）设置完毕后，"锁定 IE 首页设置"位置下方显示 IE 主页则被锁定，如图 10-53 所示。

图 10-53　主页已锁定

10.4.5　课后操作题

（1）使用 360 卫士查杀全盘木马。

（2）使用 360 卫士锁定 IE 主页。

（3）使用 360 卫士清理系统插件。

第11章　日常信息管理工具

随着信息社会的到来，人类社会进入了信息大爆炸的时代。面对海量信息，人们对于信息的要求发生了巨大变化，对信息的广泛性、准确性、快速性及综合性的要求越来越高，依靠传统的方式方法已经不能适应信息化的发展。随着计算机技术的出现及其快速发展，人们必须在信息时代的特征和背景下改进甚至重构信息管理模式，否则将被铺天盖地的信息狂浪席卷得无影无踪。借助信息管理系统，人们能够发现自身的缺点、不断改进不足、提高自身核心竞争力。

本章主要介绍个人日程安排工具 EssentialPIM、大名鼎鼎个人信息管理工具、管家婆个人记账软件、成功 GTD 时间管理软件、"同花顺"股票模拟交易系统等软件。

11.1　任务一：个人日程安排工具——EssentialPIM

11.1.1　任务目的

现代人的生活相当忙碌，往往也因为太过于忙碌，而无法好好规划每天的时间，许多时间都不知不觉地逝去。为了解决这个问题，用户可以借助 EssentialPIM，掌握每天的行程，灵活地运用每一分钟。通过本任务的操作，使用 EssentialPIM 合理安排个人日程，提高工作与学习的效率。

11.1.2　任务内容

（1）主界面介绍。

（2）建立工作日程安排。

（3）建立待办事项。

（4）添加联系人。

11.1.3　任务准备

1. 理论知识准备

现代社会节奏快、压力大，无论何种身份，如若不能合理地制定学习、工作与生活的计划，势必手忙脚乱、焦头烂额。EssentialPIM 是一款杰出的个人时间日程安排、信息管理和工作手册软件，它具有方便的操作接口，用户能够对于所排定的行程一目了然，而且 EssentialPIM 能够对事件进行多种分类，让事件显示的更加清楚。此外，对于行动性的使用者而言，EssentialPIM 还提供了可携带式的版本，让使用者能够将其放在 U 盘中随身携带，即使外出，只要有计算机可以使用，就能够随时更改行事的内容。

2. 设备准备

（1）计算机设备。

（2）EssentialPIM 软件。

11.1.4　任务操作

1. EssentialPIM 的主界面

（1）用户可以在 http://www.essentialpim.com/cn/（见图 11-1）网站下载软件，并按照提示

完成软件的安装。

图 11-1　EssentialPIM 下载页面

（2）软件安装成功后，双击桌面上的快捷方式图标，首次启动软件，弹出"选择软件语言"窗口，选择"Chinese Simplified（简体中文）"，选择完毕后，单击"OK"按钮，如图 11-2 所示。

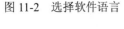

图 11-2　选择软件语言

（3）进入 EssentialPIM 主界面，如图 11-3 所示。

2. 建立工作日程安排

（1）启动 EssentialPIM，单击"EPIM 今日"选项。左侧上方"操作" 标签页中将显示操作命令，如图 11-4 所示。

图 11-3　EssentialPIM 主界面

图 11-4 "EPIM 今日"操作窗口

（2）单击"新建任务"按钮，弹出"添加任务"对话框，依次输入当前工作任务的中心主题、截止日期、任务备忘内容、任务优先权、当前完成进度及任务分类等。勾选"提醒"复选框，设置时间点即可开启提醒功能，输入结束后，单击"确定"按钮，如图 11-5 所示。

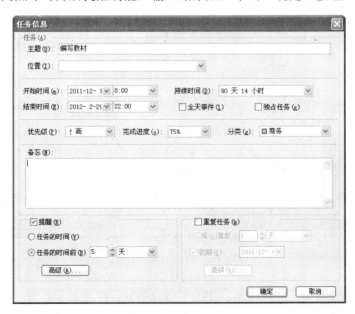

图 11-5 新建任务

3. 建立待办事项

（1）启动 EssentialPIM，单击"待办事项"选项。左侧上方"操作"标签页中将显示操作命令，如图 11-6 所示。

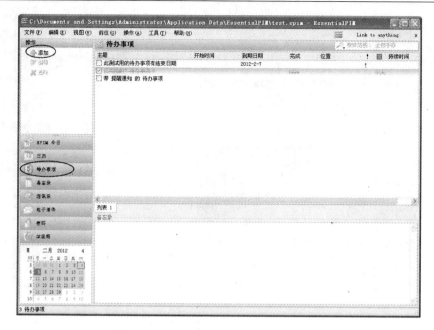

图 11-6 "待办事项"操作窗口

（2）单击"添加"按钮，弹出"待办事宜"对话框，依次输入待办事宜的内容、行程开始时间、结束时间、完成进度及所属类别等，并可以设置提醒的时间，如图 11-7 所示。

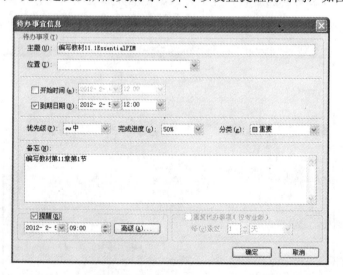

图 11-7 添加待办事宜

（3）返回"待办事宜"窗口，新添加的"待办事宜"即可显示其中。选中后右击，弹出快捷功能菜单，通过该菜单可以实现编辑、添加、删除等一系列操作，如图 11-8 所示。

（4）通过查看"工作任务"和"待办事项"版块的记录存储，可以随时查看工作进度情况。在"EPIM 今日"窗口中，显示出当天所有的工作任务和待办事项，如图 11-9 所示。

4. 添加联系人

（1）启动 EssentialPIM，单击"通讯录"选项。左侧上方"操作"标签页中将显示操作命令，如图 11-10 所示。

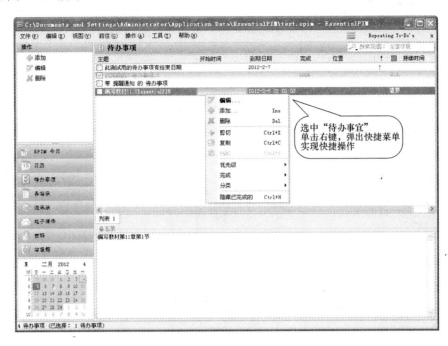

图 11-8　快捷菜单

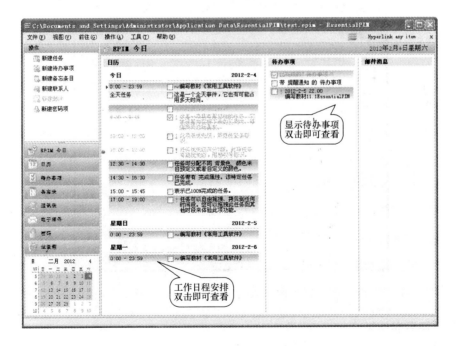

图 11-9　查看"工作任务与待办事项"

（2）单击"添加联系人"按钮，弹出"添加联系人"对话框，依次输入"个人信息"标签页与"商务信息"标签页中内容，某些信息项可以空白，如图 11-11 所示。

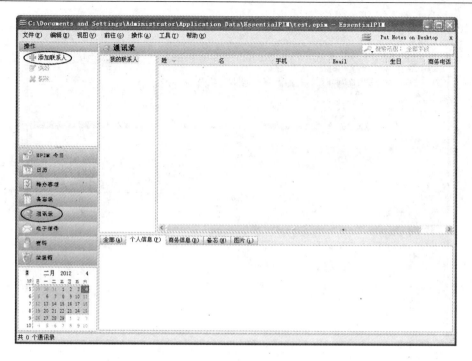

图 11-10 "通讯录"操作窗口

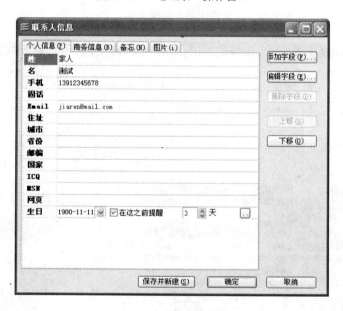

图 11-11 添加联系人

11.1.5 课后操作题

（1）使用 EssentialPIM 建立工作日程安排。

（2）使用 EssentialPIM 建立待办事宜。

（3）使用 EssentialPIM 添加联系人。

11.2　任务二：个人信息管理工具——大名鼎鼎

11.2.1　任务目的

名片是职场工作者最重要的资产，尤其对于业务工作者而言，做好名片管理相当于建立好自己的人际网络，也可以使人脉有条理地扩展、延伸出去。市面上有许多名片管理软件的同类产品，其中大名鼎鼎是一套非常实用的名片管理工具。通过本次任务的操作，用户学会使用大名鼎鼎管理自己收集的名片，从而扩展人脉、扩大交友范围、提升职场中的核心竞争力。

11.2.2　任务内容

（1）主界面介绍。

（2）名片管理。

（3）日记管理。

（4）记事管理。

11.2.3　任务准备

1．理论知识准备

大名鼎鼎是一款专业个人信息管理系统，其功能及易用性堪称目前市面上同类软件之首，曾屡获殊荣。大名鼎鼎可以高效地管理名片、邮件、日程、事务和信息等众多私人信息。通过大名鼎鼎的海量名片快速录入、加载和瞬间定位技术，将名片的管理工作提升到一个前所未有新高度。其独特的姓氏拼音、自定义无限级分类、复合分类显示技术，可以轻而易举地实现名片的闪电查找。在此基础之上，用户还可以方便地完成计划日程的安排、邮件的收发、短信的收发等基于客户的管理工作。

2．设备准备

（1）计算机设备。

（2）大名鼎鼎软件。

11.2.4　任务操作

1．大名鼎鼎的主界面

（1）用户可以在 http://www.onlinedown.net/（见图 11-12）网站下载软件，并按照提示完成软件的安装。

（2）软件安装成功后，双击桌面上的快捷方式图标，进入大名鼎鼎软件主界面，如图 11-13所示。

2．名片管理

（1）启动软件，单击工具栏中的"名片管理"按钮，在工作区内打开"名片管理"功能，如图 11-14 所示。

（2）在左侧窗口目录树中选择"地区"选项，右击弹出快捷菜单，选中"新增下级分类"命令，弹出添加"新分类名称"窗口，输入"辽宁"，建立"辽宁"分类。接着选中"辽宁"，右击弹出快捷菜单，选中"新增下级分类"命令，弹出添加"新分类名称"窗口，输入"沈阳"，输入其他地域名称类似操作即可，如图 11-15 所示。

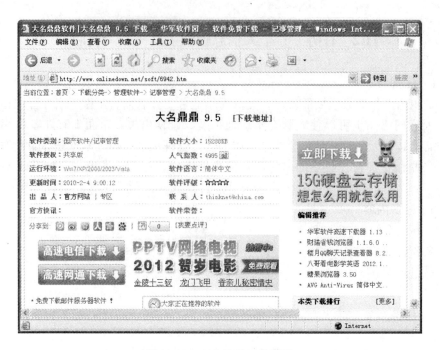

图 11-12　大名鼎鼎下载页面

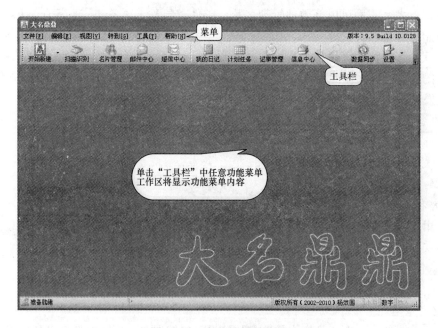

图 11-13　大名鼎鼎主界面

（3）单击"添加"按钮，弹出"快速编辑名片"窗口，首先按照输入名片的分类，勾选其类别，然后输入个人的详细信息。输入完毕后，可以单击"保存并继续"按钮继续输入名片信息，也可以单击"保存并关闭"按钮完成名片信息的录入，如图 11-16 所示。

（4）单击地域名称"沈阳"，可以看到新添加的名片信息显示其中。选中姓名为"实用软件"的名片，单击"编辑"按钮可以编辑名片；也可以右击弹出快捷菜单，使用快捷菜单进行操作，如图 11-17 所示。

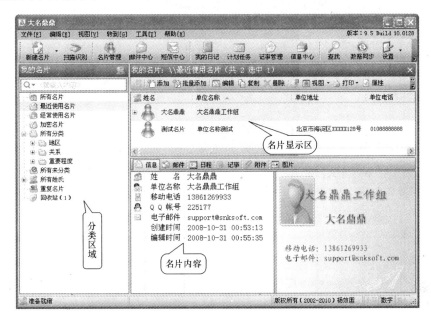

图 11-14　名片管理窗口

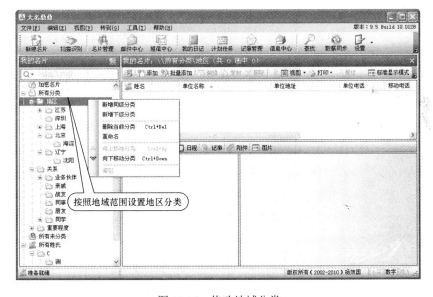

图 11-15　修改地域分类

3．日记管理

（1）启动软件，单击工具栏中的"我的日记"按钮，在工作区内打开"我的日记"功能，如图 11-18 所示。

（2）打开"我的日记"窗口时，系统自动创建一个当天的日记，用户输入日记内容，选择日记的分类，单击"保存"按钮，保存日记。单击"新建"按钮，可以继续输入下一篇日记，如图 11-19 所示。

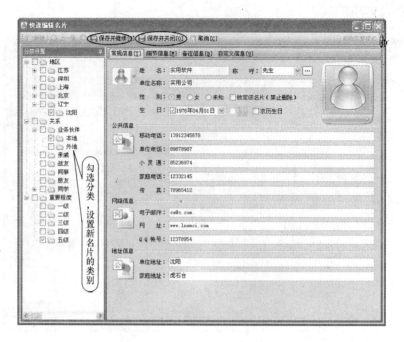

图 11-16 输入个人详细信息

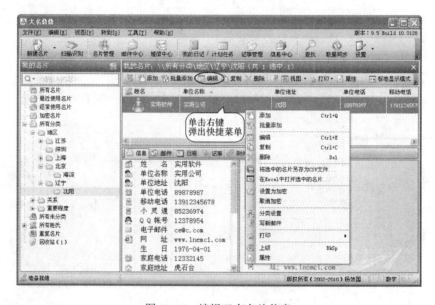

图 11-17 编辑已有名片信息

4. 记事管理

（1）启动软件，单击工具栏中的"记事管理"按钮，在工作区内打开"记事管理"窗口。选择"所有分类记事"选项，右击弹出快捷菜单，选中"新增下级分类"命令，弹出添加"新分类名称"窗口，输入"网络收集"，如图 11-20 所示。

（2）选中新建的分类文件夹"网络收集"，单击"添加"按钮，弹出"新建记事"程序，其功能、操作方式与 Microsoft Office Word 相似，输入完毕后，单击"保存"按钮，如图 11-21 所示。

图 11-18　我的日记窗口

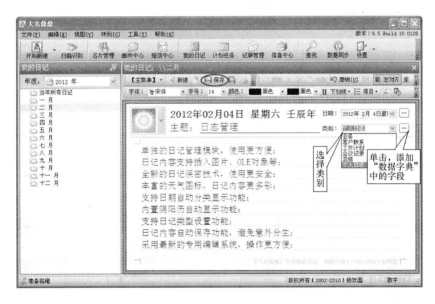

图 11-19　输入日记内容

（3）关闭记事程序，返回到记事管理窗口，单击"网络收集"文件夹，单击文件夹中的文件，将会在预览区中显示记事内容，如图 11-22 所示。

11.2.5　课后操作题

（1）使用大名鼎鼎管理名片。

（2）使用大名鼎鼎录入个人日记。

（3）使用大名鼎鼎记录大量篇幅的文章和资料。

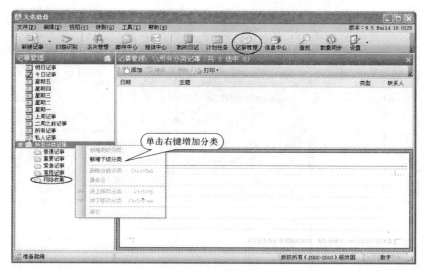

图 11-20　记事管理窗口

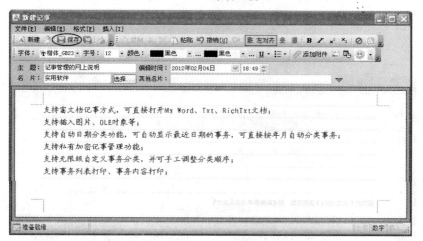

图 11-21　输入记事

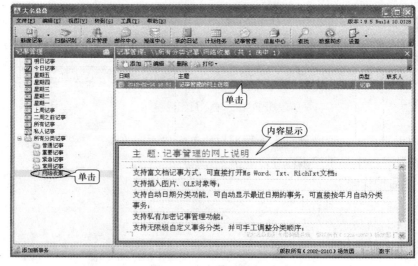

图 11-22　查看记事内容

11.3　任务三：记账软件——管家婆个人版

11.3.1　任务目的

赚钱越来越难，经常感觉钱不够花？经常不知道干了什么，一个月工资就没了？如果出现这样的情况，就需要从记账开始，记下每天衣食住行的各项开销，从而了解收入和支出的结构。通过本次任务的操作，掌握管家婆个人版的五大功能，管理自己的花销，培养良好的习惯，提高个人效率，并将其运用到工作和日常生活中。

11.3.2　任务内容

（1）工具的安装介绍。

（2）注册 366club 会员。

（3）主界面介绍。

（4）记录收入与支出。

（5）随笔记事。

（6）事项提醒。

11.3.3　任务准备

1. 理论知识准备

管家婆个人版 ERP 是任我行软件公司旗下管家婆系列产品之一，它是管家婆系列软件中唯一一款针对个人应用的软件。管家婆系列产品主要服务于中小企业"财务+进销存一体化"，而管家婆个人版 ERP 是把每个人当作一个微型企业来管理，围绕目标、提醒、记事、记账、人脉关系五个日常的应用，帮助个人把繁杂事务进行有序管理，让个人和企业一样，拥有提升个人效率及战斗力的工具。管家婆个人版主要针对个人管理，尤其是企业管理层、白领、营销人员，可独立使用，也可线上网络与线下计算机并用。

2. 设备准备

（1）计算机设备。

（2）管家婆个人版。

（3）接入互联网。

11.3.4　任务操作

1. 管家婆个人版的下载安装

用户可以在 http://www.366club.com（见图 11-23）网站下载软件，并按照提示完成软件的安装。

2. 注册 366club 会员

（1）用户打开 IE 浏览器，输入有名堂网址（www.366club.com），进入网站，如图 11-24 所示。

（2）单击页面右上角"注册"按钮，弹出注册会员信息新页面，填写注册信息。填写完全部信息后，勾选"同意 366club 用户注册及网站服务协议"，单击"完成注册"按钮，如图 11-25 所示。

3. 管家婆个人版的主界面

（1）软件安装成功后，双击桌面上的快捷方式图标，输入 366club 注册账号的信息，如

图 11-26 所示。

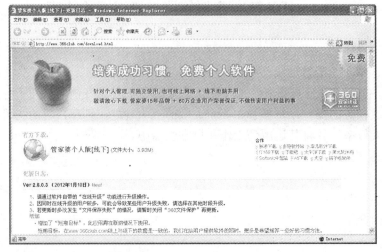

图 11-23　管家婆个人版下载页面

图 11-24　注册用户

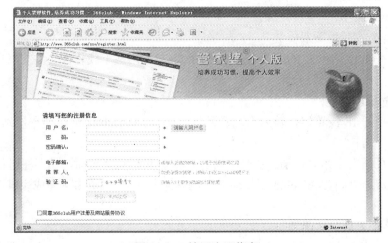

图 11-25　填写注册信息

图 11-26　输入网上注册的账号

（2）确认账号信息，实现线上与线下的账号绑定，如图 11-27 所示。

图 11-27　绑定账号

（3）账号绑定后，进入管家婆个人版主界面，如图 11-28 所示。

图 11-28　管家婆个人版主界面

4. 记录收入与开支

（1）启动软件，单击"记账"按钮，进入记账功能窗口，如图 11-29 所示。

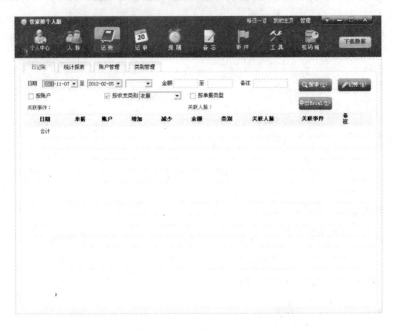

图 11-29　记账功能窗口

　　（2）单击"类别管理"选项卡，设置记账类别，系统中默认已经存在常用的分类，单击"添加"按钮，用户可根据需要添加类别，如图 11-30 所示。

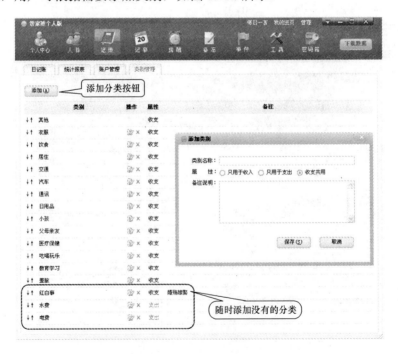

图 11-30　增加记账类别

（3）单击"账户管理"选项卡，用户根据现金保存的状态，设定银行存有现金的额度，单击"添加"按钮，添加系统中没有提供的银行，如图 11-31 所示。

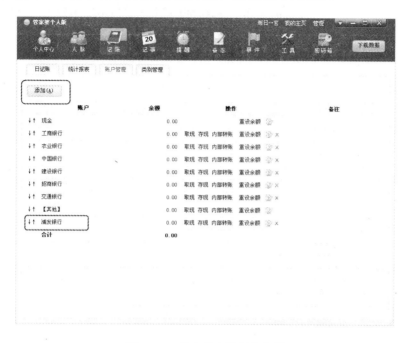

图 11-31　设定存在银行的金额

（4）单击功能菜单"记账"按钮，进入记账窗口，单击页面右上角"记账"按钮，弹出记账菜单，单击"收入"命令，如图 11-32 所示。

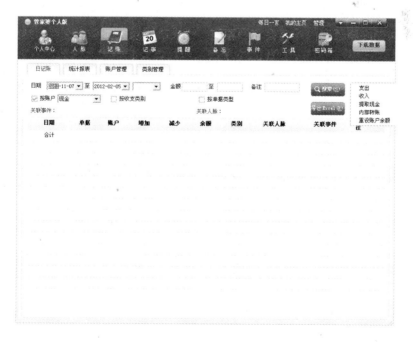

图 11-32　记账功能菜单

（5）弹出"收入单"窗口，用户选择收入日期，选择收入的是现金或者直接收到银行账号中，输入收入金额，设置类别，单击"保存"按钮，完成操作，如图 11-33 所示。

（6）应用与添加"收入"类似的操作流程，详细记录用户日常支出费用，如图 11-34 所示。

图 11-33　录入收入单　　　　　　　　　　　　图 11-34　录入支出单

（7）记账数据添加结束后，用户设置查看账单的条件，单击"搜索"按钮，可以汇总当前条件下的账单明细，如图 11-35 所示。

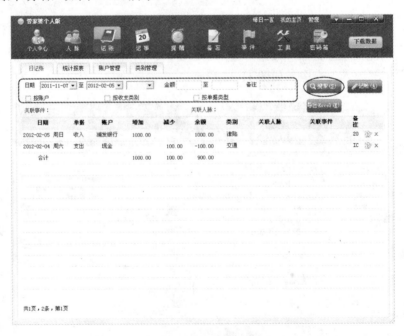

图 11-35　按条件汇总账单

（8）单击"统计报表"按钮，切换至"统计报表"标签页，可以查看每个类别的收入及支出，分析其构成，合理分配每一类别的费用，如图 11-36 所示，还可以导出文件至 Excel 中。

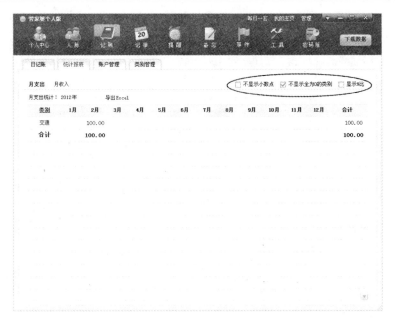

图 11-36　汇总费用报表

5. 随笔记事

启动软件，单击"记事"按钮，进入记事功能窗口，单击"记事"按钮，弹出添加记事窗口，输入内容并设置日期，单击"保存"按钮，完成操作，如图 11-37 所示。

图 11-37　添加记事内容

6. 事项提醒

启动软件，单击"提醒"按钮，进入提醒功能窗口，单击"提醒"按钮，弹出添加提醒窗口，输入内容、日期及提醒的频率，单击"保存"按钮，完成操作，如图 11-38 所示。

图 11-38　添加提醒内容

11.3.5　课后操作题

（1）使用管家婆个人版记录日常消费的详细账单。

（2）使用管家婆个人版建立健全的人脉网络。

11.4　任务四：时间管理——成功 GTD 时间管理

11.4.1　任务目的

时间就是金钱！其实时间不仅仅是金钱，时间远比金钱更宝贵、更有价值。时间管理是一门缜密、严谨的科学，学会时间管理，抓住时间，做时间真正的主人。成功 GTD 时间管理依据第六代时间管理方法，融入最新的项目管理，全力构筑时间管理。通过本次任务的操作，使用成功 GTD 时间管理软件将日常工作细分为单个项目，并设置达到的目标，不再盲目地工作。

11.4.2　任务内容

（1）主界面介绍。

（2）创建项目。

（3）创建工作任务。

（4）创建日程安排。

11.4.3　任务准备

1．理论知识准备

成功 GTD 时间管理是依据最新的时间管理理念——GTD 无压工作的艺术，并融合系统的项目理念设计开发而成的。它具有功能强大、操作便利的特点，特别适合工作繁忙、生活缺乏条理的人。使用成功 GTD 时间管理软件，合理安排工作，能使工作更有目标，不再盲目，更有动力，从而事半功倍地完成工作，达到提升自己的目的。成功 GTD 时间管理的每一个功能都来自用户的需求与反馈，软件具有项目管理、时间管理、人脉管理、知识管理、健康管理五大功能。

2．设备准备

（1）计算机设备。

（2）成功 GTD 时间管理软件。

11.4.4 任务操作

1．成功 GTD 时间管理的主界面

（1）用户可以在 http://www.onlinedown.net（见图 11-39）网站下载软件，并按照提示完成软件的安装。

图 11-39 成功 GTD 时间管理下载页面

（2）软件安装成功后，双击桌面上的快捷方式图标，弹出选择登录账户窗口，单击"新建账户"按钮，弹出"账户属性"窗口，设置账户名称及保存路径，单击"确定"按钮，新账户设置完成，选中新建的账号，单击"登录"按钮，如图 11-40 所示。

（3）进入系统主界面，左侧是软件的主功能区，右侧是操作区，如图 11-41 所示。

2．创建项目

（1）启动软件，单击左侧"项目管理"功能菜单，选中"项目"，右击弹出快捷菜单，选择"插入子项目/目标"命令，如图 11-42 所示。

（2）输入项目名称，按 Enter 键，选中建立的项目，选择"属性"标签，单击"修改"按钮，属性中开始时间、完成时间、项目目标等就变成可编辑的状态，输入完整方案、实施细节等，单击"保存"按钮，完成操作，如图 11-43 所示。

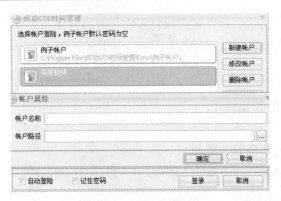

图 11-40　选择登录账号

图 11-41　成功 GTD 时间管理主界面

图 11-42　创建子项目

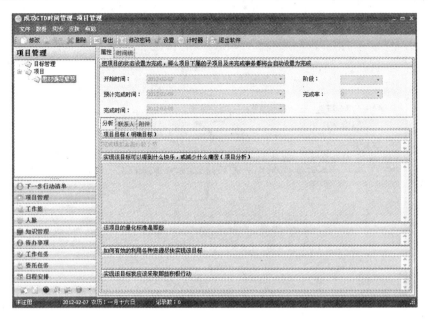

图 11-43 方案属性修改

（3）选"时间线"标签，切换至"时间线"页面，根据项目实施的时间段，选中时间，右击弹出快捷菜单，如图 11-44 所示。

（4）选择"新建"→"待办事项"命令，弹出"待办事项"对话框，输入主题、项目实施环境及轻重缓急程度等，单击"确定"按钮，如图 11-45 所示。

图 11-44 创建项目实施时间段

（5）按照整个项目实施的进度安排，设置结束后，最终效果图如图 11-46 所示。

3．创建工作任务

（1）启动软件，单击左侧"工作任务"功能菜单，单击"新建"按钮，如图 11-47 所示。

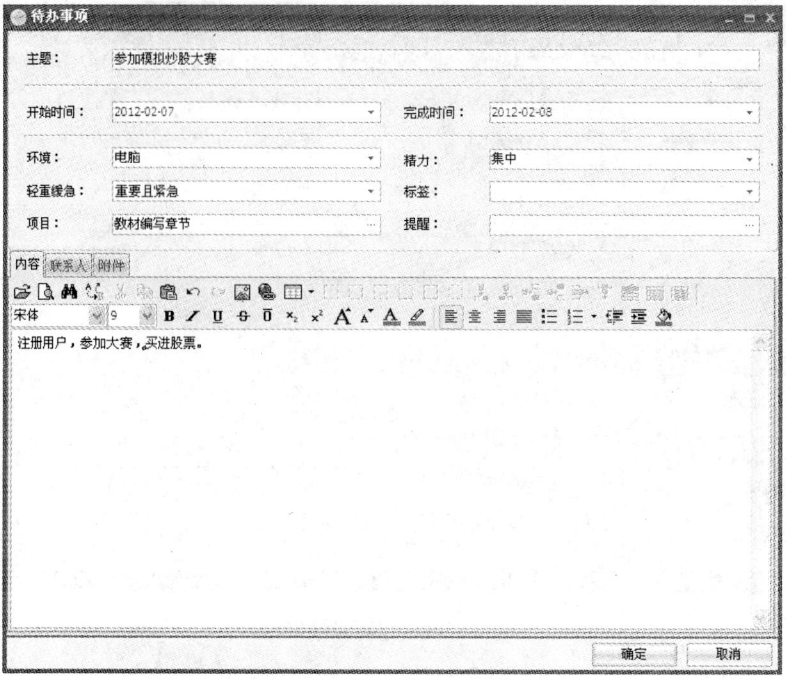

图 11-45   输入具体事项

图 11-46   项目实施的安排

（2）弹出"工作任务"对话框，输入主题、项目实施环境及轻重缓急程度等，单击"确定"按钮，如图 11-48 所示。

（3）软件返回到主界面窗口，可以看到工作任务进度处于哪种状态，如图 11-49 所示。

4．创建日程安排

（1）启动软件，单击左侧"日程安排"功能菜单，在右侧工作区内右击后弹出快速设置对话框，设置显示最小的分数单位及工作周视图，设置完毕后单击"确定"按钮，图 11-50 所示。

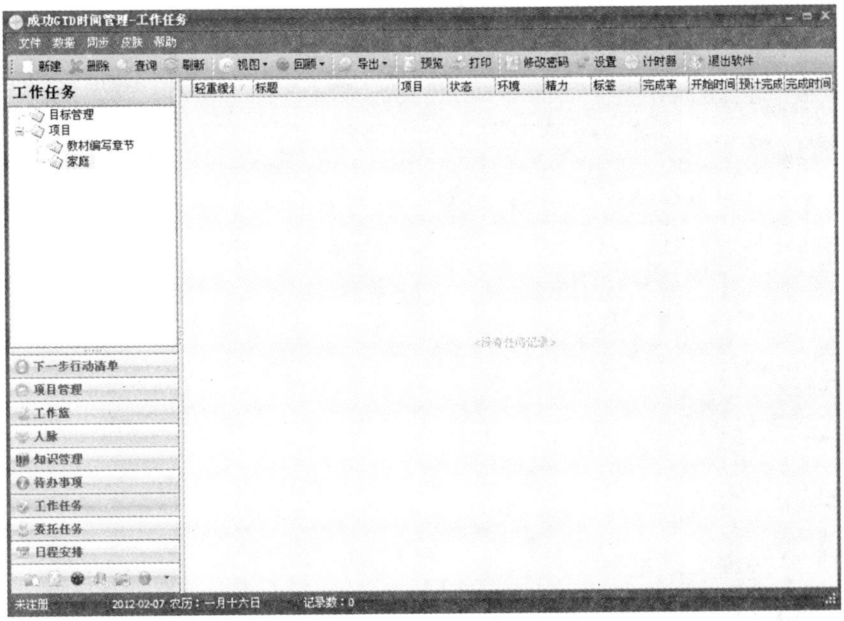

图 11-47 创建工作任务

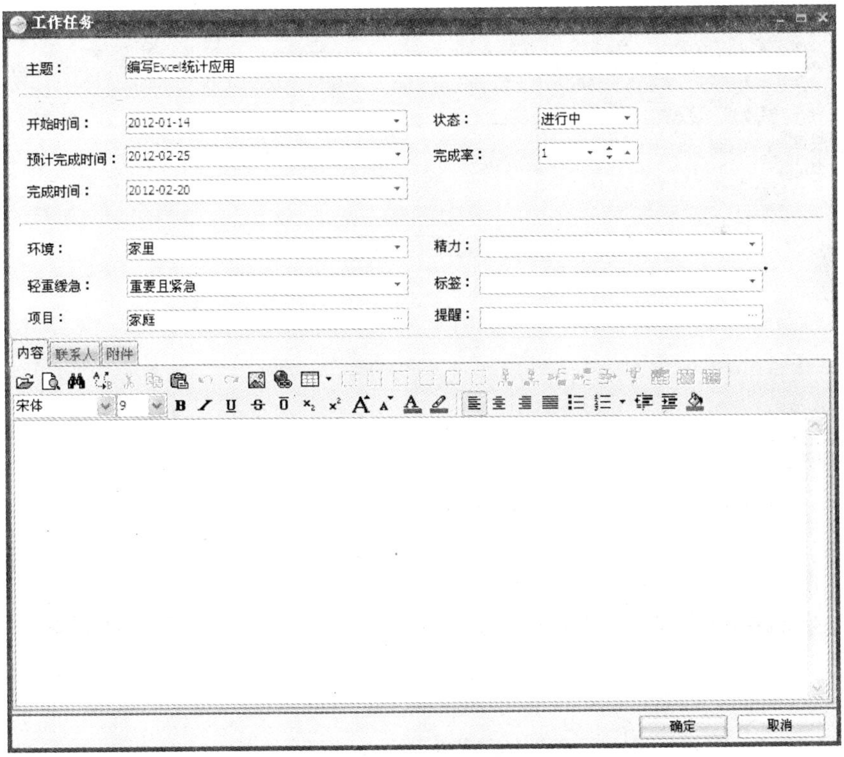

图 11-48 输入工作任务

（2）单击"新建"按钮，弹出"日程"对话框，输入主题、项目实施环境及轻重缓急程度等，单击"确定"按钮，如图 11-51 所示。

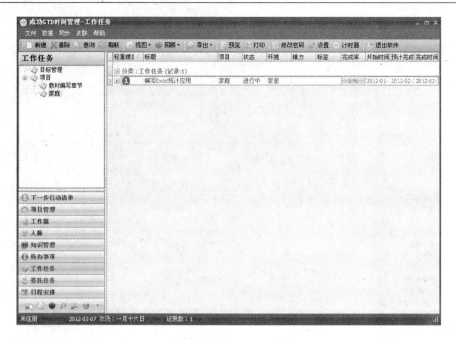

图 11-49　查看工作任务状态

图 11-50　设置日程安排参数

（3）软件返回到主界面窗口，可以看到当天的时间段上安排的任务，如图 11-52 所示。

11.4.5　课后操作题

（1）使用成功 GTD 时间管理设置自己一天的生活安排。

（2）使用成功 GTD 时间管理设置短期目标及实施过程。

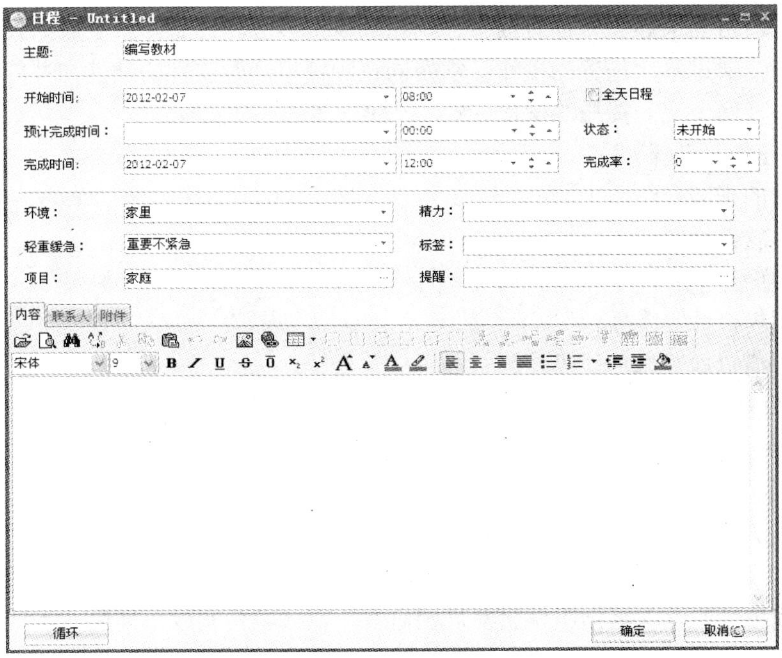

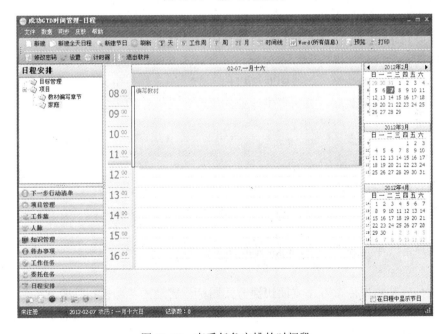

图 11-51　输入日程安排

图 11-52　查看任务安排的时间段

11.5　任务五：投资理财工具——同花顺模拟炒股软件

11.5.1　任务目的

股票是理财的一个手段，而绝非目的。投资股票除了需要学习专业知识，还需要一个好用的炒股软件。市面上炒股软件有很多，同花顺模拟炒股软件就是网上股票证券交易分析软件中的佼佼者，通过本次任务的操作，掌握同花顺模拟炒股软件的功能，并能够使用它进行网上模拟炒股及网上交易委托的操作。

11.5.2　任务内容

（1）软件的安装介绍。

（2）注册软件新用户。

（3）主界面介绍。

（4）开通模拟炒股账号。

（5）使用模拟炒股账号炒股。

11.5.3　任务准备

1．理论知识准备

同花顺模拟炒股是浙江核新同花顺网络信息股份有限公司开发的一款真实的模拟炒股软件交易系统，其具有专业的仿真交易平台，实时的行情数据，并且结合了同花顺软件各个增值服务和功能，同时也可以进行真实的炒股操作，免去两个平台间相互切换等特点。

同花顺模拟炒股软件根据股票交易规则研发，能体验真实股市环境，支持 WEB 和同花顺客户端模拟炒股练习、交流平台，让用户学习怎样炒股。

同花顺模拟炒股是新老股民的试验田，能帮助股市新兵探索股市奥秘，积累炒股经验，免去日后实盘资金大大缩水的损失；而炒股高手能在这里检验自己的操作风格，参与模拟炒股比赛，经受市场考验后，成为每一个投资者学习的目标。

同花顺模拟炒股软件现有 100 多万用户，是最活跃的模拟炒股平台，它最大的特点是在其平台上有大量的模拟炒股（炒股团队、机构、学院、证券公司、证券营业部模拟炒股）比赛并提供丰富的奖金或奖品。公司提供专业的平台、人性化的服务，个人与企业能够免费创建模拟炒股大赛，与广大股民切磋技艺。

2．设备准备

（1）计算机设备。

（2）同花顺模拟炒股软件。

11.5.4　任务操作

1．同花顺模拟炒股软件的安装

（1）用户可以在 http://www.10jqka.com.cn（见图 11-53）网站下载软件，并按照提示完成软件安装。

（2）软件安装完毕后，双击桌面快捷方式图标，启动同花顺模拟炒股软件，显示登录界面，可以选择不同的行情服务器，一般可以选择一个离自己较近的行情服务器，也可以通过单击"通讯设置"按钮来增加其他行情服务器或修改行情服务器的地址，如图 11-54 所示。

2．注册软件新用户

（1）首次使用软件，需要注册一个账号，单击"免费注册"按钮，注册一个新账号，此账号是专供登录软件使用的，而不是网上交易的账户，用户注册后可以在任意安装了同花顺软件的电脑上登录，读取自己账号的配置信息和自选的股票信息，如图 11-55 所示。

（2）注册后，单击"去我的邮箱完成验证"按钮，弹出注册时填写安全邮箱的网站页面，查找"同花顺验证邮箱"邮件，完成验证，进入同花顺网站个人中心，如图 11-56 所示。

图 11-53　同花顺模拟炒股软件网站

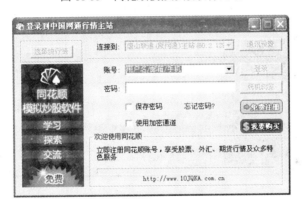

图 11-54　模拟炒股软件登录主界面

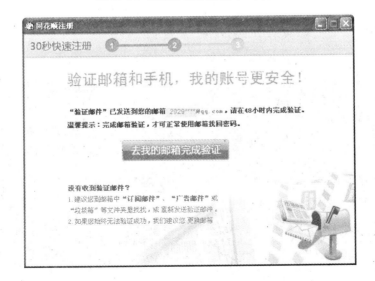

图 11-55　注册新账号

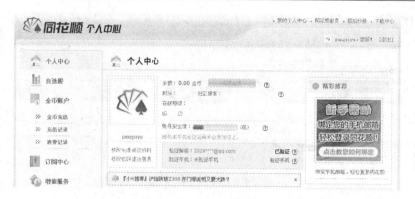

图 11-56　个人会员中心

3. 同花顺模拟炒股软件的主界面

（1）启动软件，在同花顺登录主界面中输入新注册的账号与密码，单击"登录"按钮，如图 11-57 所示。

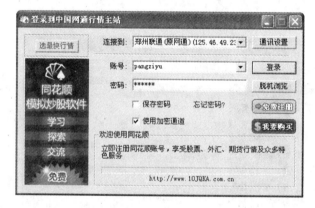

图 11-57　账号登录

（2）进入到同花顺模拟炒股软件主界面，如图 11-58 所示。

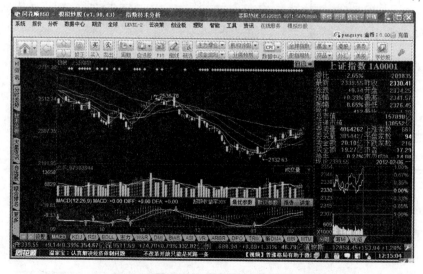

图 11-58　软件主界面

4. 开通模拟炒股账号

（1）启动软件，单击菜单"模拟炒股"→"模拟交易区"命令，如图 11-59 所示。

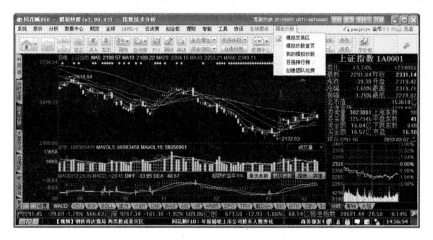

图 11-59 免费开通模拟炒股账号

（2）弹出模拟炒股对话框，单击"免费开通"按钮，如图 11-60 所示。

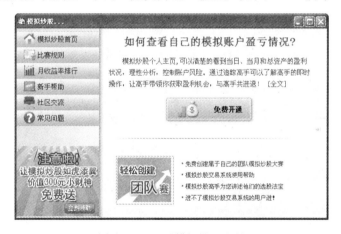

图 11-60 开通模拟炒股账号

（3）申请开通免费炒股账号，需要填写相关的个人信息，填写完毕后，单击"提交资料，申请开户"按钮，如图 11-61 所示。

图 11-61 填写开户信息

5．使用模拟炒股账号炒股

（1）启动软件，单击菜单"模拟炒股首页"命令，如果用户开通了模拟交易账号，此处显示"同花顺交易区"，单击"同花顺交易区"按钮，如图 11-62 所示。

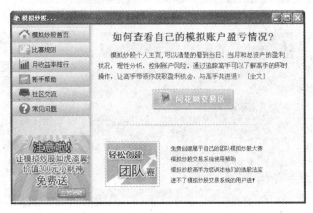

图 11-62　进入模拟炒股交易区

（2）软件交易系统自动进入模拟账号，模拟账号的股票买卖功能和实际股票买卖完全相同，如图 11-63 所示。

图 11-63　模拟账号信息

（3）单击左侧"买入"按钮，出现买入股票的状态，输入想购买股票的证券代码及要购买的股票数量，单击"买入"按钮，如图 11-64 所示。

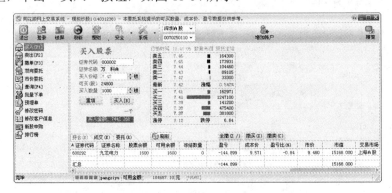

图 11-64　购买股票

（4）交易系统弹出交易确认对话框，单击"是"按钮则确认委托购买，单击"否"按钮则放弃购买。此处单击"是"按钮购买股票，如图 11-65 所示。

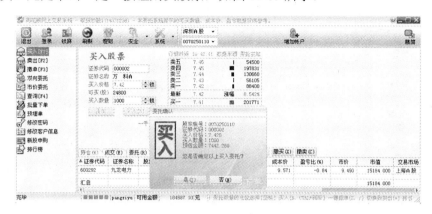

图 11-65　确认购买委托

（5）弹出购买委托已成功窗口，并给出购买合同号，如图 11-66 所示。

图 11-66　委托购买合同号

（6）如果想撤销当前委托购买，可以单击左侧窗口"撤单"按钮，查看委托是否已经执行，如果显示"未成交"，先选中想撤销委托的股票，再单击"撤单"按钮，即可放弃购买或卖出操作，如图 11-67 所示。

图 11-67　撤销买卖委托

（7）单击左侧窗口"查询"按钮，展开菜单，单击"资金股票"按钮，右侧窗口显示区中显示出账号里面资金额度和所持股票的数量及盈亏程度，如图 11-68 所示。

图 11-68　查看账号资金股票状况

（8）单击左侧窗口"卖出"按钮，交易系统自动切换到卖出股票窗口，直接输入卖出股票的证券代码或者双击想要卖出的股票，选择卖出股票的价格及可卖出的数量，如果是当天购买的股票，则可卖数量为零（股票需要购买的第二天才能交易），如图 11-69 所示。

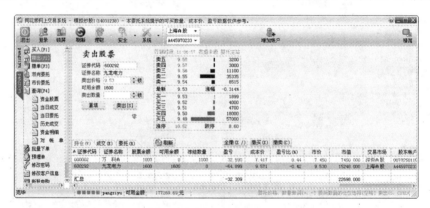

图 11-69　卖出股票

（9）弹出卖出股票的确认信息，进一步选择是否卖出股票，如图 11-70 所示。

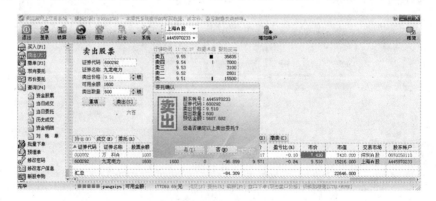

图 11-70　卖出股票确认

（10）单击左侧窗口"查询"按钮，展开菜单，单击"当日委托"按钮，右侧窗口显示区中显示出当天买卖股票的所有委托操作，单击"明细"按钮，可以查看成交明细单，如图 11-71 所示。

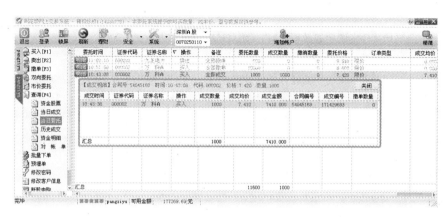

图 11-71　查看当日委托记录

11.5.5　课后操作题

（1）使用同花顺模拟炒股软件完成新股申购。

（2）使用同花顺模拟炒股软件买卖股票。

参 考 文 献

[1] 宋林林. 常用工具软件案例实战教程 [M]. 北京：中国电力出版社，2008.

[2] 张伟阳. 计算机常用工具软件 [M]. 北京：清华大学出版社，2011.

[3] 部绍海，黄琼，刘忠云. 常用工具软件实训教程 [M]. 北京：航空工业出版社，2010.

[4] 杨继萍. 常用工具软件应用从新手到高手 [M]. 北京：清华大学出版社，2011.